本项目由深圳市宣传文化事业发展专项基金资助

深圳改革创新丛书（第九辑）

陈一新 著

深圳城市规划简史

The History of Urban
Planning in Shenzhen

中国社会科学出版社

图书在版编目（CIP）数据

深圳城市规划简史／陈一新著 . —北京：中国社会科学出版社，2022.5
（深圳改革创新丛书 . 第九辑）
ISBN 978 - 7 - 5203 - 9910 - 4

Ⅰ.①深… Ⅱ.①陈… Ⅲ.①城市规划—城市史—研究—深圳
Ⅳ.①TU984.265.3

中国版本图书馆 CIP 数据核字（2022）第 047003 号

出 版 人	赵剑英
责任编辑	李凯凯
责任校对	胡新芳
责任印制	王　超

出　　版	中国社会科学出版社
社　　址	北京鼓楼西大街甲 158 号
邮　　编	100720
网　　址	http://www.csspw.cn
发 行 部	010 - 84083685
门 市 部	010 - 84029450
经　　销	新华书店及其他书店

印　　刷	北京君升印刷有限公司
装　　订	廊坊市广阳区广增装订厂
版　　次	2022 年 5 月第 1 版
印　　次	2022 年 5 月第 1 次印刷

开　　本	710×1000　1/16
印　　张	23
字　　数	354 千字
定　　价	119.00 元

凡购买中国社会科学出版社图书,如有质量问题请与本社营销中心联系调换
电话:010 - 84083683

总序　突出改革创新的时代精神

王京生

在人类历史长河中，改革创新是社会发展和历史前进的一种基本方式，是一个国家和民族兴旺发达的决定性因素。古今中外，国运的兴衰、地域的起落，莫不与改革创新息息相关。无论是中国历史上的商鞅变法、王安石变法，还是西方历史上的文艺复兴、宗教改革，这些改革和创新都对当时的政治、经济、社会甚至人类文明产生了深远的影响。但在实际推进中，世界上各个国家和地区的改革创新都不是一帆风顺的，力量的博弈、利益的冲突、思想的碰撞往往伴随着改革创新的始终。就当事者而言，对改革创新的正误判断并不像后人在历史分析中提出的因果关系那样确定无疑。因此，透过复杂的枝蔓，洞察必然的主流，坚定必胜的信念，对一个国家和民族的改革创新来说就显得极其重要和难能可贵。

改革创新，是深圳的城市标识，是深圳的生命动力，是深圳迎接挑战、突破困局、实现飞跃的基本途径。不改革创新就无路可走、就无以召唤。作为中国特色社会主义先行示范区，深圳肩负着为改革开放探索道路的使命。改革开放以来，历届市委、市政府以挺立潮头、敢为人先的勇气，进行了一系列大胆的探索、改革和创新，不仅使深圳占得了发展先机，而且获得了强大的发展后劲，为今后的发展奠定了坚实的基础。深圳的每一步发展都源于改革创新的推动；改革创新不仅创造了深圳经济社会和文化发展的奇迹，而且使深圳成为"全国改革开放的一面旗帜"和引领全国社会主义现代化建设的"排头兵"。

从另一个角度来看，改革创新又是深圳矢志不渝、坚定不移的命运抉择。为什么一个最初基本以加工别人产品为生计的特区，变成了一个以高新技术产业安身立命的先锋城市？为什么一个最初大学稀缺、研究院所数量几乎是零的地方，因自主创新而名扬天下？原因很多，但极为重要的是深圳拥有以移民文化为基础，以制度文化为保障的优良文化生态，拥有崇尚改革创新的城市优良基因。来到这里的很多人，都有对过去的不满和对未来的梦想，他们骨子里流着创新的血液。许多个体汇聚起来，就会形成巨大的创新力量。可以说，深圳是一座以创新为灵魂的城市，正是移民文化造就了这座城市的创新基因。因此，在经济特区发展历史上，创新无所不在，打破陈规司空见惯。例如，特区初建时缺乏建设资金，就通过改革开放引来了大量外资；发展中遇到瓶颈压力，就向改革创新要空间、要资源、要动力。再比如，深圳作为改革开放的探索者、先行者，向前迈出的每一步都面临着处于十字路口的选择，不创新不突破就会迷失方向。从特区酝酿时的"建"与"不建"，到特区快速发展中的姓"社"姓"资"，从特区跨越中的"存"与"废"，到新世纪初的"特"与"不特"，每一次挑战都考验着深圳改革开放的成败进退，每一次挑战都把深圳改革创新的招牌擦得更亮。因此，多元包容的现代移民文化和敢闯敢试的城市创新氛围，成就了深圳改革开放以来最为独特的发展优势。

40多年来，深圳正是凭着坚持改革创新的赤胆忠心，在汹涌澎湃的历史潮头劈波斩浪、勇往向前，经受住了各种风浪的袭扰和摔打，闯过了一个又一个关口，成为锲而不舍的走向社会主义市场经济和中国特色社会主义的"闯将"。从这个意义上说，深圳的价值和生命就是改革创新，改革创新是深圳的根、深圳的魂，铸造了经济特区的品格秉性、价值内涵和运动程式，成为深圳成长和发展的常态。深圳特色的"创新型文化"，让创新成为城市生命力和活力的源泉。

我们党始终坚持深化改革、不断创新，对推动中国特色社会主义事业发展、实现中华民族伟大复兴的中国梦产生了重大而深远的影响。新时代，我国迈入高质量发展阶段，要求我们不断解放思想，坚持改革创新。深圳面临着改革创新的新使命和新征程，市委市政府推出全面深化改革、全面扩大开放综合措施，肩负起创建社会主义现代化强国的城市范例的历史重任。

如果说深圳前40年的创新，主要立足于"破"，可以视为打破旧规矩、挣脱旧藩篱，以破为先、破多于立，"摸着石头过河"，勇于冲破计划经济体制等束缚；那么今后深圳的改革创新，更应当着眼于"立"，"立"字为先、立法立规、守法守规，弘扬法治理念，发挥制度优势，通过立规矩、建制度，不断完善社会主义市场经济制度，推动全面深化改革、全面扩大开放，创造新的竞争优势。在"两个一百年"历史交汇点上，深圳充分发挥粤港澳大湾区、深圳先行示范区"双区"驱动优势和深圳经济特区、深圳先行示范区"双区"叠加效应，明确了"1+10+10"工作部署，瞄准高质量发展高地、法治城市示范、城市文明典范、民生幸福标杆、可持续发展先锋的战略定位持续奋斗，建成现代化国际化创新型城市，基本实现社会主义现代化。

如今，新时代的改革创新既展示了我们的理论自信、制度自信、道路自信，又要求我们承担起巨大的改革勇气、智慧和决心。在新的形势下，深圳如何通过改革创新实现更好更快的发展，继续当好全面深化改革的排头兵，为全国提供更多更有意义的示范和借鉴，为中国特色社会主义事业和实现民族伟大复兴的中国梦做出更大贡献，这是深圳当前和今后一段时期面临的重大理论和现实问题，需要各行业、各领域着眼于深圳改革创新的探索和实践，加大理论研究，强化改革思考，总结实践经验，作出科学回答，以进一步加强创新文化建设，唤起全社会推进改革的勇气、弘扬创新的精神和实现梦想的激情，形成深圳率先改革、主动改革的强大理论共识。比如，近些年深圳各行业、各领域应有什么重要的战略调整？各区、各单位在改革创新上取得什么样的成就？这些成就如何在理论上加以总结？形成怎样的制度成果？如何为未来提供一个更为明晰的思路和路径指引？等等，这些颇具现实意义的问题都需要在实践基础上进一步梳理和概括。

为了总结和推广深圳的重要改革创新探索成果，深圳社科理论界组织出版《深圳改革创新丛书》，通过汇集深圳各领域推动改革创新探索的最新总结成果，希冀助力推动形成深圳全面深化改革、全面扩大开放的新格局。其编撰要求主要包括：

首先，立足于创新实践。丛书的内容主要着眼于新近的改革思维与创新实践，既突出时代色彩，侧重于眼前的实践、当下的总结，同时也兼顾基于实践的推广性以及对未来的展望与构想。那些已经产生重要影响并广为人知的经验，不再作为深入研究的对象。这并不是说那些历史经验不值得再提，而是说那些经验已经沉淀，已经得到文化形态和实践成果的转化。比如说，某些观念已经转化成某种习惯和城市文化常识，成为深圳城市气质的内容，这些内容就可不必重复阐述。因此，这套丛书更注重的是目前行业一线的创新探索，或者过去未被发现、未充分发掘但有价值的创新实践。

其次，专注于前沿探讨。丛书的选题应当来自改革实践最前沿，不是纯粹的学理探讨。作者并不限于从事社科理论研究的专家学者，还包括各行业、各领域的实际工作者。撰文要求以事实为基础，以改革创新成果为主要内容，以平实说理为叙述风格。丛书的视野甚至还包括那些为改革创新做出了重要贡献的一些个人，集中展示和汇集他们对于前沿探索的思想创新和理念创新成果。

第三，着眼于解决问题。这套丛书虽然以实践为基础，但应当注重经验的总结和理论的提炼。入选的书稿要有基本的学术要求和深入的理论思考，而非一般性的工作总结、经验汇编和材料汇集。学术研究需强调问题意识。这套丛书的选择要求针对当前面临的较为急迫的现实问题，着眼于那些来自于经济社会发展第一线的群众关心关注的瓶颈问题的有效解决。

事实上，古今中外有不少来源于实践的著作，为后世提供着持久的思想能量。撰著《旧时代与大革命》的法国思想家托克维尔，正是基于其深入考察美国的民主制度的实践之后，写成名著《论美国的民主》，这可视为从实践到学术的一个范例。托克维尔不是美国民主制度设计的参与者，而是旁观者，但就是这样一位旁观者，为西方政治思想留下了一份经典文献。马克思的《法兰西内战》，也是一部来源于革命实践的作品，它基于巴黎公社革命的经验，既是那个时代的见证，也是马克思主义的重要文献。这些经典著作都是我们总结和提升实践经验的可资参照的榜样。

那些关注实践的大时代的大著作，至少可以给我们这样的启示：哪怕面对的是具体的问题，也不妨拥有大视野，从具体而微的实践探索中展现宏阔远大的社会背景，并形成进一步推进实践发展的真知灼见。《深圳改革创新丛书》虽然主要还是探讨深圳的政治、经济、社会、文化、生态文明建设和党的建设各个方面的实际问题，但其所体现的创新性、先进性与理论性，也能够充分反映深圳的主流价值观和城市文化精神，从而促进形成一种创新的时代气质。

写于 2016 年 3 月

改于 2021 年 12 月

凡　例

一、本书研究记载的时间范围始于 1980 年深圳经济特区建立，终于 2020 年 12 月深圳经济特区成立 40 周年。

二、本书研究记载的地理范围是以深圳市行政区划为界，全市土地面积 1997 平方千米。

三、本书所称"特区内"指"原特区内"，范围是 2010 年之前的"二线"关内土地面积 327.5 平方千米。本书所称"特区外"指"原特区外"，范围是以 1993 年撤县设区时设立的原宝安县和龙岗区为界。

四、截至 2020 年 12 月，深圳城市总体规划已批准并实施的三版总规分别是：第一版总规《深圳经济特区总体规划》，简称《总规（1986）》；第二版总规《深圳市城市总体规划（1996—2010）》，简称《总规（1996）》；第三版总规《深圳市城市总体规划（2010—2020）》，简称《总规（2010）》。此外，第四版总规《深圳市国土空间总体规划（2020—2035）》尚在编制和征求意见的过程中。

五、行文涉及行政区、机构、会议、文件、职衔等均依当时称谓，一般采用全称，名称较长且重复出现者用简称。书中所称市委、市政府，区委、区政府，均指中国共产党深圳市委员会、深圳市人民政府，中国共产党深圳市某区委员会、深圳市某区人民政府；所称省委、省政府，均指中国共产党广东省委员会、广东省人民政府。

六、本书所称"市规划部门"指深圳市规划国土局，是市政府负责城市规划管理的主管部门。40 年来，由于政府几次机构改革，该单位名称也几经变更。为便于阅读，以下列出"深圳市规划国土局"单位名称的沿革，仅作参考。

1979 年 3 月—1980 年 10 月，深圳市城市建设局；

1980 年 10 月—1981 年 6 月，深圳市城市规划设计管理局；

1981 年 6 月—1989 年 1 月，深圳市城市规划局；

1988 年 1 月—1989 年 1 月，深圳市国土局；

1989 年 1 月—1992 年 3 月，深圳市建设局；

1992 年 3 月—2001 年 11 月，深圳市规划国土局；

2001 年 11 月—2004 年 5 月，深圳市规划与国土资源局；

2004 年 5 月—2009 年 7 月，深圳市规划局、深圳市国土资源和房产管理局；

2009 年 7 月—2019 年 1 月，深圳市规划和国土资源委员会；

2019 年 1 月—2020 年，深圳市规划和自然资源局。

七、本书所称"福田中心区"或"深圳市中心区"（简称："中心区"）均指同一片区。该片区名称及范围历史演变：（1）1980 年曾称"福田新市区"是包含福田中心区在内的 30 平方千米；（2）《总规（1986）》确定福田中心区用地 5.4 平方千米，以皇岗路、滨河路、新洲路、红荔路四条路为界；（3）1992 年以后福田中心区用地面积 4.1 平方千米，以彩田路、滨河路、新洲路、红荔路四条路为界；（4）1995 年福田中心区更名为"深圳市中心区"。

八、本书所称"市中心区办公室"的全称是"深圳市中心区开发建设办公室"，指 1996—2004 年间深圳市政府设于深圳市规划国土局内，专门负责福田中心区土地管理、规划设计修编、建筑报建、市政管理等综合性专业管理办公室。

九、本书所称"中规院"，指中国城市规划设计研究院；本书所称"深规院"，指深圳城市规划设计研究院。

十、本书所称"GDP"均指国内生产总值。

十一、凡引用资料，非公开出版资料除外，一般在页下脚注标明出处。统计数据一般采用深圳市统计局公布的数字，统计部门缺乏的数据，采用行业部门可公布的数字。

序

　　以史为鉴可知兴替。城市规划最重要的是历史观，基于现实高瞻远瞩地规划未来。改革开放以来，中国经历了世界历史上规模最大、速度最快的城镇化进程，城市发展波澜壮阔，取得了举世瞩目的成就。"改革开放40年，中国最引人瞩目的实践是经济特区。全世界超过4000个经济特区，头号成功典范莫过于深圳。"（英国《经济学人》）深圳是中国改革开放最早的特区，也是建设得最好的特区。

　　深圳经济特区40年快速发展，奇迹般地缔造了一座城市，实现了从南国边境县城到国际化大都市的历史性跨越，成为世界城市发展史上的奇迹。我一贯主张，城市规划设计要"留出空间、组织空间、创造空间"，深圳是多中心组团结构成功的实例。深圳城市规划历史变迁过程值得记载，给社会各界提供了宝贵的研究素材。

　　深圳第一次创业期间，深圳开发建设主要集中在罗湖上步区，开发建设的目标是建立外向型经济，成为"技术的窗口，管理的窗口，知识的窗口，对外政策的窗口"，发挥向国内外两个扇面辐射的枢纽作用，成为具有发达的物质文明和高度社会主义精神文明的试验田。城市空间规划结构按照"带状多中心组团结构"，建设了十几个有生活配套的小型工业区这一产城融合组团，建立"三来一补"传统工业，使深圳从农业经济向工业经济转变取得了辉煌成就。深圳第二次创业期间，城市空间规划建设逐渐向西拓展至福田、南山两区，发展高新技术、物流业等现代产业。福田中心区作为深圳二次创业的城市中心，从1996年起集中加快建设，真正按照规划蓝图建成了行政中心、文化中心、商务中心（CBD），这是深圳规划建设40年成功的缩影。2010年以后，深圳特区空间规划建设进一步向西拓展至前海中心区及前海蛇口自贸区，未来将成为深港高端服务业合作区和粤港澳大湾区的创新核心。

城市是创造文化、储存文化的"容器"，建筑是石头的史书。40多年来，深圳城市不断吸引人才，各方人流、物流、信息流、资金流的汇聚，把深圳规划建成了超大城市。我20世纪80年代就到深圳做过建筑工程设计，也多次参加深圳市城市规划委员会的会议，我的几名博士都一直在深圳参与特区规划建设，并在这片热土贡献了自己的青春年华，在规划建筑行业里发挥了积极作用，陈一新是其中一位，她在深圳工作了三十多年，为福田中心区（CBD）规划建设贡献了自己的芳华。她勤奋用功，在实践中研究，从规划管理的角度探讨城市设计实施问题，已积累了一些学术成果。2006年她出版专著《中央商务区（CBD）城市规划设计与实践》，2015年又出版了《深圳福田中心区（CBD）城市规划建设三十年历史研究（1980—2010)》和《规划探索——深圳市中心区城市规划实施历程（1980—2010年)》，2017年合著《深圳福田中心区（CBD）规划评估》。我很赞赏她又付梓新作《深圳城市规划简史》，为深圳城市规划历史研究奠定基础，为积累城市文化做出贡献。

齐　康

中国科学院院士

东南大学建筑研究所所长、教授

前　　言

"城市同语言文字一样能实现人类文化的积累和进化"（刘易斯·芒福德）。深圳是一个年轻的城市，一个有远见的城市，也是一个值得书写的城市。纵观深圳城市规划40多年历史，本书作为第一本《深圳城市规划简史》，以编年史体裁系统书写深圳城市规划的历史演进，填补深圳城市规划历史研究的空白。

一　为什么要写这本书？

中国近40年快速城市化，成为世界城市规划实践的主场，而深圳是中国城市化蝶变的缩影。深圳城市建设40年创造了人类城市建设史上的奇迹，深圳城市规划是中国改革开放40年来规划实践的样本，但至今未见系统记载深圳城市规划历史的文献。本书宗旨是客观记载深圳城市在社会经济快速发展背景下，在规划远见指引下，逐步从求生存、求发展，到创造奇迹的城市规划历史，反映深圳几代市领导和规划师在城市规划发展中的思考探索、创新试验、转型成功的历程，这段历史值得追寻和书写。本书《深圳城市规划简史》将为中国乃至世界城市规划学界提供研究素材。立档存史，知往鉴今，启迪未来。

二　为什么是我写这本书？

1980年我考上同济大学建筑学专业，因当时的建筑系包含城市规划、建筑学、风景园林专业，所以三个专业的学生一起上公共"大课"。可见，80年代的建筑学就是融合"规划、建筑、景观"的"广义建筑学"。1984年我大学毕业又考上硕士研究生。1985年暑假我从上海乘火车到广州、深圳旅游，第一次见到市场活跃的

"大广州"和刚刚起步的"小深圳",它们与计划经济的"大上海"形成了鲜明对比。我1987年在上海交通大学参加工作,1989年来深圳大学建筑系和建筑设计院工作,1992年到深圳市规划设计院工作,1996年至今一直在深圳市规划国土局工作,已在深圳工作居住了三十三年,从大学教师、建筑师、规划师到规划管理工作,并连续二十七年在市规划国土局工作。我有幸见证了深圳城市规划建设奇迹的蝶变过程,也荣幸参与了福田中心区规划实施过程。如今,深圳已"40不惑",我也"60耳顺"。作为规划建筑专业人士,我亲历、亲见、亲闻深圳从"娃儿时代"到"壮年时代"的辉煌历程,凭着这份宝贵的经历和"舍我其谁"的使命感,一定要把自己见证的深圳城市规划历史记载下来,这既是"零"的突破,也为未来规划历史研究者提供一块"铺路石"。

我下决心写此书始于一个梦想。记得2010年,我为了写博士论文收集了许多深圳城市规划老资料,于是立下宏愿:为了不让深圳城市建成后成为一个不会说话的"钢筋混凝土森林",我要写一本深圳城市规划历史。本书可谓"十年磨一剑"。受益于我十多年来在电脑上直接打字写作的习惯,"不积跬步,无以至千里",追寻遥遥远远的梦,每一天都要写一点。

三　哪里来的资料?

(1)对深圳城市规划成果资料及规划决策过程中重要的文书资料进行逐年"地毯式"查找和收集。

(2)深圳城市规划建设重要人物访谈约70多次,我亲自主持采访嘉宾约30位。通过阅读人物访谈资料,丰富补充史料,增加历史观察的维度和视角,补充作者对福田中心区以外诸多分区规划和片区规划实践经验的不足,交流对深圳城市规划经验教训的理性思考。

(3)我已经出版三本个人著作,2006年出版《中央商务区(CBD)城市规划设计与实践》,2015年出版《深圳福田中心区(CBD)城市规划建设三十年历史研究(1980—2010)》和《规划探索——深圳市中心区城市规划实施历程(1980—2010年)》。此外,2017年我和同事合著《深圳福田中心区(CBD)规划评估》。甚至在十几年前,我曾经作为副主编，合作完成《深圳中心区城市设计与建筑设计1996—2004年》12本系列丛书的编辑工作。本人在上述经历中积累了大量深圳城市规划资料。

四　重点写什么？

城市规划包括"城市"和"规划"两大领域，涉及学科过多且繁杂。深圳城市规划40年，时间跨度也很长。本书聚焦研究深圳城市规划四十年的规划编制，以及相应的规划决策、规划实施、规划评估等内容。为了梳理主线，明确目标，本书以编年史体裁，采用"三段论"，即"背景综述、重点规划设计、规划实施举例"对深圳城市规划40年进行逐年阐述，对于深圳"城市"发展进展写在每年开头的"背景综述"里，作为城市规划编制的背景铺叙；核心内容是每年"重点规划设计"等重要规划项目及规划决策；最后辅以"规划实施举例"作为每年结尾，从某些侧面反映规划建设效果。

写书有什么用？谁会看？有人曾对我提出的这两个疑问始终鞭策着我，也成为我写书的"负面清单"——尽量少写套话和空话，写有用的书。

五　期待什么效果？

中国的城镇化是深刻影响21世纪人类发展的两大主题之一。近40年来，中国是世界最大的建筑工地，"对于一个城市来说，最重要的不是建筑，而是规划"（贝聿铭），中国当代城市规划最典型的样本在深圳。深圳城市规划样本不仅是中国城市化的代表作，而且具有世界价值。根据黑格尔对历史研究三个层次的划分：白描型历史、反思型历史、哲学型历史，本书属于深圳规划历史研究的第一层次——白描型历史。期待本书具有史料价值，为后人提供"砖瓦"，以构筑深圳城市规划历史"大厦"。希望未来学者逐步反思总结、哲学提升形成"深圳学派"。有志者当努力。

目　　录

绪　　论

一　深圳城市规划 40 年综述

（一）深圳城市 40 年奇迹

中国改革开放 40 年以来，中国城市化率从 1980 年的 19% 增长到 2020 年超过 60%，是 1980 年的 3 倍，城市规划建设的规模和速度史无前例。深圳的城市化率 100%，成为中国 40 年巨变的一个成功范例，深圳 40 年从一个县城快速建造成一座超大城市，成为世界城市发展史上的奇迹。深圳市土地总面积 1997 平方千米，从 1980 年到 2020 年，深圳常住人口从 33 万人增加到 1756 万人；城市建成区面积从 3 平方千米扩大到 973 平方千米（增长约 300 倍，平均每年增长 24 平方千米）；全市建筑面积从 109 万平方米扩大到 11.62 亿平方米（增长约 1000 倍）；经济总量 GDP 从 2.7 亿元增长到 2.77 万亿元（增长约 1 万倍）。这四组数据对比足以定量说明深圳 40 年奇迹。深圳奇迹是一次又一次抓住改革机遇，城市规划不断破解难题，产业转型成功升级，宜居宜业环境逐步提升的总和。奇迹产生的原因可归纳为 12 个字："移民、创新、远见""天时、地利、人和。"深圳的移民文化造就了深圳这座城市的创新基因，创新已成为深圳城市的灵魂，深圳规划的远见又成功引导了城市产业三次转型。"城市不仅是居住生息、工作、购物的地方，它更是储存文化、流传文化、创造文化的容器。"可以说，深圳这个城市"容器"恰恰是深圳奇迹发生的"硬件"。本书《深圳城市规划简史》，就是撰写深圳城市"硬件"规划设计的历史。

（二）深圳城市规划的历史跨越

中国当代城市规划的途径，从 40 年前的理性规划较好地解决了人们的居住、工作、交通、游憩等需求，时至今日又到了中国城市规划转型的"十字路口"——从解决"人的需求"的"开发规划"转向"人与自然"和谐共存的"低碳规划";从"快速规划"转向"品质规划"。深圳城市规划作为"试验田"取得的成功是中国快速城市化的样本缩影,在国土空间规划的新转型中,深圳城市规划将继续探索城市与自然生态资源和谐共生的新模式,肩负粤港澳大湾区、社会主义先行示范区的使命。

深圳城市规划创新的历程就是不断解决城市出现的问题的过程,城市规划的终极目标是让城市生活更美好,经济更繁荣,社会更和谐。

深圳规划在我国的城市规划史上有着重要的地位,它标志着中国的城市规划由计划经济时代进入市场经济时代,翻开了新的一页。[①] 历史是难以预测的,深圳城市规划是一步步摸索出来,偶然中带有必然,机遇与自强并存。深圳虽然被冠名"速成城市",但其城市发展也有一个诞生、成长、发展的历史过程,有其自身发展规律。深圳城市发展是农村人口转为城市人口、外加大量国内移民、集体用地转为国有土地的过程。通过土地使用制度改革和外商投资等多渠道取得城市建设资金,通过房地产市场力量把一个县城一步一步建成国际化大都市。深圳是中国最年轻的城市,也是最有创新力的城市。创新是深圳的原动力,也是深圳城市基因。深圳规划先天"出生"好、后天"成长"得好、"转型发展"得好,是一个成功样本。

深圳城市规划 40 年经历了其他城市上百年的历史跨越,深圳40 年改革创新,从 1980 年建立特区,到 2020 年成功蝶变成国际化大都市,创造了世界工业化和城市化奇迹,实现了由进出口加工贸易到具有国际影响力大都市的历史性跨越,也创造了人类城市发展史上的奇迹。深圳是按照城市规划蓝图建成的城市,深圳城市规划建设 40 年成就已被公认为人类城市建设史上的奇迹,她不仅是中国当代城市规划的范例,而且为世界贡献了一份宝贵的城市规划样

---

① 周干峙:《深圳规划的历史经验》,转引自深圳市规划和国土资源委员会编著《深圳改革开放十五年的城市规划实践(1980—1995 年)》,海天出版社 2010 年版,第 1 页。

本。从农业县到传统工业，再到高新技术工业、信息化工业、战略性新兴产业，因此，深圳规划 40 年也从"快速造城"到城市更新，从小城市到超大城市的历史巨变，成为奇迹。

（三）深圳城市规划与时俱进

深圳城市规划不同阶段面临不同问题，故有不同创新。如果从城市规划的视角看，先有规划蓝图在国土空间的落地实施，才有产业的形成；但是，换个角度看，人们生活需求和产业空间需求也是城市规划的前提。因此，城市需求和空间规划蓝图是互为因果关系的，它们犹如一个城市的"两条腿"相互交替前行。空间规划为产业发展做准备，市场需求给规划蓝图提条件。换句话说，深圳城市规划的创新之所以走在其他城市前列，是因为深圳市场经济走在前列，深圳规划遇到的问题早于其他城市，被迫不断改革创新。例如，深圳规划创新的第一条是总规、详规与建设同步并行，是由于特区初建，城市规划来不及跟上施工建设的速度，所以不得不采取边规划边施工的方式。再比如，深圳规划创新的第二条是市政交通规划预留弹性容量，是因当初难以预测特区未来的人口规模，于是就按规划人口 100 万的双倍容量进行市政管道的施工建设，超前预留了城市发展的弹性容量。如今，深圳特区已经成为全国土地面积最小的超大城市，也是平均人口密度最高、地均 GDP 最高的城市，却仍能保留着近一半土地的生态空间，城市规划构建了一个以蓝绿生态空间为底板的、产城融合的国土空间大格局。这不得不说是深圳城市规划不断创新实践的佐证。

规划师的历史作用也随城市发展不同阶段而变化：建造新城时充当权威规划师，旧城改造时作为协商参与者。例如，深圳 40 年，从 1980—1998 年规划主要是针对土地开发的空间管制，"控制规划、迅速造城"，该阶段规划师要服务于协调政府和市场双方。到 1998 年《深圳城市规划条例》公布后规划公开展示，进入了"理性规划、利益共享"阶段，该阶段规划师要兼顾社会公平。再到 2012 年后深圳以城市更新为主导，"协商规划，效益优先"，该阶段规划师要服务协调政府、市场、市民三方，兼顾各方利益的协商规划。未来规划师要统筹协调政府、市场、市民和自然生态四个方面，应对自然气候变化，做好"低碳规划、防灾规划"。

城市规划未来面临的挑战，在国土空间规划新时代，测绘技术飞速发展，作为规划的底板——地籍权属、基础资料等空间信息已经可视化，作为规划需要的大数据可通过"手机信令"等渠道取得，但城市规划的技术方法尚未见实质性变革，我们仍在用"二十世纪的规划方法"解决"二十一世纪的城市问题"。这是规划师面临的最大挑战。目前国土空间规划中，划定"三线"（生态保护红线、永久基本农田、城镇开发边界三条控制线）仅仅是城市建设与自然共存共享的初级阶段，预计未来城市还将进行碳中和规划，让更多地区规划做到职住平衡，更多公共交通出行比例，更多使用城市公共空间、压缩专用空间，充分利用旧建筑空间，严格控制新增建筑规模，实现真正的生态保护与宜居空间并存。

二　深圳城市规划为世界提供样本

"历史研究也应当是规划实施研究的一个重要方法，乃至于必不可少的主要手段，因为城市的建设、发展和变化是一个漫长的过程，只有立足于较长的时间跨度，才能更加客观、理性地审视规划实施的有关问题。"① 深圳城市规划为世界提供了一个鲜活生动的研究样本。

（一）深圳规划样本的开端缘起

深圳的前身是宝安县，宝安县的前身是新安县。宝安作为岭南的文化重镇，是深圳、香港的文化之根。自东晋（331年）设郡，宝安县隶属东莞郡，至今已有1600多年历史。宝安县一直是农村。新中国成立后，1959年宝安县人民委员会成立，县城设在深圳镇，即现罗湖火车站周边。1980年之前，深圳镇人口约2.3万人，建成区面积仅3平方千米、建筑面积10万平方米，是市政简陋、经济落后的边陲小镇。1979年中央和广东省决定把宝安县改为深圳市。深

---

① 李浩：《八大重点城市规划：新中国成立初期的城市规划历史研究》，中国建筑工业出版社2016年版，第317页。

圳市土地总面积同宝安县域范围。① 深圳在设市前后，曾先后编制过比较简单的城市总规。第一次是在 1978 年，规划到 2000 年发展为 10.6 平方千米建成区，人口为 10 万人的小城市。第二次是在 1979 年，深圳市成立以后，由广东省建委伦永谦同志带队，编制《深圳市总体规划》，规划到 2000 年发展为建成区 35 平方千米，30 万人口的中等城市。这两次规划范围都在广九铁路以东，主要是老城区周围、铁路两侧，以及在这一片以外的地区——在上步、红岭主要发展来料加工业，居民生活区规划在红围、木龙头等地。② 1980 年成立深圳经济特区的目的是为了解决逃港问题，建一个出口加工区，让当地人有就业，提高收入，不要再逃港，就是初衷。所以，深圳特区是在深圳镇的基础上规划建设起来的，几乎可以说是在"一张白纸"上构想深圳特区规划蓝图，这是为深圳规划样本的开端。

（二）深圳规划样本的形成历程

深圳特区的前三十年（1980—2010 年）是"小特区"（土地面积 327.5 平方千米）时代，其中：1980—1992 年特区与宝安县同时并存，特区按城市标准建设，宝安县按农村标准建设。1993 年宝安县撤县改区，深圳形成了特区内三个区（罗湖、福田、南山）和特区外两个区（宝安、龙岗）。2010—2020 年是"大特区"时代（土地面积 1997.47 平方千米），深圳全市域范围都是特区，在行政管理上消除了特区内外二元化结构，深圳开始了特区内外一体化建设时代。

深圳特区城市规划建设 40 年，城市空间形态演变经历了从"点

---

① 深圳市规划国土发展研究中心编著：《深圳市土地资源》，科学出版社 2019 年版，第 64 页。深圳市土地总面积历经多次调整：1963 年《宝安县志》记载面积 2020 平方千米，在 1980—1994 年期间，深圳市土地面积 2020 平方千米（其中特区 327.5 平方千米）；1995 年土地详查后，深圳市土地面积改为 1948.69 平方千米，数据使用至 1999 年；后因填海增加面积，2000 年土地调查计算面积为 1952.84 平方千米，数据使用至 2008 年；后因填海及行政界线调整又增加面积，第二次土地调查计算面积为 1991.64 平方千米，数据使用至 2010 年；后因宝安填海造地又增加面积，2011 年土地变更调查计算面积为 1996.78 平方千米，数据使用至 2014 年；后因南山填海又增加面积，2015 年土地变更调查计算面积为 1997.27 平方千米，数据使用至 2016 年；2017 年土地变更调查计算面积为 1997.47 平方千米，数据使用至 2020 年。

② 深圳市规划和国土资源委员会编著：《深圳改革开放十五年的城市规划实践（1980—1995 年）》，海天出版社 2010 年版，第 5 页。

状扩张"到"线状扩张"到"片状扩张"到"圈层扩张"。深圳10个行政区（未含深汕合作区），开发的时间不同、建设的高峰时期不同，城市更新时期也不同，其实，城市更新一直伴随着深圳特区发展。要对深圳40年的城市规划发展进行总体描述，就有必要结合社会经济发展状况和城市规划演变特征，对深圳40年规划发展进行阶段划分，并通过对各阶段社会经济发展状况的描述，产生的问题，城市规划是如何解决的，这样逐渐推进深圳城市规划对应市场经济发展的需求。从而构画出深圳规划样本的形成历程。深圳城市规划的实践为全国其他城市做出了一些探索和示范作用。深圳城市规划建设40年相关数据统计详见表1：深圳历年建成区及建筑面积一览表。

表1　　　　　深圳历年建成区及建筑面积一览表

年份		全市人口（万人）	全市GDP（亿元）	全市建筑竣工面积（万平方米）	全市土地面积（平方千米）	建成区面积（平方千米）	
						全市	其中：原特区内
第一阶段	1980	33.29	2.70	109	2020	3	3
	1981	36.69	4.96		2020		
	1982	44.95	8.25		2020		
	1983	59.52	13.12		2020		
	1984	74.13	23.42	600	2020		32
	1985	88.15	39.02	929	2020		47.6
	1986	93.56	41.65		2020		
	1987	105.44	55.90		2020		47.6
	1988	120.14	86.98		2020		55.0
	1989	141.60	115.66		2020		61
	1990	166.78	171.67		2020	139	69.34
	1991	226.76	236.67		2020		72
第二阶段	1992	268.02	317.32		2020		75.7
	1993	335.97	453.14		2020		81
	1994	412.71	634.67		2020		84
	1995	449.15	842.79		1948.69		88
	1996	482.89	1050.51		1948.69	299.5	101
	1997	527.75	1302.30		1948.69	299.92	124.18
	1998	580.33	1544.95		1948.69	310.3	129.3
	1999	632.56	1824.69		1948.69	320.3	132.3
	2000	701.24	2219.20	33923	1952.84	467.5	136.45
	2001	724.57	2522.95		1952.84	343.9	147.4

年份		全市人口（万人）	全市GDP（亿元）	全市建筑竣工面积（万平方米）	全市土地面积（平方千米）	建成区面积（平方千米）	
						全市	其中：原特区内
第三阶段	2002	746.62	3017.24		1952.84	495.28	
	2003	778.27	3640.14		1952.84	516	
	2004	800.80	4350.29		1952.84	551	
	2005	827.75	5035.77		1952.84	703	
	2006	871.10	5920.66		1952.84	719.88	
	2007	912.37	6925.23		1952.84	764	
	2008	954.28	7941.43	75168	1952.84	788.24	
	2009	995.01	8514.47	81176	1991.64	813	
	2010	1037.20	10069.01	86683	1991.64	830.01	
	2011	1046.74	11922.81	89912	1996.78	840.91	
第四阶段	2012	1054.74	13496.27	94433	1996.78	863.43	
	2013	1062.89	15234.24	97624	1996.78	871.19	
	2014	1077.89	16795.35	101520	1996.78	890.04	
	2015	1137.87	18436.84	104941	1997.27	900.06	
	2016	1190.84	20685.74	108019	1997.27	923.25	
	2017	1252.83	23280.27	110358	1997.47	925.2	
	2018	1302.66	25266.08	111200	1997.47	927.96	
	2019	1343.88	26927.09	113815	1997.47	954.43	
	2020	1756.01	27670.24	116229	1997.47	973.5	

注：①本表数据为多方面合成，仅供学术研究参考。

②"全市建筑竣工面积"自2000年及以后为"全市建筑普查面积。"

③20世纪80年代"建成区面积"可能是基本完成"七通一平"基础工程建筑的城区面积。

深圳规划样本是一个由外向内的寻求过程。起初是"造城运动"阶段，城市从无到有，从小到大，依靠外来规划师吸收继承传统城市规划的经验；后来成长为大城市了，深圳可建设用地基本建满了，就转入城市更新"织补城市"阶段，主要依靠本土设计师"把脉"更准，帮助深圳不断提升。外来设计师可以通过提供专家咨询给予启发，但必须通过本地设计师详细落地的城市设计，才能把"补丁"做成"锦上添花"的效果。这是一个城市由外而内，逐步成长走向国际化城市的过程。

一个城市的成长犹如一个人，深圳40多年规划历史清晰地印证了这一点。相对于一个人小时候靠老师、家长调教，成人后学习反思自我造化。1980—1995 年，深圳前 15 年初创阶段，主要依靠外地专家献计献策，以深圳规划委员会的会议制度为深圳重大规划成果咨询把关；1996—2010 年，深圳二次创业阶段，逐渐"成熟叛逆"，详规由本地专家（法定图则委员会审批）；2010—2020 年，深圳已经到了"而立之年"，不断更新提升阶段，反思总结"深圳学派"。

（三）深圳规划样本的成功亮点

深圳规划样本的成功之处可归纳为"三个好"，即先天"出生"好、后天"成长"得好、"转型发展"得好。

1. 深圳规划"出生"好——带状多中心组团结构

近一百多年来，城市规划建设历史的基本主线是解决居住、工作、游憩、交通四大功能合理分区问题，具体而言，城市规划就是不断解决人口集聚出现的（居住、工业）用地问题、公共空间美化、交通堵塞、环境污染等问题。深圳城市总体规划很幸运，从"出生"之日起就根本解决了交通堵塞问题。1980 年总体规划的目标就是建一个产城融合的出口加工区，从 1981 年起就提出深圳特区"带状多中心组团结构"，并明确要求：每个组团内各有一套完整的工业、商住及行政文教设施，组团与组团之间按地形用绿化带隔离。后来这些绿化隔离带都成为市民的"游憩"空间。所以，深圳样本从一开始就是成功架构的雏形，避免了传统单中心城市结构的弊端。因此，深圳规划样本是诸多专家和领导集体智慧的结晶，吸取了以往老城规划的经验教训。

2. 深圳规划"成长"得好——福田中心区规划成功实施

1995 年以前的深圳特区规划建设成效充分显示了"多中心组团结构"带来的"职住平衡"的优越性。1996 年以后，深圳进入"二次创业"阶段，随着城市规模迅速扩大，人口密度增加，"职住平衡"的组团结构难以维持，居住地与工作地距离增加，交通拥堵、空气质量等"城市病"不可避免。然而，1997 年深圳地铁一期工程的规划选线就提前开始了"热身运动"，深圳轨道交通的超前规划和高效实施，有力地支持了深圳特大城市的扩张。深圳经济产业也逐步从"三来一补"传统工业向高新技术、信息科技创新升级，社会经济文化全面健康发展。按照深圳规划蓝图，深圳城市中心逐步向西拓展至福田，并加快南山高新区规划建设。特别是福田中心区作为深圳二次创业的城市中心，从1996年起集中加快建设，真正按照规划蓝图建成了行政中心、文化中心、商务中心（CBD），这是深圳规划建设40年成功的缩影。2010年以后，深圳特区空间规划建设进一步向西拓展至前海中心区及前海蛇口自贸区，未来将成为深港高端服务业合作区和粤港澳大湾区的创新核心。

3. 深圳规划"转型发展"得好——前海规划转为城市中心

2010年后，深圳组团结构进一步扩张。把《总规（1986）》时的"前海湾未来开发组团"填海造地成为新的粤港澳大湾区的中心。深圳先进的管理制度和市场经济的活力，吸引了大批移民和优秀人才来深安居乐业，成为千万人口规模的超大城市。深圳在"四个难以为继"的情形下，扩大了城市中心用地，把前海从港口物流业转为城市中心，并加大了"三旧改造"力度，创新实践了城市更新模式。城市更新与土地储备并驾齐驱，大规模盘活了原有低效率城市空间，给城市提供了较充足的科技产业、文化教育发展用地，为深圳在粤港澳大湾区时代更上一层楼做好了城市规划的空间准备。

（四）深圳规划样本的世界价值

深圳规划样本不仅具有中国价值，而且具有世界价值。因为二战后世界范围内多个城市曾经历了战后重建，大规模城市规划集中建设积累和丰富了人类城市规划理论和经验。但二战结束已经过去了70多年，战后重建的城市规划理论和实践也早已完成其理论层面的总结提炼。"这种对历史进行全面研究的现实需要，是显而易见和无可争辩的。即使我们不是出于自我保存的目的来研究历史，我们也应受好奇心的驱使而对它表示关注。"（阿诺德·汤因比）

回眸近40年深圳快速成功发展已受到世界城市规划界关注，正在由一个"跟跑者"逐步转型为一个"领跑者"。深圳良好的营商环境、年轻的人群、创新的活跃、繁荣的经济为超大城市提供样本或参考。"人类只是地球上的匆匆过客，唯有城市将永久存在。"（贝聿铭）事实上，在深圳规划史上远景发展战略多次有效地引导了城市的发展，且深圳也一次又一次地实现了远景发展战略的预测。这是深圳的幸运，也是规划师的幸运。

本书作为深圳城市规划40年编年史，难以避免的情形是：简单平面的事实记载居多，立体抽象的哲学思考较少。但这恰好是本书的史料价值所在。以白描历史的方式记载深圳40年来所经历的众多城市规划项目，阐述这些项目编制的背景、规划思考的方向、实施规划的途径及措施等内容，在一定程度上反映了政府规划主管部门在40年来所做的规划思想及实践工作成效。这是今后深圳规划历史研究的基础素材。

三 深圳40年城市规划阶段划分

（一）规划阶段划分

要研究深圳规划40年历史，首先要划分阶段，其次是分析不同阶段的政治经济社会背景，再次是逐年梳理深圳曾经做过的城市规划项目，从中找出对深圳产生过重要作用或深远影响的重点规划设计项目，从规划历程轨迹中总结深圳城市规划改革创新的主要内容及特点，最后以举例列出规划实施内容。

深圳城市规划40年，如何划分阶段？关键在于视角。鉴于深圳三版总规与特区城市化进程及产业经济转型这三个视角的阶段划分年代比较接近，因此，本书选择从经济社会发展的视角，将深圳40年城市规划划分为以下四个阶段。

1. 第一阶段（1980—1991年）城市化初期，经济起飞，"深圳加工"创造"深圳速度"

1980年成立深圳经济特区，1986年确定特区第一版总规，建立出口加工区。80年代深圳两次土地使用制度改革为深圳"造城"取得了建设资金，使特区内能按规划建设。本阶段深圳城市规划内容的关键词：规划探索，总规、罗湖中心区详规与特区开发建设同时并进，特区第一版总规——《总规（1986）》定稿。

2. 第二阶段（1992—2001年）快速城市化时期，增创新优势，"深圳制造"推动二次创业

1992年原特区内通过城市化转地实现了集体土地国有化。1992

年 7 月 1 日，全国人大通过《关于授权深圳市人大及其常委会和深圳市政府分别制定法规和规章在深圳经济特区实施的决定》。深圳特区有了地方立法权。1993 年 1 月 1 日，宝安区、龙岗区正式成立，原宝安县同时撤销。总规全市拓展，城市建设快速推进。1998 年，《深圳市城市规划条例》施行。2000 年国务院批复深圳城市第二版总规，建设华南区域经济中心城市。深圳开始建立高新技术产业、物流业为支柱产业。本阶段城市规划内容关键词：规划立法，《总规（1996）》，建设国际化城市，福田中心区规划建设。

3. 第三阶段（2002—2011 年）全面城市化时期，科学发展阶段，"深圳创造"建设"效益深圳"

2004 年 6 月，宝安龙岗两区城市化全面铺开，原特区外通过城市化转地实现了全市域集体土地国有化，但至 2020 年尚未完成。2004 年提出"四个难以为继"，产业转型，重点发展金融、文化为支柱产业。2010 年国务院批复深圳城市第三版总规，特区全市扩容，建设全国经济中心城市。本阶段城市规划内容关键词：特区外城市化，基本生态控制线，《总规（2010）》新增前海中心。

4. 第四阶段（2012—2020 年）城市更新主导时期，前海规划建设，轨道交通网络化，"深圳创新"打造"深圳质量"

2012 年是深圳城市规划建设史上的转折点，城市更新的用地首次超过新增建设用地。前海蛇口自贸区、海洋新城、光明科学城等十几个重点片区开发建设。2016 年实行强区放权。2019 年深圳建设粤港澳大湾区的中心城市，建设中国特色社会主义先行示范区，第四版总规暂停。2020 年深圳特区 40 年实现了五大历史性跨越。启动国土空间规划。在土地紧约束条件下城市更新创建示范区。

（二）各阶段城市规划特点

"城市是一本打开的书，从中可以看到它的抱负。"（美国建筑学家沙里宁）。深圳毗邻香港，市场机制发育较早，因此 40 年快速城市化进程中一直走在国内前列，真正起到了排头兵、试验田的作用。城市规划建设也是如此，深圳规划遭遇的问题总比其他城市提早 5—10 年，深圳城市规划一直以市场经济产业需求和市民对美好生活的愿景为目标，先行先试，不断探索。

其实，在深圳城市规划40年发展过程中，几乎始终存在着"缺地"这条主线，城市规划以市场需求为导向，以改革创新为动力，一直在解决"缺地"与城市日益增长的需求之间的矛盾，各阶段采用不同办法解决"缺地"问题，不断通过制度改革和创新探索城市持续健康发展的路径，不断提升各阶段规划建设质量水平。1980年深圳经济特区建立，规划建设从深圳墟镇（罗湖东门一带）3平方千米城区起步，最初是搞"三来一补"传统工业，以提高当地居民收入不再逃港为目标；20世纪90年代发展高新技术产业，建设国际化城市，迎接香港回归为目标；21世纪初，发展信息通信技术，促进产业转型为目标；2010年以后以规划生态宜居城市，发展创新科技为目标；2020年后，将以生态环保，保持经济持续增长为目标。所以，深圳规划与时俱进，迎合市场需求。

深圳80年代建出口加工区，用"深圳加工"创造"深圳速度"；90年代发展高新技术产业，用"深圳制造"推动快速城市化；2000年后面对"四个难以为继"，用"深圳创造"建设"效益深圳"；2010年后在土地紧约束下城市更新，用"深圳创新"打造"深圳质量"。深圳城市发展策略给不同发展阶段的深圳提出前瞻性的新目标定位，深圳先后编制了三版城市总体规划，以创新的思路有效指导了城市发展，较好解决了当时城市面临的关键问题，使深圳城市发展理念在全国保持领先，实现了高标准的城市建设，也逐步明确了深圳作为国家经济中心城市和国际化城市的城市地位。同时也为我国城市规划体系和制度的完善发挥了重要的试验和示范作用。深圳三版总规也体现了城市产业转型发展的历程。《总规（1986）》确定的深圳城市性质是"发展外向型工业、工贸并举，兼营旅游、房地产等事业，建设以工业为重点的综合性经济特区"。《总规（1996）》将深圳的城市性质提升为"现代产业协调发展的综合性经济特区、华南地区重要的经济中心城市，现代化的国际性城市"。2005年获得深圳市人大通过的《深圳2030城市发展策略》提出，建设"可持续发展的全球先锋城市"的发展目标，将深圳的功能定位为"国家级高新技术产业基地和自主创新的示范城市，区域性物流中心城市，与香港共同发展的国际都会"。　《总规

（2010）》明确深圳城市性质是"中国的经济特区，全国性经济中心城市和国际化城市"，主要职能是"国家综合配套改革试验区，实践自主创新和循环经济科学发展模式的示范区；国家支持香港繁荣稳定的服务基地，在'一国两制'框架下与香港共同发展的国际性金融、贸易和航运中心；国家高新技术产业基地和文化产业基地；国家重要的综合交通枢纽和边境口岸；具有滨海特色的国际著名旅游城市"。

以下列举深圳城市规划各阶段特点。

1. 第一阶段（1980—1991 年）深圳城市规划特点

（1）《总规（1986）》布局了 15 个小型工业区应对"缺地"问题。由于深圳规划从一开始就意识到特区内虽有 327.5 平方千米土地，不适宜建设的陡峭山地近一半，其中城市建设用地仅 123 平方千米。规划 15 个小型工业区总用地 18.5 平方千米，约占城市建设用地的 15%，有的工业区占地不足 1 平方千米，而且配套住宅、宿舍、文教体卫等公共设施，这种"职住平衡"组团式开发建设，迅速容纳了大量"三来一补"的中小型企业，创造了"深圳速度"。

（2）市政交通预留弹性容量，按《总规（1986）》人口规模 1.5—2.0 倍预留了市政交通容量。

（3）多中心组团结构，为深圳城市奠定了职住平衡、弹性发展的空间规划构架。

（4）城市规划委员会制度（深圳特区处于快速工业化和城市化进程中，特别是 80 年代初的城市规划没有先行成功经验，从全国各地邀请来的专家，也是凭他们以往计划经济体制下的城市规划经验预测深圳特区未来社会经济发展的走向，以谋划城市空间的布局。当时国内规划师大多没有出国考察的经历，仅凭有限的资料信息了解西方发达国家城市规划的状况。幸亏有周干峙、吴良镛、齐康、陈占祥、任震英等多位院士、大师的鼎力支持把关，才能让深圳的城市规划建设始终走在健康正确的轨道上）。

2. 第二阶段（1992—2001 年）深圳城市规划特点

（1）在 1989 年深圳城市发展策略指导下，宝安县撤县设区，扩大城市范围应对"缺地"问题，特区内"三来一补"产业迅速向特区外转移，特区内厂房"腾笼换鸟"发展高新技术产业和商业办公。

（2）1996年福田中心区首次举行中轴线两侧城市设计及市政厅建筑方案国际咨询。

（3）市中心区办公室1998年创建城市仿真为城市设计实施的先进技术手段。

（4）1998年首次公布地方规划法——《深圳城市规划条例》，该条例确定了详规新的编制与审批制度——法定图则。

（5）《总规（1996）》全境开拓、定位提升。规划范围扩大到全市域，确定目标定位为华南区域经济中心城市，至2010年规划人口430万，建设用地控制在480平方千米。确立了以特区为中心，以东、中、西三条发展轴为骨架推进全市组团结构，适应了高速增长阶段城市空间需求。

3. 第三阶段（2002—2011年）深圳城市规划特点

（1）在特区内基本建满的情况下，深圳规划建设向特区外扩展，2002年规划确定特区外9个卫星新城，应对"缺地"问题，特区外开始全面城市化开发建设。

（2）《深圳2030城市发展策略》提供远景规划，2010年特区扩大到全市，总规增设前海为城市新中心。

（3）轨道交通超前网络化规划并强力实施。

（4）基本生态控制线2005年公布，在构建生态安全的前提下，保证城市的安全和实用。

（5）《总规（2010）》定位提升为全国经济中心城市和国际化城市，至2020年规划人口1100万，建设用地控制在890平方千米。首次提出前海中心与罗湖、福田形成市级双核心，并提出存量发展模式。

4. 第四阶段（2012—2020年）深圳城市规划特点

（1）面对土地紧约束条件，深圳加大城市更新和土地整备力度应对"缺地"问题，加快推进重点片区规划建设"点面"结合（17个重点片区＋城市更新），创新整村统筹规划的利益共享机制。以提高土地利用效率。

（2）推进实现经济社会发展、城乡总体规划、土地利用规划的

"三规合一"或"多规合一"，逐步形成统一衔接、功能互补的规划体系。

（3）海陆统筹规划，海洋新城规划，光明科学城规划等。

（4）深圳湾超级总体基地、深圳国际会展城等重点片区实行"总设计师制度"，推动城市设计的实施，提升空间品质。

（5）2016年启动新版总规（第四版）编制，2019年暂停后启动国土空间总体规划。

深圳40多年来，在几代规划师的远见引领下，一批又一批移民怀揣梦想来深圳创新创业，共创经济产业繁荣，共筑宜居宜业城市。深圳城市一张又一张规划蓝图实现了，一个又一个城市组团建成了，几次产业转型获得成功，得益于改革开放和先行先试的特区政策，深圳开创了土地有偿使用的招拍挂出让制度，赢得了特区建设资金，从根本上改变了土地利用规划方法，变革了城市规划理念。因此，超前规划、弹性规划、落地实施，并在规划实施过程中承上启下、不断补台、与时俱进等务实措施，才使城市规划在深圳建设中始终发挥着引领创新和调节市场的作用。总之，深圳当今建设成就，城市规划功不可没（见表2）。

表2　　　　　　　　深圳城市规划简史表

四阶段划分	规划面临的问题与目标	规划编制主要内容	规划实施重点
第一阶段 1980— 1991年	①资金短缺 ②原特区内集体土地待征转 ③总规与详规同步编制与实施 规划目标：建设以工业为主的综合性经济特区	①1981年《深圳经济特区总体规划说明书》提出组团式布置的带形城市，将特区分7—8个组团 ②罗湖上步组团规划1983年 ③《总规（1986）》确定带状多中心组团结构； ④深圳市城市发展策略1989年，提出国际性城市目标 ⑤《深圳市城市规划标准与准则》试行1990年	①建设多中心组团架构，市政交通预留弹性容量 ②总规布局了15个小型工业区，建设了11个工业区 ③集中建设罗湖上步组团 ④1986年建立城市规划委员会制度，每年召开几次会议把握深圳规划方向及重点内容，例如：把关福田中心区规划

四阶段划分	规划面临的问题与目标	规划编制主要内容	规划实施重点
第二阶段 1992— 2001 年	①城市人口飞速增长，堵车问题显现 ②城市迅速扩大，规划水平亟待提高 ③工业区迅速"退二进三"，特区内工业向特区外转移 规划目标：建设华南区域经济中心城市、国际化城市	①福田中心区详规定稿1992 年 ②福田中心区城市设计优选方案确定1996 年 ③《深圳城市规划条例》公布实施1998 年 ④福田中心区 CBD 街坊城市设计新典范1998 年 ⑤《总规（1996）》2000年获正式批复	①深圳城市发展策略引领下宝安县撤县设区 ②福田中心区城市设计全面实施 ③创建城市仿真为城市设计实施的技术手段 ④《深圳城市规划条例》首次公布，确定了法定图则的编制与审批制度
第三阶段 2002— 2011 年	①土地紧缺，特区内基本建满并开始城市更新，扩大前海为城市中心 ②特区外城市化征转土地，减少差距 ③城市生态环境受到房地产迅速开发的威胁 规划目标：建设全国经济中心城市、国际化城市	①《深圳 2030 城市发展策略》2002 2005 年 ②深圳市基本生态控制线公布2005 年 ③法定图则全覆盖"大会战"2009 年 ④前海中心概念规划国际咨询2010 年 ⑤《总规（2010）》2010年获正式批复	①福田中心区规划成功实施，成为深圳的金融主中心 ②规划确定特区外9 个卫星新城，开始城市化开发建设 ③基本生态控制线公布实施，控制了房地产开发边界 ④轨道交通超前规划并强力推进轨道网络化实施 ⑤快速建设前海深港现代服务业合作区
第四阶段 2012— 2020 年	①特区内外"全部"建满，造城阶段结束 ②全面城市更新，文教卫设施缺口大 ③保住实体经济，保证工业用地总量 ④建设全球海洋中心城市，海陆统筹 ⑤大力发展深圳科学基础研究 规划目标：建设粤港澳大湾区核心城市、中国特色社会主义先行示范区	①前海综合规划2012 年 ②深圳湾超总基地城市设计国际咨询2013 年 ③十几个重点片区规划建设2014—2019 年 ④海洋新城总体规划国际咨询2018 年 ⑤光明科学城空间规划2019 年	①规划实施17 个重点片区与全面城市更新并行；深圳湾、国际会展城等重点片区实行"总设计师制度" ②探索海陆统筹规划管理 ③全面深度推进前海（蛇口）自由贸易区的规划建设 ④探索国土空间规划与实施传导办法 ⑤加快建设光明科学城

四　深圳城市规划历史经验

深圳城市规划的编制与实施是一个探索创新过程，深圳规划的历史经验值得总结。

（一）周干峙院士总结深圳城市规划经验

深圳市城市规划委员会首席顾问周干峙院士认为"深圳规划在我国的城市规划史上有着重要的地位，它标志着中国的城市规划由计划经济时代进入市场经济时代翻开了新的一页。深圳规划的历史经验很值得总结"。他曾总结深圳规划的以下六条经验。[①]

（1）历史证明，尊重科学，尊重专家，决策者和规划者互相尊重、平等讨论，才能真正做到科学决策、民主决策。这是深圳早期规划最重要的经验。

（2）城市的规划建设走好第一步非常重要。一个城市的格局、框架、发展思路是在一开始就确定的。结合地形特点，整个城市采用组团式的布局，形成带形城市；工业区采用小块分散布点，一般工业区不大于2平方千米，全市规划15个工业小区，便于上马，搞一个成一个；第一步走对了，步步紧跟，城市才能顺利发展。"滚动发展，弹性规划"理念的提出，组团式带形城市格局的确定，不仅适应深圳的地理、地形条件，也为特区的快速启动和迅速发展提供了条件。深圳经济特区总体规划的构思是经专家们反复讨论，并结合深圳的具体条件认真研究后提出来的。既适应市场经济的需要，又吸取了发达国家的经验。

（3）规划与建设紧密结合。特区建设要求急，不可能等规划好了再建设。特别是一开始，规划和建设是同步进行的；但建设的时候都先同规划部门商量，一起做现场调研，尊重规划的意见。

（4）认真执行规划。有了一个好的规划，还得要很好地落实。规划贵在实施。特别可贵的是深圳市几届领导班子都十分尊重已确定的规划，严格按规划建设，不是"一个市长一个令"。

（5）坚持继承和创新相结合。在福田中心区，继承我国古代城

---

① 深圳市规划和国土资源委员会编著：《深圳改革开放十五年的城市规划实践（1980—1995年）》，海天出版社2010版，第1—4页。

市的成功做法，规划了中轴线、方格路网。特区是新事物，要吸收国际上的先进理念、新的做法，也要结合深圳的实际，努力创新。

（6）不盲目迷信老外，不崇洋媚外，坚持以自己的力量为主。城市总体规划要从国情、市情出发，要紧密结合实际，要构想城市美好的愿景，这个当然是国人最有发言权。1999年，深圳规划荣获亚洲地区第一个国际建协（UIA）的"阿伯克隆比荣誉奖"，有力地说明了中国的城市规划师完全有能力、有水平规划好自己的美好家园。

深圳的总体规划和重大建设项目，总的看来成功的不少，很遗憾的败笔不多，但历时20多年，我感到也有一些关键性缺陷，影响深远，而且难以更改。如早就发觉的城中村问题和特区外围的城镇规划混乱，都缘于规划失策。现在总结之重要，就是从失误中取得经验教训，这对后续工作大有裨益。

（二）作者总结深圳城市规划经验教训

深圳特区是按照规划蓝图建设出来的城市。深圳城市规划40年的成功实践基于远见与创新，深圳市几代领导人的高瞻远瞩，他们超前的眼光和领导魄力引领规划工作者勇于创新，持续探索前行。深圳特区是世界上为数不多的按规划蓝图建成的城市，是人类城市规划史上难得的研究"样本"。我国颁布的有关城市规划的"国标"和深圳"市标"，在深圳40年规划建设中得到了一次较完整的实践检验，其经验教训值得总结。

1. 规划有远见——深圳三次城市发展策略成功引导了城市转型升级。

深圳四十年城市发展历程印证了深圳城市规划具有"远见"，城市发展策略的预判都成为现实，保证城市具有韧性发展和更好的未来。

（1）1989年《深圳市城市发展策略》预示着深圳将发展成为一个对外贸易、金融、高科技工业比较发达的外向型的国际性大城市，提出了"以特区为中心，有步骤地全境开拓"方案，为1993年宝安撤县设区做好了理性规划准备。

（2）2006年市人大审定通过的《深圳2030城市发展策略》，确定了深圳全国经济中心城市和国际化城市的新定位，为突破"四个难以为继"的瓶颈约束，探索适应城市转型的非土地扩张型发展模式。为《总规（2010）》增加前海中心（首次提出城市双核心：把未来前海中心与已经形成的罗湖福田中心并列），提出存量发展模式做好了前期准备。

（3）2017年通过《深圳2050城市发展策略》，在未来的不确定性中把握城市发展相对的确定性，提出三个维度的深圳发展目标：世界的深圳—全球创新城市；中国的深圳—中国先锋城市；"深圳人"的深圳—可持续发展的典范城市，可持续发展是城市的本质。

2. 城市框架好——深圳多中心组团式结构，蓝绿色丘陵地带组成的生态本底。

1980年《深圳市经济特区城市发展纲要》、1982年定稿的《深圳经济特区社会经济发展规划大纲》是《总规（1986）》之前对深圳特区城市大框架的规划，是直接用于指导深圳特区初期开发建设的规划大纲。深圳多中心组团式结构带给城市许多优势：例如，80年代建成了职住平衡、产城融合的十几个工业区组团，既解决了交通问题，也使深圳早期资金短缺时只能集中建设罗湖上步工业区；建一片，成一片，收效一片。1996年以后才建设福田中心区；2010年以后开始建设前海中心区。

3. 规划弹性大——80年代当深圳人口难预测时，规划建设规模就采用城市弹性规划、市政工程留有余地的原则。

例1，《总规（1986）》预测到2000年规划人口100万，实际是按照200万人口预测交通流量，编制交通规划，进行市政道路工程施工。

例2，福田中心区是弹性规划的典型实例，1992年审定福田中心区详细规划后立即要开展市政道路施工，一时难以确定中心区开发建设规模。结果，市政府采取弹性规划、留有余地的原则，决定中心区地上按中方案（960万平方米）控制，地下按高方案（1235万平方米）建设施工。至2020年，中心区开发规模实际建成面积约1200万平方米，达到了高方案，用足了当年预留的弹性余地。实行弹性规划的关键是预留空间，只有"留出空间、组织空间、创造空间"（齐康院士），才能使城市发展富有弹性。

4. 规划制度好——"真正影响城市规划的,是深刻的政治和经济的变革"(芒福德),深圳城市规划之所以能成为"样本",是因为 1980 年成为经济特区,1992 年又被赋予地方立法权以及在国内最早建立的城市规划委员会制度。

(1)城市规划委员会制度,从 1986 年在全国首创建立深圳市城市规划委员会制度,保证了深圳特区在前二十年重大规划项目的路线正确,避免了规划建设的弯路,因而能抓住每一次转型升级的机会。1998 年《深圳城市规划条例》施行后,由于深圳市城市规划委员会下设的法定图则委员会具有对法定图则的审批职能,保证了详细规划落地实施的法定性和严肃性,使深圳规划蓝图能够有序实施。深圳市城市规划委员会历次会议内容参见表 3:深圳市城市规划委员会历次会议及主要议题简表。

表 3   深圳市城市规划委员会历次会议及主要议题简表

总会次	会议名称	会议时间	会议主要议题
第 1 次	深圳市城市规划委员会第一次全体会议	1986 年 5 月	审议《深圳经济特区总体规划(1986—2000)》,提出修改完善规划的意见和建议。
第 2 次	深圳市城市规划委员会第二次全体会议	1987 年 11 月	评估论证深圳经济特区总体规划及局部规划,审议《梧桐山风景区规划》等十一个规划成果。
第 3 次	深圳市城市规划委员会第三次会议	1988 年 12 月	审议通过深圳城市规划工作要点、深圳经济特区总体规划修改意见、福田新市区规划方案和罗湖口岸、火车站地区规划设计方案。
第 4 次	深圳市城市规划委员会第四次会议	1990 年 3 月	审议通过《深圳市城市发展策略》和《深圳市规划标准与准则(草案)》《福田区机动车—自行车分道系统规划》《福田中心区规划》《福田保税工业区规划》。

总会次	会议名称	会议时间	会议主要议题
第5次	深圳市城市规划委员会第五次会议	1991年9月	审议通过《深圳城市规划体系改革方案》《福田中心区规划方案》《深圳特区快速路网规划方案》《轻便铁轨交通规划方案》。
第6次	深圳市城市规划委员会第六次会议	1994年9月	审议通过《深圳市城市总体规划修编纲要》，明确以特区为中心，东、中、西3个圈层及11个功能组团、4种级别的结构体系。
第7次	深圳市城市规划委员会第七次会议	1996年12月	原则通过《深圳市城市总体规划（1996—2010）》《深圳市城市规划标准与准则》。
第8次	深圳市城市规划委员会第八次会议	1999年7月	审定《深圳市城市规划委员会章程》，通过《深圳跨世纪城市发展的目标定位与对策》和《深圳市法定图则编制技术规定》，批准第一批11个法定图则和《深圳市沿海地区概念规划》《深圳市供水网络布局规划》《盐田区分区规划》等。
第9次	深圳市城市规划委员会第九次会议	2000年12月29日	审议通过《深圳市城市规划委员会章程（修订稿）》《深圳市法定图则编制与审批程序暂行规定（送审稿）》及《2001年法定图则年度工作计划》等。
第10次	深圳市城市规划委员会第十次会议	2001年4月11日	审议通过《深圳市罗湖区分区规划（1998—2010）》等11项规划，审议高新技术中片区等19项法定图则及对已批11项法定图则修改申请。

续表

总会次	会议名称	会议时间	会议主要议题
第 11 次	深圳市城市规划委员会 2001 年第二次会议	2001 年 12 月 27 日	审议《深圳市城市总体规划检讨与对策》《深圳市轨道交通规划》《深圳市法定图则 2002 年编制计划（草案）》以及 8 项法定图则修改申请。
第 12 次	深圳市城市规划委员会 2002 年第一次会议	2002 年 4 月 30 日	审议《深圳市城市规划委员会章程（修订稿）》《深圳市城市空间发展与卫星新城规划（纲要)》《深圳市城市设计编制技术规定》等 6 项城市设计项目、13 项法定图则修改申请。
第 13 次	深圳市城市规划委员会 2002 年第二次会议	2002 年 11 月 12 日	审议《深圳市东部滨海地区发展概念规划》《深圳市高新技术产业带规划与发展纲要》，审批了 15 项已批法定图则的修改申请及深圳市光汇油库扩建工程的规划论证意见。
第 14 次	深圳市城市规划委员会 2003 年第 1 次会议	2003 年 1 月	审议《大、小铲岛危险品库选址论证综合研究》《深圳市干线道路网规划》《深圳市铁路第二客运站交通规划》《深圳市法定图则编制技术规定（修订版)》及 11 项已批法定图则的修改申请。
第 15 次	深圳市城市规划委员会 2003 年第 2 次会议	2003 年 11 月 7 日	审议《深圳市城市规划标准与准则（修订版)》及 10 项已批法定图则的修改申请。
第 16 次	深圳市城市规划委员会 2004 年第 1 次会议	2004 年 6 月	审议《深圳市南山区分区规划》，审批《深圳市 2004 年法定图则工作计划》，7 项已批法定图则的修改申请。

续表

总会次	会议名称	会议时间	会议主要议题
第 17 次	深圳市城市规划委员会 2004 年第 2 次会议	2004 年 11 月 12 日	审议《关于提请审查非公务员候选人资格及换届工作方案的报告》《深圳市绿地系统规划》。
第 18 次	深圳市城市规划委员会 2005 年第 1 次会议	2004 年 4 月	审议《深圳精细化工园区规划选址论证》、审批了《深圳南山大冲村旧村改造规划》和《深圳市福田区岗厦河园片区改造规划》。
第 19 次	深圳市城市规划委员会 2005 年第 2 次会议	2005 年 9 月 2 日	审批《深圳市法定图则编制计划（草案）》《深圳市城中村（旧村）改造总体规划纲要（2005—2010）（草案）》和 23 项已批法定图则修改申请。
第 20 次	深圳市城市规划委员会 2006 年第 1 次会议	2006 年 3 月	审议《深圳组团分区规划》（送审稿）、《深圳湾设置滨海医院专项研究》，审批《深圳市污水系统布局规划》和 22 项已批法定图则修改申请。
第 21 次	深圳市城市规划委员会 2006 年第 2 次会议	2006 年 11 月	审议《关于规划委员会工作情况的报告》《关于提请审议东芝复印机项目涉及的基本生态线调整方案的请示》，审批已批法定图则修改申请。
第 22 次	深圳市城市规划委员会 2007 年第 1 次会议	2007 年 7 月 5 日	审议《深圳市水战略》、《深圳市给水系统布局规划》修编（2005—2020）、《深圳市污泥处置布局规划》（2006—2020）、《深圳市填海工程填料系统布局规划》（2006—2020）和已批法定图则修改申请。

续表

总会次	会议名称	会议时间	会议主要议题
第23次	深圳市城市规划委员会2008年第1次会议	2008年1月11日	审议《深圳市城市总体规划（2007—2020）》、审批《深圳市轨道交通规划》《深圳市燃气系统布局规划（2006—2020）》《深圳市加油（气）站系统布局规划（2006—2020）》和已批法定图则修改申请。
第24次	深圳市城市规划委员会2008年第2次会议	2008年12月	审议《基本生态控制线局部调整申请》《深圳市地名总体规划》《深圳市城市供水规划（2006—2020）》和已批法定图则修改申请。
第25次	深圳市城市规划委员会2009年第1次会议	2009年5月8日	审批《深圳市紫线规划》《深圳市黄线规划（2006—2020）》《深圳市橙线规划（2007—2020）》《深圳市蓝线规划（2007—2020）》和已批法定图则修改申请。
第26次	深圳市城市规划委员会2009年会议	2009年12月	听取《深圳市城市规划委员会2009年1次会议议题简介和审议审批情况通报》，审批18项已批法定图则修改申请。
第27次	深圳市城市规划委员会2010年第1次会议	2010年6月23日	审批《关于法定图则个案调整程序的请示》《深圳市公众移动通信基站站址专项规划》和已批法定图则修改申请，审议《地铁5号线塘朗车辆段上盖物业开发项目涉及基本生态控制线调整方案》。

总会次	会议名称	会议时间	会议主要议题
第 28 次	深圳市城市规划委员会 2011 年第 1 次会议	2011 年 7 月 15 日	审议《深圳市矿产资源总体规划》《深圳市地质遗迹保护规划》《深圳市雨洪利用系统布局规划》《深圳市再生水布局规划》《深圳市消防发展规划暨消防设施体系布局规划》
第 29 次	深圳市城市规划委员会 2012 年第 1 次会议	2012 年 5 月 24 日	审议《深圳市基本生态控制线局部优化调整草案》，通报了《深圳市城市规划委员会 2012 年第 1 次会议 61 项已批法定图则个案调整审批台账一览表》。
第 30 次	深圳市城市规划委员会 2015 年第 1 次会议	2015 年 4 月 3 日	审议《深圳市轨道交通规划（2012—2040）》《深圳市干线道路网规划修编》《深圳市成品油管道布局规划》《深圳市天然气高压管网规划》《关于优化部分城市公共服务、交通市政设施选址决策形式的请示》。
第 31 次	深圳市城市规划委员会 2018 年第 1 次会议	2018 年 1 月	审议《深圳市轨道交通线网规划（2016—2035）》，通报了《关于已批法定图则局部调整审批台账的报告》。

（2）规划实施机制——深圳特区的城市规划编制之所以能密切结合开发建设，在于规划实施机制，特别是重点片区采用规划实施一体化机制，由企业、或重点建设办公室、或法定机构负责一个片区的规划建设全过程管理。空间规划最重要的是在城市远景策略的指导下，总体规划、专项规划、城市设计三个阶段最重要，其余规划内容可套用城市规划标准与准则。

例 1，蛇口工业区（约 2 平方千米）、华侨城（约 5 平方千米），

20 世纪八九十年代都是由大型企业集团负责整个片区的规划编制、规划审批、工程建设、片区管理营运一体化实施机制。

例 2，福田中心区（约 4 平方千米），1996 年深圳市为了加快福田中心区开发建设，实现深圳二次创业的宏伟蓝图，市政府在规划国土局内成立了深圳市中心区开发建设办公室，负责福田中心区的土地管理、规划设计、建筑报建、规划验收等一条龙管理工作，保证了中心区的城市设计基本实施，也创新了最早的甲方"总师制"。

例 3，前海中心区（约 15 平方千米），2010 年成立前海深港现代服务业合作区管理局，依法负责前海合作区的开发建设、运营管理、招商引资、制度创新、综合协调等工作，在更大范围更加全面负责前海片区的规划建设、产业经济、社会管理等工作，有望实现深圳城市规划建设水平更上一层楼的目标，并成为粤港澳大湾区城市范例。

（3）规划滚动修编调校机制——总规修编调校机制已在全国建立，然而，详规修编机制靠各城市把握。

美丽深圳的关键是城市设计，城市设计的关键是法定地位和加强街坊尺度的城市设计。详细规划实施不仅是落实经济指标，更需要精细化设计公共空间。从深圳规划 40 年的探索实践过程看，"一张蓝图干到底"不仅是一个很好的规划理念，而且必须认真梳理"蓝图"的具体内容，区分规划的刚性内容和弹性内容。刚性内容"干到底"，弹性内容应留给市场随行就市，适应不同时期人的需求变化。此外，深圳城市规划正处于由"精英规划"向"协商规划"方向转变时期。1998 年前，深圳主要是精英规划，即规划院编制，政府批准后实施。1998 年《深圳城市规划条例》颁布实施后，增加了公众展示和审议修改环节，深圳规划进入由"精英规划"向"协商规划"转变，即由市场投资者、市民使用者和政府管理者三方"协商规划"解决城市问题。政府在保证城市生态安全的前提下，构建一个弹性规划的框架体系，然后根据市民需求、市场需要进行有效沟通，实现三者共赢的城市设计。

5. 规划实施有保障——土地、资金、制度"三驾马车"保证深圳城市规划成功实施。规划与土地归同一部门管理，保证规划高效实施。

（1）土地制度改革是规划实施的前提，土地是规划的"根"，城市规划离不开土地。任何详规或城市设计必须以土地权属为前提条件，才能让规划设计落地实施，否则其成果不可能实施，且是浪费财政资金的"无效创作"。深圳特区规划蓝图能够实施的关键是规划局与国土局长期合一（仅分设五年2004—2009年），而且1980—1987年深圳土地使用制度的两次改革（收取土地使用费；采用公开拍卖、招标和协议三种方式有偿转让土地使用权）。深圳政府从土地有偿使用的制度中获得较多的造城资金。

（2）超前规划很重要，提前征地更重要。城市规划实施有赖于土地使用制度的改革和提前征地。深圳经验显示：要实施规划蓝图，必须首先征地并储备土地。例如，1992年深圳对原特区农村集体用地的成功统征，才使深圳特区规划蓝图较好地实施。

（3）市场经济体制是深圳规划实施的社会环境。深圳作为"试验田"从改革开放初始的计划经济体制较快地建立了社会主义市场经济体制，探索了政府规划与市场需求矛盾的解决办法，改变了传统城市规划理念，使规划不仅要注重社会效益、环境效益，也要注重经济效益。如果没有经济效益，规划蓝图难以实现，则谈不上社会效益和环境效益。深圳城市规划的成功也归功于政府、市场、市民相对平衡运行的市场机制的成功建立。

6. 城市更新成功——城市有机更新始终伴随着深圳规划，不断"组补城市""拼贴城市"是深圳经验。

例如，深圳80年代初建成的上步工业区，最早是生产电子产品的工业区，90年代逐步变成电子零件配套市场，由市场驱动"退二进三"后来演变为非正规办公空间与商业、居住混合多元的华强北创新区。管理上的宽容也让华强北产业市场不断自由生长，华强北让规划师开了眼界。华强北从初创时的职住平衡的工业区，到电子专业化批发市场集聚，又到交通便捷、学区房居住等高配套、低成本的多功能活力区。这是深圳城市有机更新成功的实例。

如何总结深圳40年经验教训，这是难解的课题。深圳城市总体规划构架建立得相当好，可以用"规划选址合宜，建城适宜，因地制宜"来概括，总体规划与实施基本没有走过弯路；详细规划需要适应市场发展，难免有滞后现象。

7. 深圳规划教训。

任何事物不可能尽善尽美，深圳城市规划及其实施有许多成功经验，也有教训，遗憾之处不可避免。

（1）对原有约300个行政村的改造，虽然及时做了规划设计，但规划实施措施不到位，未能有效引导村民富裕后改善生活环境的需要，造成特区和宝安县城市面貌悬殊，"二元化结构"明显。原特区内外发展不平衡，特区外工业用地偏多，近些年，违章建筑控制"零增长"，并逐年减少。

（2）1998年颁布实施的《深圳城市规划条例》定义"城市设计贯穿于城市规划的各个阶段"，城市设计法律地位不明确，技术深度不规范，导致城市设计竞赛多，实施少；花钱多，效果少。

（3）主次干道路网密度偏高，支路网密度不够；深圳城市供需矛盾表现为日益增长的用地需求与用地规模紧缺的矛盾，经济发展与生态环境保护的矛盾，城市快速发展与特色缺失的矛盾。

（4）详细规划不够详细，步行系统不够连续；绿色建筑偏少，建筑设计应对深圳气候环境不够等教训也不同程度存在着，但瑕不掩瑜。

五　研究及写作方法

（一）本书资料来源主要分五类

第一类：《深圳年鉴》《深圳经济特区年鉴》《深圳房地产年鉴》《深圳市志》《福田区志》等公开出版书籍；

第二类：深圳市规划部门已出版的书籍及城市规划40年编制过的规划项目成果归档资料；

第三类：口述历史，60多位参与深圳城市规划建设的重要人物的口述历史等非公开出版资料；

第四类：作者本人近三十年收集的资料和公开出版书籍；

第五类：少量采用互联网上的资料和统计数据。

本次研究工作不仅注重文献、档案等历史资料的详尽收集、分析，还通过对当年参与深圳城市规划建设工作的60多位老领导、老专家、老同事的访谈资料的研究、补充和校验史料，提高了研究成果的可信度和客观公正性。

（二）研究方法

1. 历史研究层次及技术路径

根据黑格尔认为历史研究有三个层次：白描型历史、反思型历史、哲学型历史，本书属于第一层次——白描型历史。只有对历史资料进行"地毯式"梳理—筛选—研究之后，才能反思总结历史经验教训，最后上升到哲学高度的继承创新研究。本书研究内容属于深圳城市规划历史研究范畴，必先从"白描历史"开始，本书研究的技术路径是："地毯式"全面梳理40年规划档案＋人物访谈作为补充验证，即理性的档案资料加感性的人物采谈，使本书历史资料既客观又生动。

2. 系统法

一切事物都是由彼此相关的多种要素组成的，各组成要素互相联系、互相依存、互相制约、互相作用，形成一个统一体。城市规划历史也不例外。因此研究深圳城市规划历史，必须研究规划当时的社会时代背景，找出产生城市病的原因，才能理解当时规划采取的解决问题方法。

（1）收集阅读学者已公开发表的文章、出版的书籍。进行查新工作。

（2）采用系统法全面收集整理深圳城市规划建设40年的大事记；基于对深圳市规划档案资料的"地毯式"收集整理研究，按照时间轴线，记述历史进程中各阶段社会经济时代背景；梳理了各阶段重要的规划成果内容和技术方法。

（3）梳理资料，归纳提炼深圳城市规划各阶段特点，总结经验教训。

（三）写作方法：绪论＋编年史＋大事记

从规划层面，最能代表深圳的是"多中心组团结构""综合交通规划"和"基本生态控制线"。鉴于城市规划主要分为总体规划和详细规划两个层次，深圳规划（从1998年《深圳市城市规划条

例》）分总体规划、次区域规划、分区规划、法定图则、详细蓝图
五阶段，各阶段规划编制总量多，内容广，因此，本书几乎不可能
记载描述深圳40年所有的规划，只能采取"总体规划为主线，交
通规划为辅线，法定图则和城市设计为补充"的"白描历史"的写
作方法，一方面对深圳城市规划40年历程按时间轴做一个纵向阐
述，另一方面，对每年度同时期展开的规划项目做一个横向列举。
通过纵横两条"轴线"的记载和归纳，力求能够描述出深圳规划40
年的"大轮廓"。

　　本书以编年体为主，以时间为轴，突出每个阶段的规划主题和
每年的规划重点，努力阐明各阶段、每年度承上启下的关系。为完
整记载深圳40年城市规划历史，保存史料价值。

　　史料的记载是学术研究的基础，尊重历史、寻求真实、完善史
料不仅是历史学家的使命，也是学者的良知与责任。[1] 在史书编撰
体裁上，传统的有编年体（时间线）、纪传体（人物传记）、纪事本
末体（记事）三种体裁。编年体的好处是保留历史原貌，但是事杂
而散；纪传体和纪事本末体的好处是强调史实的关联和逻辑性，但
是纪传体涉及人物关系的时候会重复甚至矛盾；纪事本末体的不足
是不能反映历史的全貌。本书为城市规划专题史，采用主题式，以
时间为轴，每个阶段都有规划编制背景，并根据深圳城市多中心组
团结构的特点，详细阐述对每个阶段重点规划建设的中心组团或重
点片区的规划内容。每个阶段中的每年度规划展开前都有背景综
述，既是年度之间的"链接"，也反映了该年度之前规划实施的成
效。因此，本书主要采用编年体，辅以系统法和归纳法的研究方
法，尽量吸收几种体裁的优点。

　　本书针对深圳40年规划建设历程，通过搜索每年面临的社会经
济背景综述，重点编制的规划设计项目及规划实施举例，旨在清晰
反映每年度各重点规划项目的立项背景、主要内容等，寻找每年度
内诸多项目之间的关联，阐述深圳城市规划如何解决面临的突出问
题；力求梳理出各年度之间"承上启下"的关系。使年度内规划项

---

　　[1] 陶一桃：《思想自由飞翔的天空》，转引自《中国经济特区研究》2013年第1
期，社会科学文献出版社2014年版，第12页。

目有关联，各年度解决的问题前后呼应。

（1）绪论，通过概述的提炼思考、总结经验，概括全文的核心思想内容和写作目标、方法等内容，以弥补编年史的繁杂与琐碎。

（2）编年史，本书研究深圳城市规划40年历程，主要研究方法采用编年体记录历史的方式，以年代为线索，以时间为轴线，按年、月、日顺序记述史事，并选择重点事件，通过列举每年编制过的重要规划项目、阐述其主要内容，详略有别地记述深圳城市规划项目的编制、审批及建设实施等有关历程，年与年之间采用规划建设后形成的社会经济发展状况作为下一年的起始背景。如此逐年递进形成深圳城市规划40年编年史。

鉴于城市规划主要分总体规划（上行是策略发展规划，下行是分区规划）和详细规划（分控制性详细规划、修建性详细规划，即深圳称为法定图则、详细蓝图）两个阶段，前一阶段负责超前规划，高瞻远瞩；后一阶段负责指引土地开发及建设管控。

以时间为轴，每一个阶段都有一个规划主题，每一年都有一个规划重点以及相应的背景综述，然后阐述每一年重点规划项目的内容，并举例记载每一年规划建设项目，以此说明各阶段、每年度承上启下的关系。所以，每年以"背景综述"开始，再展开"重点规划设计"，最后以"规划实施举例"验证规划成果的实践价值。

（3）大事记，深圳城市规划40年大事记起到一条"项链"作用，把各年度的重点规划设计项目串联起来形成整体。

本书写作原则力求"述而少论"。以记录史料为主，尽力把历史客观、公正地记录下来，供社会使用。

第一阶段（1980—1991 年）
确定多中心组团结构，罗湖
上步组团规划建设

　　第一阶段（1980—1991 年）是深圳特区城市化初期。该阶段城市总体规划经历了 1982 年《深圳经济特区社会经济发展规划大纲》到《总规（1986）》定稿，确定了以外向型工业为主的综合经济特区的城市定位，以及带状多中心组团结构的城市框架。深圳特区经过 12 年规划建设，创造了著名的"深圳速度"，特区建成区面积增长了 24 倍，由 1980 年的 3 平方千米增长到 1991 年的 72 平方千米。至 1991 年深圳已经建成了 8 个工业区、50 个居住小区、6 个港口、5 个出入境口岸；并基本建成了特区东西两端的组团（罗湖上步、蛇口），中间组团（福田、南山）仍呈现农田、鱼塘、临时道路等郊区景象。迅速建成的十几个小型的"三来一补"工业区，使深圳经济步入良性循环。

　　80 年代，罗湖区发展经济以工业为重点，抓住香港制造业向内地转移契机，用足特区优惠政策，大力引进"三来一补"企业，以服装、制革、电器、食品、玩具加工为主要行业，以出口创汇。80 年代，深圳特区内外在经济发展模式上各不相同，存在一定的地域分工，但宝安县和特区两者都统一于深圳全市的发展战略上。特区的开发战略目标高，要求严，完全按照城市开发模式建设，又保证了工业经济发展，工业区建设基本有了城市规划的总体指导，工业布局较为合理。特区以外的宝安县农村，初期在制定经济发展战略上确定"外向型农业"方向，经过一段时期的艰苦创业，创出了以来料加工为主的地区经济格局，使宝安县原来的农村经济已发生质的变化。在短短几年内，宝安县的外向型乡镇企业发展迅猛，形成了有一定的自我开发能力的地区经济体系①。

该阶段深圳特区规划蓝图之所以能快速实施的三个关键因素：
特区征地快、建设有资金、规划制度好。80 年代两次土地使用制度
改革为深圳"造城"取得了资金。该阶段深圳城市规划创新特点是
多中心组团结构；总规与详规同步编制实施；城市规模弹性规划，
市政交通容量超前建设；城市规划委员会制度。

第一节　规划大纲（1980—1983 年）

1980—1983 年是深圳城市化初期，工业基础十分薄弱。深圳发
展以"三来一补"为主的工业加工区，外来的暂住人口大量涌入。
这是深圳第一次产业转型，由农业向工业化转型，社会发生巨变。

一　1980 年《深圳市经济特区城市发展纲要》

● 背景综述

深圳市的城市规划建设是在前宝安县县城深圳镇的基础上开始
的。深圳镇，1911 年广九铁路修通穿境而过，深圳镇逐步成为沿线
边城重镇。② 被称为华南边陲小镇。1980 年，深圳镇人口 3.8 万人，
建成区面积 3 平方千米，房屋建筑面积 109 万平方米；在总长仅 8
千米的可通行道路中，铺装路面长度不足 0.5 千米、宽度不足 10
米③。1979 年 1 月建市后，随着建制级别的不断升格、经济特区地
位与功能的不断强化和经济社会发展的快速跃升，城市规划亦在改
革探索中不断调整、改进和提升。

1979 年 7 月，中共中央、国务院决定在深圳等地试办"出口特

---

① 深圳市建设局、深圳市国土局、中规院深圳咨询中心：《深圳市国土规划》，
1989 年，第 64 页。

② 陈一新：《深圳福田中心区（CBD）城市规划建设三十年历史研究（1980—
2010）》，东南大学出版社 2015 年版，第 2 页。

③ 深圳市经济特区规划工作组：《深圳市经济特区城市发展纲要（讨论稿）》，
1980 年 6 月 11 日，第 3 页。

区"。为此，深圳市成立了既管建设又管规划的市基本建设委员会。同年10月成立罗湖管理区，全区总面积约74平方千米。① 1979年12月，该委员会编制出《深圳市城镇发展规划》，此为深圳首次城市规划。其规划城区范围为罗湖、蛇口、沙头角3个点，作为发展来料加工为主的"三来一补"企业的生产基地。该规划提出总用地面积10.65平方千米，人口规模至1985年为10万人，远期至2000年为20万—30万人；城市性质确定以发展来料加工工业为主，为"三来一补"企业提供发展环境。②

1980年5月6日，深圳市委向各区委、公社、镇、街道办事处党委颁发《关于成立深圳市城市建设规划委员会的通知》（深委〔1980〕23号），根据深圳市"三个建成"的需要，为了加强城市建设的领导，决定成立深圳市城市建设规划委员会，由市委书记担任主任委员。委员会下设办公室（局级建制），办公室分设规划用地、测绘设计单位。

1980年8月26日，全国人大颁布《广东省经济特区条例》，国务院批准设立深圳经济特区后，前来深圳投资的港商较多，深圳经济发展迅速，尤其是加工工业迅速增多。深圳成为经济体制改革的实验场和对外开放的窗口。规划设想深圳特区建一个新型城市，一切重新开始，规划从罗湖旧城区向西发展，成为一个带形城市。1980年末规划调整为"特区建设以工业为主，工农相结合的新型边境城市"。深圳市区规划包括罗湖、上步、皇岗在内的49平方千米面积，规划近期人口30万人，远期60万人。1980年成立深圳经济特区时，城市现状建成区面积3.04平方千米，划定特区面积327.5平方千米，是我国主要进出口岸之一，明确要建成"兼营工、商、农、牧、住宅、旅游等多种行业的综合性特区"。1980年末深圳市常住人口约33万人，全市GDP约2.7亿元人民币。

---

① 深圳经济特区年鉴编辑委员会主编：《深圳经济特区年鉴1988》，广东人民出版社1988年版，第40页。

② 深圳市地方志编纂委员会编：《深圳市志·基础建设卷》，方志出版社2014年版，第511页。

● 重点规划设计

（一）《深圳城市建设总体规划》

1980年5月广东省建委组织的深圳市城市规划工作组共九十余人到深圳现场绘制经济特区建设的蓝图。1980年5月中旬，广东省建委组织的深圳市城市规划工作组共九十余人到深圳现场，会同深圳相关单位、部分外地规划设计单位组成深圳市规划办公室，共同编制出《深圳城市建设总体规划》[①]，这是深圳经济特区最早的建设蓝图。该规划的指导思想仍局限于1979年2月14日国务院《关于宝安、珠海两县外贸基地和市政建设规划设想的批复》所提的要求，即"建设成为具有相当水平的工农业相结合的出口商品生产基地，建设成为吸引港澳游客的游览区，建设成为新型的边防城市"。这是关于深圳经济特区城市发展的轮廓规划，该规划设定的城区范围总用地60平方千米，人口规模至1985年30万人，远期至2000年60万人。城市性质定位为以工业为主、工农业相结合的新型边境城市。依据该规划及其总图，还编制出一批专项规划和小区详规。[②]该规划首次提出深圳发展目标以工业为主。

（二）《深圳市经济特区城市发展纲要（讨论稿）》[③]

1980年6月11日深圳市经济特区规划工作组形成《深圳市经济特区城市发展纲要（讨论稿）》，主要内容如下。

（1）规划城市性质定位：深圳市是我国南方主要的外贸和旅客进出口岸，毗邻香港，可以充分利用外资，引进先进技术设备，建设没有污染的轻纺电子等工业，相应建立商业、行政、科学文化区；兴建大片住宅区，发展旅游事业，吸引华侨居住和旅客游览，大力发展农、牧、养殖事业。

（2）规划目标是建设成为"特区建设以工业为主的、工农相结合的新型边境城市"。

---

① 深圳市地方志编纂委员会编：《深圳市志·基础建设卷》，方志出版社2014年版，第532页。
② 同上书，第511页。
③ 孙俊先生口述历史提供资料。

（3）规划年限，近期1980—1985年，远期1990年或更长一些时间。

（4）深圳特区地形特点是北高南低，背山面海。特区范围：东起大鹏湾背仔角，向西北经打鼓岭、梧桐山、鸡公头山、塘朗山，西至西丽水库、南头、蛇口，东西长49千米，南北平均宽7千米，面积336平方千米。特区内划分四个地区：A市区（东起黄贝岭，西至沙头，包括罗湖区、上步区、皇岗区，规划面积49平方千米）；B南头区（可建深水港口，或安排一些有轻微污染的工业项目）；C蛇口区（由交通部招商局经营，已开辟工业用地103万平方米）；D沙头角、盐田、大小梅沙（在市区东郊，大小梅沙两个海湾，长5000多米，风景秀丽，可建旅游区）。

（5）人口规模，估计特区人口规模近期为30万人，远期为60万人。

（6）城市规划用地，市区规划包括罗湖区、上步区、皇岗区①在内的49平方千米（其中：罗湖区约8平方千米，上步区约14平方千米，皇岗区约27平方千米）。

（7）工业布局，现状：罗湖区现有工业37家，产值246万元，多数属引进的轻纺加工工业。旧城北面笋岗工业区，面积68万平方米，已建工业可继续充实提高，适当安排一些规模不大的食品、轻工等地方工业。

规划工业用地655万平方米，可容纳15万就业人员，划分为几个工业区，避免工人过分密集，上下班公共交通及货运交通紧张。规划引进工业以电子、轻纺等项目为主，重点发展上步福田工业区，面积305万平方米。轻工、电子等工业，建议修建三、四层的工业厂房，以节约用地。有污染的建材、化工、漂染等工业项目不安排在市区。有轻微污染或噪音的工业，则可安排在城市下风地带。

（8）仓库区，文锦渡、蔡屋围仓库用地26万平方米，靠近市区、环境杂乱，应逐步迁出。在笋岗车站建设大型仓库区，面积

---

① 皇岗区的位置即现福田中心区周围一大片，约占现福田区面积的一半。

132 万平方米。

（9）居住区，全市分罗湖、上步、皇岗三个生活居住区，面积
33 平方千米，可居住 50 万—60 万人口。

（10）商业、行政中心、城市三个区，分别设三个中心。

罗湖区，面积 110 万平方米。规划为对外过境旅客服务、为旅
游服务、为外贸洽谈服务的地段。

上步区，沿中心主干道，为全市的行政中心，安排市级行政、
经济、科技机构，配合为居民服务的商业网点，面积 91 万平方米。

皇岗区，设在莲花山下，为吸引外资为主的工商业中心，安排
对外的金融、商业、贸易机构，为繁荣的商业区。配合为居民服务
的商业网点，面积 165 万平方米。

（11）科学文化区，设于莲花山两侧风景秀丽的地方，以吸引
外籍华人科技专家回国搞科研、讲学、度假之用。在其附近或山后
可建大专院校。

（12）园林绿化及风景旅游，城市现有公共绿地仅 2.38 万平方
米，且已被占用，应加强现有绿化的保护。规划几个城市公园：整
理现有工人文化宫，建成文化公园；开发水库坝下的东湖公园；上
步市委大楼附近，保留到荔枝林，挖湖堆山，点缀亭台楼阁（现
名：荔枝公园）；莲花山森林公园；福田公园；岗厦公园；香蜜湖
公园；车公庙海滨公园。合计公园绿地 562 万平方米。风景区：铁
岗水库、西丽水库、公明温泉也可逐步开发利用。

（13）对外交通运输。

①铁路：近期在 1982 年内，为缓和深圳运输的紧张状况，必须
改善客运设施。深圳站部分铁路线西迁，扩大候车面积，增建地
道。深圳北站改建半纵列式车场，增加到发线、存车线，为提高行
车速度及通行能力，广深全线实现电气化。在 1985 年内建设北站
至布吉专用线群，专用线向北延伸至石龙坑，接危险品仓库。远期
北站向东扩建 10 万平方米货场，为配合南头 10 万吨级大港的建设，
铺设专用线，全线长 24 千米。为适应建港后运输的需要，深圳北站
二期扩建西调车厂，最终建成两级四场的编组站。

②公路：深圳—广州线，近期提高到二级公路标准，路基全宽

10—12 米，设计时速 80 千米/小时。远期改为一级公路，路基全宽 28 米，四线行车，设计时速 100 千米/小时。

深圳—惠州线，（接广汕线）现为四级公路，路基宽 6 米。近期规划提高到三级，路基宽 8.5 米，设计时速 60 千米/小时。远期规划为二级标准，路基宽 12 米，设计时速 80 千米/小时。

深圳至大梅沙线（可通至葵冲），此线原是边防公路，经过山岭地带，是等外公路，现提高到四级公路标准，路基宽 6.5 米。远期在特区范围内，规划为二级公路，按山岭标准，路基宽 8.5 米，设计时速 40 千米/小时。

③对外口岸通道，现有文锦渡桥，宽 9 米，客货车辆混行。近期在其上游建一临时便桥，通行客车。规划应为永久性桥梁，设检查站。

另在皇岗鱼农村，对面为落马洲，建一桥梁，接通九龙青山公路，桥宽要求 15 米，另人行道各 2 米，桥梁采用高架桥，桥下可通航，并适合边防保卫的要求，向北与广深公路干线立交。

④港口码头，目前在罗湖界河处有一简易码头，长 37 米，年吞吐量 6 万—7 万吨。近期规划扩建布吉河水闸下游处新港区，设计年吞吐量 100 万吨，疏浚深圳河道，使之可通行 300 吨船。近期规划皇岗港区为客货混合码头，可建货主仓库，出租仓库及集装箱堆场等。近期规划蛇口山港区为中转港。

⑤飞机场，暂不考虑大型国际机场，规划小型飞机场，选择南头东面甘蔗场附近，此处地势平坦，附近无高山阻挡，且靠近广深公路，距离深圳 15 千米。

（14）城市道路网。

带形城市以东西向交通为主，南北向交通为辅，以方格网为基本形式，结合现状，进行规划，城市干道间距 800 米至 1200 米，密度 2.4 千米/平方千米。正在建设的中心干道①为城市主轴，是主要客运通道，全长 13 千米。北面是笋岗大道，跨铁路后向南至文锦渡，为货运主要通道。广深公路为市际交通及对外的主要交通。另

---

① 深圳特区 1980 年正在建设的中心大道即深南大道。

在城北笋岗至布吉复建一货运公路，将来连接至惠州的公路。

（15）建筑基地及市政建设基地，要建设一个50万人口的新型城市，建筑量及市政工程量很大，必须建立强大的建筑基地及市政建设基地，建设预制构件厂、石场、沙场、门窗厂、金属加工厂、制管厂等，上下梅林已开辟石场和预制厂，大型的建设基地布置在梅林及泥岗一带。其他有关给水、排水防洪、供电、电信、煤气、环境保护等内容在此不一一赘述。

上述是一份比较完整的城市发展纲要，内容包括宏观、中观、微观三个层面，纲要上的具体数据及用地平衡表在此不一一详列。由此可见，1980年深圳市经济特区规划工作组对深圳现状调研深入详细，规划近远期结合，对深圳当时的建设和后来发展具有超前引领作用。

● 规划实施举例

（1）特区"边规划，边建设"。深圳特区按照"边规划，边建设"的操作方式，1980年，城区建成一条柏油铺面、横贯东西的城市大道（今深南大道的黄贝岭—上海宾馆段）；在通心岭和南园两片区，建成60栋、约10万平方米的住宅区；特别是搬掉了罗湖山，用130万土方把低洼的0.8平方千米的罗湖小区垫高了1.07米，还开发了从罗湖火车站到文锦渡之间2.3平方千米的土地，为进一步的路网建设和城市发展做了铺垫。①

（2）第一次尝试收取土地使用费。早在特区创办之初，为科学合理开发利用土地资源，促进特区城市建设迅速发展，1981年深圳开始征收土地使用费，为解决建设一座现代化城市的资金要求寻找新的出路。这项改革的法律依据是1980年8月26日公布的《广东省经济特区条例》，条例第12条规定："特区的土地为中华人民共和国所有。客商用地，按实际需要提供，其使用年限、使用费数额和缴纳办法，根据不同行业和用途，给予优惠，具体办法另行规定。"但条例尚未规定土地使用费的具体收费标准。深圳特区在

---

① 深圳市地方志编纂委员会编：《深圳市志·基础建设卷》，方志出版社2014年版，第511页。

1980 年 12 月，深圳市房地产公司与香港中央建业有限公司签订营建商住大厦协议。这是深圳市收取土地使用费的第一次尝试。① 此事件开创了土地资源由无偿使用转向有偿使用的先例。从此，深圳开始有了土地"年租金"收入，给原先经济落后贫穷的小镇补充了十分急需的财政资金。

（3）1980 年 12 月 21—22 日召开罗湖小区规划建设领导小组扩大会议，讨论排水渠道走向的两个工程方案，会议纪要内容列举如下②：①罗湖小区排水采用分流制，雨水渠、污水渠同时建设，出水口要保证及时排水。污水池决定全市分片建设，先建罗湖小区的初级污水处理池。②罗湖小区排水总渠决定跟马路走，铁路桥以西至布吉河一段也要从速设计。全市排水采取利用地形分片分向排水的方案，尽量减少雨水汇集到罗湖小区来。③不搞挖大湖取土，继续罗湖山取土填高建设地基。④罗湖小区市政工程设立统一施工小组，由城建、水利、建材、供电、供水、电话等有关及施工单位参加，归罗湖小区工程指挥部统一领导，按照先地下、后地面的原则，实行各种管线同时安排，统一施工。⑤道路设计、施工统一委托一个工程单位包工包料，按合约限期完成。⑥联检大楼建设问题要迅速召开有关口岸单位会议，解决有关海关、铁路、边检各方相互关系的一些问题。⑦罗湖搬山工程要注意安全。搬迁工作加紧进行，铁路拆迁用地要赶快解决。⑧罗湖小区市政工程的预算要全部做出来，主要材料也要算出来，以利工程准备工作的进行。

二　1981 年确定组团式布置的带形城市

● 背景综述

1981 年深圳已跃居为副省级城市。1981 年 7 月，中央批转了《广东、福建两省和经济特区工作会议纪要》，该文件除在计划、财

---

① 深圳市委党史研究室、深圳市史志办公室编著：《深圳改革开放四十年》，中共党史出版社 2021 年版，第 113 页。

② 深圳市革委会办公室编：《罗湖小区规划建设领导小组会议纪要》，《工作会议情况》［深工纪（1981）3 号］，1981 年 2 月。

政、金融、外贸等方面提出两省继续推进经济体制改革的措施外，
还系统地为经济特区建设提出十条政策性意见：特区的规划和建设
要因地制宜，注重实效，各有侧重地发展。深圳特区应建成兼营
工、商、农、牧、住宅、旅游等多种行业的综合性特区。特区要抓
紧拟订全面的社会经济发展规划，特区的建设首先要搞好基础设
施，在划定的区域内由小到大，逐步发展，量力而行。另外，特区
的机场、海港、铁路、电信等企事业，应允许特区引进外资，由特
区自营或与外资合营，自负盈亏。① 中央文件明确深圳特区要建成
以工业为主体兼顾商业、农牧、旅游等多功能经济特区。深圳利用
独特的地理位置，从贸易起步，很快转向劳动密集型工业，低价的
土地和廉价劳动力，获得经济高速成长。1981 年末深圳市常住人口
约 37 万人，全市 GDP 约 5 亿元人民币，全市人口、经济略有缓增。

1981 年 7 月中央决定恢复宝安县建制，归深圳市领导。深圳市
下辖三区（罗湖、上步、皇岗）一县，总面积 2020.5 平方千米，
其中特区面积 327.5 平方千米（包括城市建设用地 150 平方千米），
宝安县面积 1693 平方千米。市政府要求宝安县在西乡建一个新的
县城②，同年 11 月，县委、县政府决定在西乡新安镇建县城。

1981 年 12 月颁布的《深圳经济特区行政管理暂行规定》确定
特区范围为 327.5 平方千米，特区内实行特殊的经济政策。隔离特
区和深圳市其他区域的管理线，俗称"二线"。③

● 重点规划设计

为迎接中央及省特区工作会议，深圳市规划局集中了二十多位
工程技术人员，用一个多月时间重新修订了深圳经济特区规划总图
和小区规划图（共 26 幅）、总体规划说明书。制定了旧城改造规划
两个方案和旧城临时改建方案；完成了清水河小区规划；着手进行

---

① 深圳市委党史研究室、深圳市史志办公室编著：《深圳改革开放四十年》，中共
党史出版社 2021 年版，第 27 页。
② 黄敏主编：《从渔村到滨海新城——宝安改革开放三十年》，载《深圳改革创新
丛书》（第三辑），中国社会科学出版社 2016 年版，第 41 页。
③ 深圳市委党史研究室、深圳市史志办公室编著：《深圳改革开放四十年》，中共
党史出版社 2021 年版，第 253 页。

沙头角镇小区规划；重新修订罗湖小区 1.2 平方千米、10 万—15 万人口规划方案和各单位建筑方案，绘制出上步区街景图；委托有关设计单位完成污水处理的两个比较方案和罗湖小区、罗湖东区、上步小区的五通一平设计任务。①

（一）编制《深圳经济特区社会经济发展规划大纲》

1981 年 5 月底至 6 月初，国务院在北京召开经济特区工作会议。同年 8 月，广东省决定深圳市的级别待遇和广州市相同。考虑到 1980 年深圳总体规划目标还只是一个中等城市的格局，没有体现经济特区综合性发展的内涵。1981 年 11 月，市政府决定组织力量，在《深圳城市建设总体规划》的基础上开始编制《深圳经济特区社会经济发展规划大纲》。②

（二）《深圳经济特区总体规划说明书（讨论稿）》确定特区为组团式带形城市

1980 年编制的《深圳城市建设总体规划》已于 1981 年 5 月基本完成。该总规确定全特区人口规模按 1990 年 30 万人，远期 60 万人。鉴于 1981 年 6 月以后具体政策进一步明确和落实，特别是1981 年《深圳经济特区土地管理暂行规定》颁布实施，外商来深圳投资的项目逐渐增多，其中突出的是港商大财团愿意承包大面积成片（从几平方千米到几十平方千米）开发项目。深圳特区出现成片开发的大好形势，外来暂住人口大量涌入，由于这些变化，原规划的大部分内容已经不能适应新的发展要求，因此对原规划进行了必要的修改和补充。故 1981 年又把人口发展规模按 100 万人以内控制，1990 年为第一阶段人口达 40 万，开发土地 98 平方千米。规划范围包括蛇口工业区、沙河华侨工业区、后海联城新区、福田新市、旧城、罗湖区及盐田、沙头角、大小梅沙，总面积 327.5 平方千米。

《深圳经济特区总体规划说明书（讨论稿）》阐明：深圳特区可

① 《上半年基本建设工作总结及下半年工作安排》，深圳市基本建设委员会文件，深建委（1981）38 号。

② 深圳市地方志编纂委员会编：《深圳市志·基础建设卷》，方志出版社 2014 年版，第 511 页。

供规划和城市建设用地总共约 98 平方千米，规划考虑到 1990 年人
口规模达到 40 万人，2000 年达到 100 万人口。"根据特区为一狭长
地形的特点，总体规划确定组团式布置的带形城市。将全特区分成
七到八个组团，每个组团居住 6 万—15 万人不等，组团与组团之间
按地形用绿化带隔离，每个组团本身各有一套完整的工业、商住及
行政文教设施。工作地点和居住地点就地平衡，全特区的市中心在
福田市区，各组团间有方便的公交连接。这样布局既可减少城市交
通压力，又有利于特区集中开发。"① 当时沿着山划了 327.5 平方千
米，是长条的，沿内地划界的边线设了六个关口，南头那边有一个
组团，中心区有一个组团，罗湖又是一个组团，莲塘一个小组团，
沙头角一个组团。全特区的市中心在福田市区。

（三）上步工业区最早的规划②

这份深圳市上步工业区的规划，也是第一份草案，非政府官方
所做的规划，其实是企业和政府沟通后形成的一个初步设想，系中
国电子技术进出口公司深圳分部（以下简称：深圳分部）1981 年
11 月向上级主管部门提交的一份合资经营工作情况简报，也抄报了
市规划部门。该上步工业区的规划，从中观层面反映了深圳特区当
年的工业区规划进展。

深圳市领导提出并坚持把电子工业的发展放在深圳特区工业首
位，对引进外资在深圳合资经营电子工厂给予高度重视。考虑到目
前深圳分部与外商、港商洽谈的合资项目较多，以及今后发展的趋
势，深圳市政府决定在上步区再划出 19 万平方米的土地作为电子工
业合资经营项目使用，并要把电子工业区规划建成一个先进、美
观、整洁的城区。深圳分部根据上级指示，并按市规划部门的部
署，在设计院的协助下，设计了"上步电子工业区规划草案"，把
现有已批准和计划中的九个合资工厂做了初步规划和安排，并将合
资工厂的主要产品、投资金额、工厂定员、用地情况以及生活福利

---

① 《深圳经济特区总体规划说明书（讨论稿）》，深圳市规划局，1981 年 11 月 20
日，第 7 页。

② 《深圳市上步工业区的规划》，《合资经营工作情况简报》〔（81）中电深字第 45
号〕。

区人员、面积、用地情况做了初步预算。到目前为止，市规划部门已为新规划的电子工业区定好了坐标图，并即将划出用地红线。深圳分部和设计院正着手组织勘察地形和统一平整土地工作。

（四）《关于承担宝安县城建设规划的复函》①

1981 年 10 月 23 日，广东省城市建设局致宝安县筹建小组《关于承担宝安县城建设规划的复函》："你组九月三十日《关于宝安县建设总体规划的委托函》收悉。经研究决定，由我局直属单位省城市规划设计室承担该项任务，迅速开展工作。为有利于工作顺利开展，提出如下几点意见：

"（1）为了使城市建设科学地、有序地进行，根据全国城市规划工作会议精神，应实行城市总体规划，包括各项专业规划、详细规划、单项工程设计的一条龙作业。实意步骤，着重搞好城市基础结构工程，先地下后地上，'五通一平先行'。鉴于城市总体规划是综合性文件，涉及面广，如力量不足，或专业工种等因素，则请县领导与设计室商议，委托有关单位承担，由规划设计室汇总。特别是城市供电、通信、防洪等专业，属其他部门管理，请有关专业单位负责进行。

"（2）按城市规划编制程序，请县筹备小组拟订城市规划纲要，规定城市性质、人口规模、经济发展、用地选择、总体布局等原则问题。亦可由设计室协助拟订，经县、市领导同意后，作为规划设计的依据。

"（3）要求县配备基建或城建班子，以便收集有关基础资料，接洽业务。请到省测绘局晒备万分之一和放大为五千分之一的地形图纸。并请准备驻地，为现场规划组提供必要的生活与工作条件。"

● 规划实施举例

（1）土地使用费的计收依据。深圳特区建立之初，就建立了以土地所有权与使用权相分离，以有偿使用土地为基本特征的土地管理体制，并率先实行收取土地使用费，开了土地国有有偿有期使用

---

① 《关于承担宝安县城建设规划的复函》，广东省城市建设局文件，粤城字（1981）第 183 号，抄送：深圳市革委会农业办公室、深圳市建委、深圳市规划局。

的先例。1981 年 11 月，广东省人大通过了《深圳经济特区土地管理暂行规定》。这个规定授权深圳市政府统一管理特区范围内的土地，可根据建设需要，依照有关法令的规定，对土地实行征购、征用或者收归国有，规定了各类用地的使用年限及每年必须交纳的土地使用费标准，这是首次明文规定深圳特区土地使用费计收标准。深圳特区在全国率先推行土地有偿有期限使用。

（2）1981 年上半年完成的施工项目有：① ①挖罗湖山取土填高建设地基，罗湖山搬走土方 65 万立方米，占 72%，平整土地 35 万平方米。②人民路路面改造、文锦渡 8600 平方米停车场、文化宫前娱乐场、九条下水道共长 3600 米，道路工程完成投资 120 万元。

（3）1978 年 10 月开放的文锦渡口岸，1981 年 1 月增辟为客运、货运口岸，成为深圳第一个综合性客货运公路口岸。1981 年 9 月 22 日，蛇口港对外开放，深圳拥有了第一个海港口岸。②

（4）福田新市区第一份合作开发合同。1981 年 11 月 23 日　广东省深圳市经济特区开发公司与香港合和中国发展（深圳）有限公司签订合作开发新市区③合同（深圳提供 30 平方千米土地，港方投资 20 亿港元。合作期限 30 年）。该合同（草稿）主要内容如下。

①名称、性质。广东省深圳市经济特区开发公司（甲方）与香港合和中国发展（深圳）有限公司（乙方）合作组成"深圳经济特区新市开发公司"。该公司由甲方提供土地，乙方负责筹集资金组成合作性质的企业。

②年限、面积。合作期限定为三十年，由签订合同之日起计算。甲方提供东起福田、西至车公庙；南起深圳河滩，北至莲花山、笔架山等约 30 平方千米的土地面积。

③经营项目。以出售工厂、商业、住宅用地和经营商业、住宅

---

① 《上半年基本建设工作总结及下半年工作安排》，深圳市基本建设委员会文件，深建委（1981）38 号。

② 深圳市委党史研究室、深圳市史志办公室编著：《深圳改革开放四十年》，中共党史出版社 2021 年版，第 130 页。

③ 据《深圳市福田区志（1979—2003 年）》上册第 168 页记载：福田新区是深圳的中心腹地，地域东起福田路、西至华侨城的小沙河、北起梅林山脚，南至深圳河。按照深圳市规划方案，福田新市区可开发使用的土地面积为 36.86 平方千米。

楼字为主营项目，并经营有利于新市区发展的各项事业。土地出售办法，应按照特区政府的法令和规定办理。公司负责整个新市区的市政公共建设（短程铁路、新火车站、供水、供电、道路、电信、下水道、市政大楼、工人新村及消防所等），以促使整个市区现代化早日实现，并在此基础上继续发展。

④投资金额、利益分配。乙方负责筹集资金，分两期投入。第一期港币（以下港币为单位）10 亿元，第二期 10 亿元，总投资额为 20 亿元。企业为合作性质，所得收益除开支外先偿还乙方的本息，之后，将所得纯利分三部分分配：甲方占 50%，乙方占 30%，其余 20% 作为市政建设发展基金。合同届满后，该基金所有权益无条件归予深圳市经济特区政府。

（5）福田公社上步大队社员建房用地规划安排①，根据市总体规划的要求，经与有关单位研究，计划上步大队社员建房用地安排在大队的六个点，即上步村的东南巴丁地段、向东围的东北角、祠堂村东面及北面、沙步头西北、旧圩的村北以及上赤尾的村北。核算该大队社员建房共三百六十五户，平均每户用地 150 平方米，总用地面积 54750 平方米，大部分为旱地。

（6）1981 年 11 月 28 日市领导主持上步小区五通一平工程尽快上马的座谈会，会议纪要②内容列举如下：①建委总工程师室、规划局各设计单位应对上步小区北至笔架山、南至深圳河，以全包形式进行五通一平的全面设计，土方要通过竖向设计合理平衡。对红岭路要尽量做到不拆迁高压电线杆的原则下，修改坐标进行设计。②上步小区五通一平工程指挥部要加紧做好征地、拆迁工作，着手搞小区的土地平整，进行道路工程施工招标。至于资金问题，由上面解决，也可以借款或贷款的办法解决。③市规划局、各设计单位应迅速研究深南大道东段和红岭路交叉地段标高低 2—3 米的问题，从长远考虑，妥善解决。

---

① 《关于福田公社上步大队社员建房用地规划安排的请示报告》，深规字（1981）006 号，深圳市建设规划委员会（规划局），1981 年 1 月 6 日。

② 《关于上步小区五通一平工程尽快上马的座谈会纪要》，深圳市基本建设委员会，1981 年 12 月 1 日。

三　1982年《深圳经济特区社会经济发展规划大纲》

● 背景综述

1982年1月1日起施行《深圳特区土地管理暂行规定》，深圳特区开始向用地者收取土地使用费，对各类土地，根据使用性质、使用年期收取土地使用费，使土地的经济价值得到初步体现。但由于土地的使用权不能作为商品进行流通，其分配依然是行政划拨，排斥了市场机制的作用，所以，1980年开始的土地有偿使用只是象征性的，不能体现土地级差地租，土地使用价值的商品化未能得到发挥，所以，一方面政府捧着土地这个"金饭碗"讨饭，另一方面巨额土地的级差收益又沉淀于开发企业。旧的土地管理体制中土地配置效率低下，多占、乱占和浪费土地资源的弊端依然存在，[①]并未从根本上触动旧体制。1982年末深圳市常住人口约45万人，全市GDP约8亿元人民币，全市人口、经济增幅加大。

1982年，深圳的开拓者在蛇口工业区首次提出了"时间就是金钱、效率就是生命"的口号，在当时全国还是计划经济思维、低效率运作的年代，深圳勇敢地闯出"市场经济"价值观的第一步。也预示着深圳特区初期"黄金时代"的来临。

1982年，为保证深圳经济特区政策的具体落实，促进特区更好发展，经国务院批准，划定了东起盐田区背仔角，西至宝安区南头的长约90.2千米的深圳经济特区管理线，即"二线"[②]，于1982年6月开始动工兴建以铁丝网为界的"二线"，1986年6月正式启用。当时因资金不足，"二线"大多沿山坡脚修建，并未完全与原宝安县和罗湖区的行政区划线相吻合。由于"二线"与行政区划线不一

---

① 《深圳房地产年鉴1991》，海天出版社1991年版，第21页。

② 深圳特区管理线（"二线"）总长约90.2千米，其中，约70.9千米位于（2005年市政府公布的）基本生态控制线内，"二线"主要位于的中部低山丘陵地带是深圳最重要的组团生态隔离带，包括"点"（最早设立6个检查站及10余个耕作口）和"线"（石板路巡逻道、铁丝网）两种要素。

致，形成了龙岗、罗湖两区之间在管理上的"真空地带"（后来称之为"插花地"）。

1982年6月，市政府颁布《深圳市城市建设管理暂行办法》，决定将城市规划和城市建设的管理集中到一个部门，把建设用地管理、建筑修建管理、市政管线工程管理结合在一起，使规划管理工作落到实处。①

● 重点规划设计

（一）《深圳经济特区社会经济发展规划大纲》（以下简称《规划大纲》）

（1）《规划大纲》的起止时间：根据1981年7月中共中央27号文件关于"特区要抓紧拟订全面的社会经济发展规划"的指示精神，深圳市委政策研究室和市规划部门合作编制的《规划大纲》从1981年11月开始编制，至1982年11月30日《规划大纲》定稿，该《规划大纲》政策性很强，方向十分明确，首次确定了深圳规划思路"要把深圳建成具有中国特色的现代化城市"。许多内容反映了当时市领导的远见，对深圳特区规划具有重要贡献。

（2）规划大纲的指导思想。

①一切都要立足于现代化，包括城市建设、工业、农业、商业、交通、文教、科技、体育等，都要按照现代化要求来搞引进和建设；

②特区建设要保持较高速度，要有较高的生产力，最好的经济效益；

③特区企业所生产的产品有很强的竞争力，大部分产品要进入国际市场；

④特区的经济发展和城市建设、文教等事业的建设，要保持平衡，要协调发展。这个指导思想十分高瞻远瞩，引领了特区建设的高起点。

（3）《规划大纲》主要内容。

---

① 深圳市地方志编纂委员会编：《深圳市志·基础建设卷》，方志出版社2014年版，第521页。

1982 年《规划大纲》共 2 章，比较完整地提出了特区总体规划的基本构架，确定深圳城市结构为"带状多中心组团式城市"，避免走"外延扩展、摊大饼"的规划老路；同时还绘制出一本《深圳经济特区总体规划简图》。

①城市性质定位，把特区办成"兼营工、商、农、牧、住宅、旅游等多种行业的综合性特区"。当时定位深圳跟香港一样，是免税区，自由贸易区，所以设"二线"关，而且"放开一线，管住二线"。①

②城市规模，提出特区 327.5 平方千米范围，应统一规划，包括西部的蛇口工业区、中部的沙河华侨农场，以便市管线路、功能分区及人口密度等统筹协调。《规划大纲》不同意各搞各的，不同意只规划罗湖上步 30 平方千米，人口 30 万。后来，根据上层领导的意见，特区不要搞得太大，后来就确定规划到 2000 年土地开发 110 平方千米，人口规模 80 万。

③城市结构骨架——带状组团式布局。特区 327.5 平方千米，18 个功能分区，带状组团结构，投资 210 亿元。《规划大纲》确定的骨干架构沿用至 2020 年，深南大道、北环路、滨河大道、高速公路这几条主干道基本还是那样，功能分区也是，工业区、住宅区、商业区，道路绿化。

该大纲再次明确了特区总体布局采用带形的组团式分散布置，规划至 2000 年特区人口 100 万人。② 1982 年末深圳市政府正式制定了《深圳经济特区社会经济发展规划大纲》，与其相应地调整了特区总规布局，1982 年 10 月《深圳经济特区总体规划简图》说明显示，特区在 327.5 平方千米范围内，规划市区面积 98 平方千米，

---

① 深圳因为毗邻香港，在管理上历来不同于其他地方。自 20 世纪 50 年代初开始，粤港边界管理线（俗称"一线"）均采用等同于国与国之间的边界管理模式。其中粤港一线，即广东与香港的边界线，东起深圳龙岗区南澳坝光，西至深圳宝安区东宝河口，全长 285 千米，其中陆地线 27.5 千米，沿岸线 257.5 千米，共设有 6 个过境耕作口、20 个下海作业点、一个边境特别管理区（沙头角）。1983 年建"二线"，在东起小梅沙、西至宝安的南头安乐村，开始架设一条长达 84.6 千米、高 2.8 米的铁丝网，这道 80 多千米长的铁丝网将深圳分割成两部分：被它"网"住的 327.5 多平方千米就是深圳经济特区，外面则是 1600 多平方千米的宝安县（1993 年撤县改为宝安和龙岗区）。

② 《深圳经济特区社会经济发展规划大纲（讨论稿）》，1982 年 3 月 20 日。

2000年规划人口80万人。整个特区为狭长带形（东西长约49千米，南北宽平均约7千米），城市规划结构为多中心组团式的带形城市（见图1—1）。按地理位置及环境条件，可以分为东、中、西三片十八个区。[①]

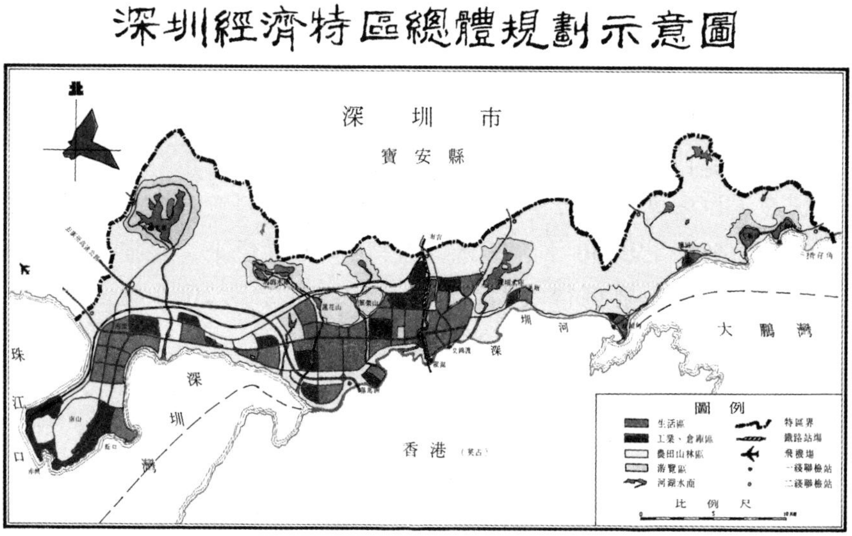

图1—1　1982年深圳经济特区总体规划简图

④对外交通规划是交通运输的重点，也是深圳特点。中国最大的陆路口岸就是文锦渡（1978年经国务院批准对外开放），对外交通上要留有余地，尤其是仓库要充足。

⑤道路不怕宽，绿色不怕多。例1，深南路开始只是一条公路，十几米宽，一下子就扩大到60米，后来再扩大到100米，这都有一个过程。例2，非商业区建筑物向后退15—30米用来绿化。例3，由笔架山到落马洲划定800米宽的城市中心绿化带。这真是造福深圳万代。

（4）《规划大纲》专家评审过程。

---

① 《深圳经济特区总体规划简图》，深圳市城市规划局，1982年10月。

　　1982 年 3 月完成《深圳经济特区社会经济发展规划大纲（讨论稿）》。4 月 1—8 日，深圳市政府召开为期八天的《规划大纲》专家评审会，应邀到会的有北京、上海、南京、杭州、厦门、沈阳、广州等省市高等院校、研究所在经济、计划、城建、规划、法律、外贸、化工、地质、农业、环保、交通运输及社会科学等方面的知名专家、教授、学者及工程技术人员 73 人参加评审。评审过程中，专家们对城市建设的各个方面提出了许多宝贵意见。会后，深圳市调整了城市道路系统等规划内容。9 月市政府邀请香港专家学者 32 人对《深圳经济特区社会经济发展规划大纲》的科学性和可行性进行了评议，专家们对城市道路交通、对外交通、高速公路、公园设置、城市绿化、降低高层密度、环保等方面提出了宝贵意见。评议会后，该规划大纲得到进一步修改和补充，11 月全部完成《深圳经济特区社会经济发展规划大纲》，12 月上报广东省政府和国务院审批。

　　（二）《深圳经济特区总体规划简图》（以下简称《简图》）

　　1982 年 10 月，深圳市规划局完成编印《深圳经济特区总体规划简图》（图 1—1），该《简图》与《规划大纲》相配套。《简图》的总体布局，根据特区地形采取带状组团式结合和网状道路的构架，把整个狭长的特区划分为中西东"三片十八区"。东片有沙头角、盐田、大小梅沙 4 个区，主要发展旅游、住宅、商业，面积 62.80 平方千米。中片有莲塘、罗湖城、旧城区、上步区、福田新市区、车公庙区、香蜜湖区、农艺园区 8 个区，为城市中心地段，是发展工业、商业、住宅、仓库、旅游等综合性区域，面积 140.2 平方千米。西片有沙河区、后海区、南头区、蛇口工业区、赤湾石油后勤基地和西丽水库旅游区 6 个区，是发展工业、港口、仓库为主的综合性区域，面积 124.5 平方千米。①

　　《简图》还显示，福田新市区是深圳特区的中部片区，福田新市区的主次干道已经形成大块的方网格规划方案，从莲花山向南规划的一条中轴线也在总规简图上有所表示。

---

　　①　深圳市地方志编纂委员会编：《深圳市志·基础建设卷》，方志出版社 2014 年版，第 532 页。

● 规划实施举例

（1）根据深圳市工业发展规划，1982年9月特区内重点建设工程八卦岭工业区和上步工业区破土动工。两个工业区占地总面积13平方千米，计划投资2.8亿元，兴建118栋标准厂房和配套建筑，建筑面积200万平方米。由深圳市工业发展服务公司（即鹏基工业发展总公司）负责开发，主要发展无污染、无噪音的轻工业。七通"（即通给水、排水、电力、通信、道路、燃气、邮电）"一平"（场地平整）的资金，先由市政府拨款6000万元开发费，其余由银行贷款解决。1982年11月，《深圳经济特区社会经济发展规划大纲》定稿，工业纳入深圳市国民经济发展主导地位。大纲确定建设工业区的规划，首先开发八卦岭工业区和上步工业区。八卦岭工业区占地1.1平方千米，上步工业区占地12万平方米，统一由市工业发展服务公司负责征地、勘探、设计和施工。两个工业区均以发展无污染、无噪音的电子、轻工、纺织、精密机械、仪器仪表、工艺服装、塑料加工、食品等轻工业项目为主，建设一批适合上述行业实用的标准厂房，工业区内同时配套必要的生活设施。由此，深圳市开始大规模工业基本建设。①

（2）《规划大纲》在1982年征求意见过程中，蛇口工业区刚建成，尚未正式投产的华美钢铁厂，国内专家建议停产或搬迁。后来以市政府名义通知招商局的蛇口工业区：华美钢铁厂因污染严重，停止试生产。按1500亩×4000港币/亩＝600万港币，一次性收取土地使用费。

（3）为了确保农用规划地在规划使用期间不改作他用，并充分发挥农业用地的作用。1982年深圳市政府发文，同意市规划部门在特区内规定的农用规划地。规定农用地在规划使用年限内一般不征用，如确有特殊需要征用，要经市政府批准。

（4）市规划部门于1982年2月17日发航空信给同济大学建筑系城市规划教研室董鉴泓教授，请求同济大学能有五六位规划方面

---

① 深圳市地方志编纂委员会编：《深圳市志·第一二产业卷》，方志出版社2008年版，第124页。

的教授、教师来深工作一个多月，具体规划工作有深圳总体规划调整、福田新市区的总规和详规。信中还表明，福田新市区是香港一个财团与特区合作开发 30 平方千米、综合性的发展计划，内容有连接香港的电气化铁路，连接广州、珠海的高速公路以及车站、检查大楼等较大型项目。

（5）"福田新市区规划"三次专业讨论会①。1982 年 5 月，市规划部门邀请部分国内专家和广东省城建局、南京市规划部门同志对深圳总体规划、道路交通规划及福田新市区规划进行专题研讨。1982 年 8 月，同济大学徐循初教授与研究生陈燕萍、俞培钥、宗霖到深圳对深圳交通发展进行了预测②，同时研究了合和公司提出的从深圳火车站到福田区中心建造轻轨交通规划方案，并提出了反对意见。1982 年 9 月邀请港澳地区专家座谈会，专家们对城市建设的各个方面，包括总体规划、道路交通规划、福田新市区规划等都提出了许多极为宝贵的意见。

（6）深圳市政府 1982 年颁发《农村建房若干规定》，具体规定每户农村建房用地 150 平方米；同时，为了防止农民偷渡，解决征用土地后的就业问题，规定农村每人 15 平方米的工业用地。

（7）深圳特区 80 年代以其骄人的建设速度和业绩，展现于国人眼前。以国贸大厦兴建为例，该大厦于 1982 年 10 月动工。中建三局一公司用半年时间打完基础，完成地下室三层工程。他们提出用"内外筒同步整体升滑"的办法建造主楼。1983 年 8 月，大厦从主楼第三层开始大胆采用滑模工艺技术，但一开始没有成功。中建三局一公司毅然从德国购进混凝土输送泵和其他先进设备，最终解决难题。起初，大厦建造速度是七天一层楼，后来是五天、四天一层楼，从第三十层开始，持续以三天一层楼的速度建到顶，打破了美国、中国香港城市建设创造的四天一层楼的记录，被誉为"深圳速度"。③

① 陈一新：《规划探索：深圳市中心区城市规划实施历程（1980—2010 年）》，海天出版社 2015 年版，第 32—34 页。
② 深圳市规划和国土资源委员会编著：《深圳改革开放十五年的城市规划实践（1980—1995 年）》，海天出版社 2010 年版，第 9 页。
③ 深圳市委党史研究室、深圳市史志办公室编著：《深圳改革开放四十年》，中共党史出版社 2021 年版，第 42 页。

四　1983 年罗湖上步（20 平方千米）详规

● 背景综述

1983 年，中共中央书记处书记兼国务院副总理谷牧指派袁镜身、周干峙、龚德顺、李云洁、杨芸组成专家顾问组（简称"5 人小组"），会同中规院驻深工作班子，具体帮助深圳城市规划和城市建设工作。① 作为"5 人小组"成员之一的周干峙院士口述历史回忆道：1983 年当时的国家建委决定成立一个"5 人小组"去帮助深圳做规划。我们到达深圳后，第一个最深刻的事情是要把原来一些不正确的方案首先否定掉，然后可以做新的规划。例如，香港合和公司的福田新市区规划方案被我们否定掉了。直至后来 1986 年市政府收回福田中心区 30 平方千米土地。

1983 年 5 月，教育部颁布文件批准成立深圳大学。深圳市拿出当年市财政收入的三分之一来创办深圳大学。深圳大学最初选址在原宝安县委、县政府办公地，院落里面只有三栋破旧的二层小楼，简陋而狭小，食堂等都是铁皮房。经过比较，市政府决定在特区西部建设新校区。新校区接近蛇口工业区，南临海，西北是城市干道。校区宽约 750 米，长约 150 米，总面积约 1 平方千米。②

1983 年 7 月，宝安县的县城迁往西乡新安镇（即原西乡圩镇），宝安县下设 18 个镇。县政府编制县城规划，布吉等重点镇也编制总体规划。建县之初，百业待兴，为了向社会筹集资金，宝安县联合投资公司公开发行了新中国第一张股票，比深圳证券交易所的正式投用提早了 8 年。③ 1983 年 9 月深圳特区内成立上步管理区（全区总面积 68.8 平方千米）、南头管理区（全区总面积 108.1 平方千

---

① 深圳市地方志编纂委员会编：《深圳市志·基础建设卷》，方志出版社 2014 年版，第 532 页。

② 深圳市委党史研究室、深圳市史志办公室编著：《深圳改革开放四十年》，中共党史出版社 2021 年版，第 72 页。

③ 黄敏主编：《从渔村到滨海新城——宝安改革开放三十年》，载《深圳改革创新丛书》第 3 辑，中国社会科学出版社 2016 年版，第 41 页。

米）、沙头角管理区（全区总面积 62.8 平方千米）。① 1983 年特区
内外建设普遍面临资金短缺的困难，成立 3 年的深圳特区各项事业
已经初步开展，而特区外的宝安县仍处于县城新建的起步阶段。

1983 年 6 月，根据深圳市人民政府《关于设置深圳市人民政府
罗湖、上步、南头、沙头角区办事处的通知》，可见深圳市当时划
定的四个分区，办事处为市政府派出的相当于县级的办事机构。例
如，上步区办事处的行政区域东起红岭路，西至车公庙工业区，南
临深圳河畔，北到笔架山"二线"。包括上步、福田 2 个街道办事
处。1985 年 3 月，上步区办事处改为上步管理区，直到 1990 年成
立福田区。② 1983 年末深圳市常住人口约 60 万人，全市 GDP 约 13
亿元人民币，全市人口、经济稳中有进。

1983 年 11 月广东省人大会议通过、深圳市人大颁布实施的
《深圳经济特区商品房产管理规定》，土地有偿使用推动了住宅商品
化，涉外商品房发展较快，形成房地产市场雏形。深圳特区的道路
走得坚实稳健，特区建设卓有成效。

● 重点规划设计

1983 年，对近期开发的罗湖、上步、蛇口、沙头角等地区的规
划做了修订，并对西部南头和东部盐田、梅沙等地区的规划做了
调整。③

（一）罗湖上步已开发土地（20 平方千米）详细规划

未来适应特区建设的需要，遵照深圳市委"必须要严格按经济
特区城市规划来做"，"有利生产、方便生活"，把深圳建成环境优
美、布局合理、结构先进、设施完善的指示精神。于 1983 年初对
正在进行建设的 20 平方千米进行了详细规划。1983 年 9 月完成

---

① 深圳经济特区年鉴编辑委员会主编：《深圳经济特区年鉴1988》，广东人民出版
社 1988 年版，第 40 页。
② 深圳市福田区地方志编纂委员会编：《深圳市福田区志（1979—2003 年）》上
册，方志出版社 2012 年版，第 74 页。
③ 深圳市地方志编纂委员会编：《深圳市志·基础建设卷》，方志出版社 2014 年
版，第 511 页。

《深圳经济特区已开发土地（20平方千米）详细规划说明书（暂定稿）》①，主要内容如下。

1. 规划指导思想

（1）首先要适应深圳总体规划示意图所确定的带形城市定向扩展的组团结构布局，把人们的向心活动分散为垂直活动，缩短服务距离，疏散交通和人流，改善城市机能。

（2）分区规划原则上强调"就地平衡"，这里主要指工作与居住地点的平衡，即工业区和居住区的平衡；文化、娱乐、商业、服务设施也要就地平衡，使居民的工作、学习、生活、休息各方面的要求，基本上都能在综合区内部解决。

（3）在详细规划布局上尽可能地利用目前地形地貌，注意环境设计与空间组合，合理布置建筑群，在修建规划设计中要调整好建筑群体的关系。

（4）合理组织交通，设置必要的停车场。"就地平衡"就可大大降低交通流量。在主要干道与铁路相交处设立四个立体交叉，在深南路上，远期设置立交四处，尽可能保证东西向道路畅通。

（5）合理安排公共建筑。行政、办公、文化、通信、情报等大型公共建筑进行统一安排，铁路两侧各有居住区商业服务中心。各小区另行安排小区中心，以减少人流和交通。市级商业中心在有条件时尽量采用步行区，以利交通安全。

（6）在现有条件下，规划尽量结合现状，保护自然环境，在开发中尽可能少破坏林木植被，保证必要的绿化面积，要形成一个点、线、面相结合的比较完善的绿化系统。

2. 规划范围

东起黄贝岭布心路，西至笔架山，北达泥岗路，南至深圳河。规划总面积为24.21平方千米。规划范围内的《城市用地平衡表》中显示，居住用地占28%，工业用地15%，仓库用地8%，市级公建用地9%等。（见表1—1）

---

① 孙俊先生2010年提供《深圳经济特区已开发土地（20平方千米）详细规划说明书（暂定稿）》。

表1—1　　　　　　　深圳经济特区城市规划用地平衡表

数量/类别 \ 区域	南头 公顷	南头 %	沙河 公顷	沙河 %	福田 公顷	福田 %	上步罗湖 公顷	上步罗湖 %	盐田沙头角 公顷	盐田沙头角 %	全特区 公顷	全特区 平方米/人	全特区 %
工业用地	742	19.9	336	24.7	344	10.3	327	11.2	99	11.9	1848	23.1	15.1
仓库用地	108	2.9	—	—	20	0.6	359	12.3	46	5.5	533	6.7	4.3
对外交通用地	804	21.6	79	5.8	145	4.3	56	1.9	49	5.9	1133	14.2	9.2
市政公用事业用地	67	1.8	23	1.7	62	1.8	63	2.2	33	4.0	248	3.1	2.0
居住用地	536	14.4	253	18.6	597	17.8	730	25.0	119	14.3	2235	27.9	18.2
公共建筑用地	352	9.4	80	5.9	468	14.0	432	14.8	52	6.3	1384	17.3	11.3
道路广场用地	495	13.3	218	16.0	330	9.8	601	20.5	129	15.5	1773	22.2	14.4
公共绿化用地	445	11.9	49	3.6	558	16.6	305	10.4	64	7.7	1421	17.8	11.6
大专、科研用地	110	3.0	193	14.2	146	4.4	—	—	—	—	449	5.6	3.7
旅游用地	66	1.8	129	9.5	682	20.3	52	1.8	241	29.0	1170	14.6	9.5
特殊用地											82	1.0	0.7
合计	3725	100.0	1360	100.0	3352	100.0	2925	100.0	832	100.0	12276	153.5	100.0

3. 行政设置与人口规划

经省委批准，深圳特区327.5平方千米内共分为四个区：南头区、罗湖区、上步区、沙头角区。根据新的行政区划，市委、市政府的主要机构，目前仍在上步原址上。依照总体规划示意图，将来特区开发到相当规模时，市政府部分机构迁址莲花山麓。罗湖区政府区委仍在罗湖区原址不动。上步区政府建议在福田公社进行安排。规划范围内办事处的设置：罗湖区下设四个办事处（罗湖城、旧城、水贝、桂园），上步区下设三个办事处（白沙岭、华强、园岭，不包括福田、车公庙）。

规划区现有人口 15.3 万人（包括临时户口，1982 年 12 月 31 日市公安局提供），本规划根据特区社会经济发展规划大纲所确定各区的人数进行调整，将原上步区的规划人口由 6 万人调整至 12 万人（包括红岭地段）。

4. 城市交通规划

基于本区 20 平方千米范围内的道路网已基本形成，故采用公共汽车为主要运输工具，它不仅灵活方便，又无须增加如无轨电车、地铁、地面轻轨快速运输系统在电源、线路等较为昂贵的基建工程投资。且本区只占特区规划总面积的四分之一，目前采用单一的公共汽车交通运输方式是经济的，合适的。随着今后市区的扩大，可以调整兼用其他运输方式。

5. 工业布局

本区工业以发展中小型企业为主，可以搞进料加工出口，在 20 平方千米内安排了三个工业区：（1）电子工业区，位于上步路以西，深南中路以北，占地 121 万平方米，主要安排各种电子工业及少量的食品工业。（2）轻工食品工业区，位于八卦岭，占地 102 万平方米，主要安排轻纺、啤酒、奶制品等工业。（3）机械建材工业区，在水贝、田贝村，占地 85 万平方米，主要安排五金机械、建材、铝制品等。

以上为罗湖上步 1983 年详规主要内容，其他内容在此不详述。

（二）深圳特区城市道路系统规划研讨会

1983 年 3 月 15—20 日，深圳市规划局邀请了上海交通大学、天津大学等六个院校及国内外十几位专家来深参加深圳特区城市道路系统规划研讨会，专家们均认为深圳特区采用组团式布局是合理的，可是在规划中东西向仅有一条深南路为生活性干道是远不能适应需要的，应该增设 1—2 条为好。此外，专家们认为福田新市区蛛网式轻轨交通不切实际，不建为宜。福田区的路网布局应该与总体规划相协调。以下汇总了几次评审会、研讨会上的专家建议。

（1）城市交通与道路路网。

深圳特区是一个带形城市，东西长 49 千米，南北平均宽 7 千米，北部多山，中部为丘陵与平原，南部有鱼塘。在这样的城市里，把道路与交通安排好组织好，就显得特别重要。

①城市布局与结构功能要合理。目前深圳特区布局采用组团式，专家们均认为是合理的，它可以分散与减少城市交通流量，便于居民日常生活与工作，客运货运分开，道路功能要分清，道路流分布要合理。可是在规划中东西向仅有一条深南路为生活性干道是远不能适应需要的，应该增设 1—2 条为好；同样货运性干道也应该考虑有两条；在铁路与主干道相交处一定要设立体交叉。

②对规划越过铁路的城市道路的几个咽喉地段附近，要特别珍惜用地，确保交通设备用地之需，不能随意占用。

③在交叉口设计中一定要考虑到拓宽的可能性，为远期的交通渠化创造条件，提高车辆通行能力。

④深南路两侧尽量不布置商业性建筑，如果布置宜在一侧，以减少车流、人流频繁交叉，保证行车速度与安全。

⑤加强交通管理实行分级行车，克服交通混乱现象，提高车辆通过率。

⑥道路横断面形式应结合地形和自然环境，断面不一定用对称式，各条路横断面应各具特色。专家们认为现有自行车道太窄，主要路段的自行车道宽度不应小于 5 米。道路纵断面可有点坡道，可形成丰富多彩的景观和便于地面排水，应考虑有起伏、有绿化和建筑小品，体现新兴城市面貌。

⑦深圳市应以绿化取胜。道路两侧停车场四周的绿化及路岛绿化和建筑小品的安排等，对城市环境起很大作用。

⑧在主干道上行人较多的地段要安排设置立交人行通道，现在在改建中要考虑进去。

（2）福田区道路网布局①。

（3）高速公路，联系香港、广州、珠海、澳门的高速公路必然要穿越深圳特区，但专家们对高速公路进入特区的走向、标准、形式这三个方面意见不一致，主要原因是我国当时尚无一条高速公路。具体意见在此不详述。

---

① 陈一新：《规划探索：深圳市中心区城市规划实施历程（1980—2010 年）》，海天出版社 2015 年版，第 37—39 页。

（4）轻轨交通，首先，轻轨适用于长距离、大运量、高速度、低能源的定向交通。深圳特区是组团式布局，大量的交通在各组团内平衡，即组团的交通量不大，而轻轨单向运输能力超过1万人/小时。如果在福田新市区考虑蛛网式轻轨交通系统，距离太短，车速提不高，车辆满载率很低，营利较少。其次，轻轨交通路线横截旧城、上步、福田区，山洪排水设计是困难的，轻轨标高将使管网设计复杂化。再次，轻轨系统投资过大，自罗湖站到福田6千米要花费2.8亿港元，如果福田新市区蛛网式轻轨系统，投资估计约10亿港元却不能全部解决特区其他地方到福田区的客流。反之，仅6千米轻轨投资，已足可建全市的公交系统。对此，专家们认为福田新市区蛛网式轻轨交通不切实际，不建为宜。对深圳特区带形城市而言，规划中预留一条经过上步、福田，通往车公庙、沙河、南头直至蛇口的轻轨线路的用地，从长远看还是可行的。那么选线走向初步设在沿滨河路向西与高速公路进入深圳后的南部一段线路平行设置为妥。福田区的路网布局应该与总体规划相协调。

• 规划实施举例

根据市政府《农村建房若干规定》，1982年市规划部门对市区内14个农村大队划定了用地范围，加以控制。

第二节　第一版总规（1984—1986年）

1984—1986年，深圳市政府规划部门重点组织编制了《深圳经济特区总体规划》，即《总规（1986）》，规划年限1986—2000年，规划建成区面积定为122.5平方千米，人口规模110万。

一　1984年系统编制《总规（1986）》

• 背景综述

1984年初，邓小平视察南方时，深圳特区各项事业全面铺开，引进先进技术、引进外资，基本建设速度加快，承包制大大提高了效率。正如 1984 年邓小平视察深圳的题字"深圳的发展和经验证明，我们建立经济特区的政策是正确的"。深圳特区在经济政策上给予各种优惠，例如，土地使用费分别不同行业给予特别优惠待遇。如工业用地每年每平方米收费，已调低为 5—15 元。最近拟做进一步调整。对技术特别先进的项目和不以谋利为目的的项目，可免缴土地使用费。①

1 月 20 日，市政府召开深圳特区城市规划设计工作会议。市委副书记周鼎强调要树立城市规划权威，维护城市规划的严肃性，保证城市总体规划真正得到实施，城市规划一经政府批准就具有法律效力。② 1984 年，深圳正按《深圳经济特区社会经济发展规划大纲》的设想，分片、分区进行开发和建设。大规模地展开了以市政设施为中心的基本建设。几年来，深圳特区突出抓了罗湖、上步共 24 平方千米城区的道路、供水、供电、电信、排污、排洪、供气和平整土地等"七通一平"的基础工程建设。蛇口、上步、沙河三个工业区已初具规模；八卦岭、水贝两个工业区和南头正进行大规模的开发和建设。到 1984 年底，深圳特区基本完成 32 平方千米的"七通一平"的基础工程建设，建筑竣工面积达 600 多万平方米，③建起一大批厂房、住宅、商品楼宇和拥有现代化设施的高级酒楼、宾馆，以及一批设备完善、风景秀丽的旅游度假村。博物馆、大剧院、科学馆、新闻中心、体育馆等八大文化设施正在兴建之中。④

1984 年 8 月成立蛇口管理区，蛇口工业区提出的口号是"时间就是金钱，效率就是生命"。至此，深圳特区管辖罗湖、上步、南头、蛇口、沙头角 5 个区，下设 1 个镇和 19 个街道办事处。罗湖区包括

---

① 梁湘：《深圳经济特区的建立和发展——在深圳经济开发研讨会上的讲话》，1984 年 6 月，转引自深圳经济特区年鉴编辑委员会主编《深圳经济特区年鉴 1985（创刊号）》，香港经济导报社 1985 年版，第 55—56 页。

② 陶一桃主编：《深圳经济特区年谱（1978—2018）》上册，社会科学文献出版社 2018 年版，第 68 页。

③ 深圳经济特区年鉴编辑委员会主编：《深圳经济特区年鉴 1985（创刊号）》，香港经济导报社 1985 年版，第 1 页。

④ 深圳市委党史研究室、深圳市史志办公室编著：《深圳改革开放四十年》，中共党史出版社 2021 年版，第 61—62 页。

罗湖、旧城区等地，占地74.2平方千米；上步区包括上步、福田等地，占地68.8平方千米；南头区包括南头、沙河等地，占地119.5平方千米；蛇口管理区占地面积11.4平方千米；沙头角区包括盐田、莲塘、沙头角镇、大小梅沙等地，占地65平方千米。1984年末深圳市常住人口约74万人，全市GDP约23亿元人民币，全市人口、经济稳中有进。

- 重点规划设计

1984年1月5日，国务院发布《城市规划条例》。按照该条例关于"城市规划分为总体规划和详细规划两个阶段"的规定，初步确定特区总体规划。

（一）规划大纲初步确定特区总规

截至1984年6月，深圳市初步确定了特区总体规划，为特区的建设描绘出一幅蓝图。深圳市请了国内100多名专家帮助制定了《深圳经济特区社会经济发展规划大纲》，经过反复研究修改，并邀请内地大城市和香港的上百名专家、学者进行评议，对这个规划的科学性和可行性做了充分论证。在这个基础上，深圳市将这个《规划大纲》定稿上报广东省和国务院审批。规划根据特区是狭长地形的特点，确定分东、中、西三片共18个功能区，总体布局采取组团式布置，组团与组团之间用园林绿化带连接起来，使之成为带状的新型现代化城市。[①]

（二）首次委托中规院协助编制深圳特区总体规划设计

1984—1985年期间，深圳市政府为继续完善总体规划进行了很多具体工作，以加强城市规划的宏观决策。市政府聘请了中国城市规划院的专家协助我市规划部门，共同对深圳城市发展的总体规划进行全面系统的编制工作，按照每一平方千米一万人口的平均密

---

① 梁湘：《深圳经济特区的建立和发展——在深圳经济开发研讨会上的讲话》，1984年6月，转引自深圳经济特区年鉴编辑委员会主编《深圳经济特区年鉴1985（创刊号）》，香港经济导报社1985年版，第55页。

度，确定深圳到 2000 年的人口规模和城区面积①。

深圳特区总规、交通规划在前几年不断研究编制的基础上，1984
年继续编制。1984 年 10 月，深圳市规划部门"委托中规院来深圳进
行特区总体规划设计的咨询工作（包括城市交通、道路网、给排水、
城市结构与人口密度等），并协助完成总体规划设计编制任务，同时
承担南头区规划设计的具体编制任务"②（《关于委托中规院协助规划
有关工作的报告》，1984 年）。这是全面系统的特区总体规划的第一
次正式委托工作，在这之前，深圳的总体规划都是由深圳市和广东省
的规划部门制定的，这次之所以请中规院参加编制规划，主要是因为
规划好深圳经济特区的意义和重要性已超过了一省一市的范围，它关
系到全国发展战略问题。为此，中规院专门委派一个规划设计部门常
驻深圳，1984 年 11 月，《深圳经济特区总体规划》的编制工作正式
全面铺开。该规划以《规划大纲》为基础，以具有中国特色的现代化
特区城市为目标，以经济效益、社会效益和环境效益三者辩证统一为
标准，既采用新的技术手段，吸收国内外城市规划的先进经验，坚持
高标准、高起点，又从实际出发，力求适应深圳的特点和今后发展趋
势。经过一年的努力，到 1985 年底，特区总体规划编制工作终于完
成，同时还绘制出专业图纸 64 张，专题规划 23 个，约 19 万字（《中
国经济特区的建立与发展（深圳卷）》，1997 年）。

1984 年 10 月，由中规院周干峙院长挂帅的总规编制班子来到
深圳，最早来深圳编制特区总规的班子包括宋启林主任和五位年轻
才俊：乔恒利、朱荣远、范钟铭、易翔、谢小郑，他们都是全国著
名高校毕业后刚分配到中规院工作。周干峙院长曾说：深圳这个地
方规划可是很要紧的，我们要好好做。因为人家一进门，进中国大
门就看到了深圳。所以我们就有意识地找了两个高级顾问，一位是

---

① 周鼎：《深圳城市规划和建设的回顾》，1986 年在深圳市城市规划委员会成立大
会上的讲话。

② 陈一新：《规划探索：深圳市中心区城市规划实施历程（1980—2010 年）》，海天出
版社 2015 年版，第 39—40 页。

陈占祥,另一位是任震英。[1]

(三)华侨城概念规划

1984 年,深圳市政府与国务院侨务办公室委托新加坡建筑师孟大强牵头,组成包括美国、英国、澳大利亚等国专家在内的规划组,对深圳市拟建多功能大社区——华侨城进行概念规划[2]编制。在规划组提交概念规划后,即由中规院、深圳市政工程公司和华侨城基建办公室合作编制详细规划。华侨城总体规划由新加坡大地顾问公司与深圳工程设计咨询顾问公司、华侨城建设指挥部设计室共同完成编制,于 1985 年 12 月通过评审。

(四)其他

(1) 1984 年 7 月,市规划部门原则同意罗湖口岸区发展规划总平面方案。为适应深圳市工业高速发展的要求。

(2) 1984 年,深圳市工业发展委员会又组建深圳市工业区开发公司(即泰然实业发展总公司),负责开发在车公庙规划出的 120 万平方米工业用地。[3]

● 规划实施举例

(1) 深圳按照《深圳经济特区社会经济发展规划大纲》建设,1984 年底已建成 800 万平方米的建筑物,108 千米的城市道路,所有主干道两侧红线后退 30 米留出绿化带,较宽的绿化带是上海宾馆至深大电话公司以西留出的绿化隔离带宽度达 800 米(俗称 800 米

① 宋启林 2014 年 4 月口述历史,转引自《深圳规划国土发展口述史料汇编》。陈占祥是中国城市规划专家,毕生致力于总结国内外经验,研究适合我国国情的城市规划内容与方法,为中国城市规划走向世界做出了开拓性的工作。任震英是城市规划专家,曾任兰州市副市长,在我国第一个五年计划期间(西安、太原、兰州、包头、洛阳、成都、武汉、大同"八大重点城市",新兴工业项目分布较多,急需城市建设与之配套)做规划,兰州规划最早拿出来作为全国推广的样板。在改革开放以后又搞了一次规划,最早拿去做样板的还是兰州的规划。

② 深圳市地方志编纂委员会编:《深圳市志·基础建设卷》,方志出版社 2014 年版,第 572 页。

③ 深圳市地方志编纂委员会编:《深圳市志·第一二产业卷》,方志出版社 2008 年版,第 126 页。

绿化带），① 32 平方千米的罗湖商业中心、上步蛇口工业区初具雏形。②

（2）蛇口工业区 2.14 平方千米，经过四年多开发建设，已从昔日的荒滩野岭发展成为一个初具规模的现代海港工业区。1984 年 7 月，广东省政府批准设立蛇口区管理局，扩大蛇口工业区面积为 16.81 平方千米（含岛屿面积 5.41 平方千米）。

（3）1984 年特区建设进入高潮，农村农民私人建房也出现高峰。由于规划管理力量薄弱，对农村的规划建设未能及时有效地组织管理及规划控制，因此，特区农村建设出现失控并与城市建设争用地的严重情况。

（4）北环大道（当时称：北环货运公路）建设工程于 1984 年 11 月 2 日开工。该路从上步路、泥岗路交叉处起往西至南头联检站止，与广深公路接通，全长 20.5 公里，宽 15 米，投资约 3000 万元人民币，计划 1985 年 4 月底建成通车。③

二　1985 年《深圳特区道路交通规划》

● 背景综述

深圳特区诞生于全国"六五"计划之初，到 1985 年刚好完成了第一个五年计划。深圳五年实现了国民经济高速增长，经济发展带动了国内大量移民人口数量飙升，初步发挥了"四个窗口"和"两个扇面"辐射的枢纽作用。1985 年 11 月，国务院特区办在深圳召开座谈会，专题讨论深圳经济特区发展外向型工业的问题。会议认为，深圳要发挥地理和政策优势，外引内联，扬长避短，依靠国内技术重点发展轻、小、精、新工业，不办重型、技术陈旧的工业，开发在国际上有竞争力的产品，形成有应变能力的外向型工业

---

① 深圳市地方志编纂委员会编：《深圳市志·基础建设卷》，方志出版社 2014 年版，第 512 页。

② 袁庚：《以改革开路建设蛇口》，转引自深圳特区年鉴编辑委员会主编《深圳经济特区年鉴 1985（创刊号）》，香港经济导报社 1985 年版，第 61 页。

③ 陶一桃主编：《深圳经济特区年谱》（1978—2018）上册，社会科学文献出版社 2018 年版，第 96 页。

体系。

　　1985 年深圳特区正在摸索过程中，形势尚未明朗。深圳当时的
经济状况正如时任深圳市市长梁湘 7 月 6 日在会见香港一批知名人
士时说：① 深圳特区的建设和发展决不像某些人所说的，是依靠国
家"输血"、补贴来维持的，深圳五年多来的建设和发展，靠的是
中央的开放政策和给特区的自主权，是靠贯彻执行一整套特殊政
策、灵活措施的结果。五年多来深圳特区实行财政包干，大规模进
行城市基本建设的资金，主要来源是靠引进外资、地方财政积累和
大胆运用银行信贷三个方面解决的。据统计，过去五年这三方面来
源的资金占基建总投资的 87%，国家财政拨款的投资还不到 6%，
中央一些部和内地省市的投资约占 7%。开办特区以来，地方外汇
收入增长很快，外汇收支总的说是平衡略有结余的，没有依赖国家
补贴。此外，引进外资的势头也很好。深圳的内联企业发展很快，
这些企业利用深圳特区作为"窗口"使内地技术、资源发挥了作
用，经营情况普遍良好，内联企业在深圳特区获得的利润大大超过
深圳市的地方财政收入。

　　深圳特区成立五年来，城市建设是在《深圳经济特区社会经济
发展规划大纲》及城市规划指导下进行的，五年就初步形成新兴的
具有一定现代化水平的城市。从 1979 年至 1985 年止，全市已完成
基建投资 63.62 亿元，建成各类房屋 929 万平方米。1985 年，共完
成基建投资 27.6 亿元，竣工面积 320 万平方米。至 1985 年底，深
圳特区内开发的土地面积为 38.07 平方千米，主要集中在罗湖区
（不含沙头角镇）和上步建成区。② 深圳旅游资源丰富，有"五湖"
（西丽湖、石岩湖、银湖、香蜜湖、洪湖）、"四海"（蛇口、大小
梅沙、深圳湾、西冲）和深圳水库等旅游胜地。③ 1985 年末深圳市
常住人口约 88 万人，全市 GDP 约 39 亿元人民币，全市人口、经济

　　① 陶一桃主编：《深圳经济特区年谱》（1978 年 3 月—2015 年 3 月修订版），中国
经济出版社 2015 年版，第 109 页。
　　② 《深圳房地产年鉴1991》，海天出版社 1991 年版，第 33 页。
　　③ 深圳经济特区年鉴辑委员会主编：《深圳经济特区年鉴1986》，香港经济导报
出版社 1986 年版，第 243 页。

稳步增长。

● 重点规划设计

（一）深圳经济特区总体规划编制基本完成

1985年底，深圳市规划局会同中规院基本完成了深圳经济特区总体规划的编制工作，明确了城市性质、规模、布局、功能分区和干道网的骨架，以及主要基础设施的安排等重大原则性问题。[1] 该总规确定深圳经济特区是一个以工业为重点的外向型、多功能、产业结构合理、科学技术先进、高度文明的经济特区。规划到2000年特区常住人口约80万，暂住人口30万，城市建设用地规模123平方千米。在工业发展的总体规划中，明确指出工业是深圳经济特区发展的重点，以"轻、小、精、新"产业为主要方向，以发展技术密集和资金密集型工业为主，鼓励发展有专利技术的工业项目，原则上不引进污染环境的项目，严格控制能源消耗大的项目。[2] 为使工业区的分布和城市组团或布局相适应，并能相对集中于邻近水陆货运站点，在特区内规划10个工业区，包括：上步电子工业区、八卦岭工业区、莲塘工业区、车公庙综合性工业区、沙河电子为主的综合性工业区、福田工业区、水贝机械建材工业区、南头石化工业区、蛇口工业区和沙头角工业区。特区内可供工业、码头、仓库等总用地30平方千米。建立特区以来，深圳的电子工业得到了迅速发展，成为深圳市工业中一个主要行业。1985年深圳已有电子企业170余家，职工人数17000多人，其中科技人员近3000名。当年全市电子工业总产值达13.7亿多元，占深圳市工业总产值的51%。[3]

（二）《深圳特区道路交通规划》

根据《总规（1986）》要求，市政府委托中规院于1985年编制出《深圳特区道路交通规划》，用横贯东西的三条主干道构成深圳

---

① 孙俊：《城市建设与管理》，转引自深圳经济特区年鉴编辑委员会主编《深圳经济特区年鉴1987》，红旗出版社1987年版，第171页。

② 深圳经济特区年鉴编辑委员会主编：《深圳经济特区年鉴1985（创刊号）》，香港经济导报社1985年版。

③ 深圳经济特区年鉴编辑委员会主编：《深圳经济特区年鉴1986》，香港经济导报社1986年版，第108页。

的交通大动脉：中间是客运繁忙的深南大道，北面是货运为主、能快速通过的北环大道，南面是综合性的分流干道滨河大道。另外，规划了南北向的 12 条干道，在 23 个主要路口布置互通或半互通式立交桥。①

（三）深圳市公共交通发展规划（草案）报告

1985 年 1 月深圳市交通规划小组根据市领导的指示，在考察了广州公共交通和香港九巴、中巴等公交建设情况后，历时一个月，拟出该草案。这是一份非常超前的公交规划，因为当年深圳市仅拥有公共汽车 144 台，营运线路 12 条，营运线路总长 96 千米，拟定该规划的主要内容如下。

（1）指导思想，根据总体规划的要求，深圳将成为先进发达的工业、商业、外贸、金融等现代化城市。参照国外经验，结合深圳实际，提出深圳公交发展重点应以公共汽车为主，限制单车的发展，对轻轨交通进行可行性研究，在 90 年代考虑发展。因此，针对当前乘车难的现状，要求深圳公交到 20 世纪末须具有现代化模式。

（2）规划目标和要求，采用长短结合，划分阶段实施。1985 年公共汽车要有较快的发展，要求达到按城市人口每 700 人拥有公共汽车一台。至 1990 年要求达到香港现有水平，基本上达到按城市人口每千人拥有公共汽车一台。至 2000 年，要求达到国际先进水平，按城市人口每 400 人拥有公共汽车一台。

（3）公共交通线路应合理布局。公交的后方设施（修理厂、车队、发射站、加油站、停车场等）要同步发展。还须建立先进科学的调度指挥系统。

（4）为把目前单一的交通结构，逐渐发展成为多样化、多功能的交通结构，为适应现代化城市发展的需要，应在 1986 年底提出轻轨兴建的可行性方案，供市政府领导决策。

（四）福田分区规划

福田区是深圳市中心区，是城市今后重点开发区。1985 年初，

---

① 深圳市地方志编纂委员会编：《深圳市志·基础建设卷》，方志出版社 2014 年版，第 533 页。

在深圳特区总体规划及其确定原则基础上编制了福田分区规划。[①]

规划范围可用地面积 36.86 平方千米。本区位置得天独厚，背山临海，隔深圳河、深圳湾与香港紧临，具有特殊地理优势；该区水陆交通方便，皇岗口岸是深圳通往香港的主要陆上口岸。广深公路横贯福田区，建成后福田至广州只需 1 小时，至香港岛只需 40 分钟。区内地形基本平坦，北高南低，深南路以南绝大部分为良田和鱼塘，以北为山丘台地。

福田分区规划按照工业、住宅建设及自然条件，将福田区划分为五个片区（含位于福田的市中心区），每个片区中心有完备的生活服务系统，且各具特色。每个片区人口控制在 8 万—9 万人。本区工业用地定位 553 万平方米，城市居住用地 684 万平方米。

（五）车公庙工业区总体规划

1985 年 11 月，市规划局在深圳工业区开发公司会议室召开了车公庙工业区总体规划方案评议会，聘请了中国建筑设计公司深圳分部、深圳电子工程设计院、一机部设计总院深圳分院及工业发展委员会建设处的专家对深圳华渝建筑师事务所及武汉钢铁设计院所编制的车公庙工业区总体规划方案进行了讨论。专家们认为车公庙工业区符合 1982 年《深圳经济特区社会经济发展规划大纲》精神，地理位置优越，交通方便，环境优美，适合兴办技术先进、轻型的综合性（无污染）工业区。车公庙工业区总体规划布局，考虑了周围环境和街景艺术处理，注意了工业区发展的远近结合，分片开发，先易后难，充分发挥投资效益等，区内建筑体形有一定的创新。还对该规划方案提出了如下意见。

（1）该方案考虑建筑占地系数 20%，工业区有效占地系数 24%，密度偏低。为了提高经济效益，符合厂家要求，把工厂建筑密度（占地）系数提高到 30%，建筑容积率也可根据具体情况调整。

（2）工业区内地形标高较低，现计算的土方工程量较多。请结合城市道路网规划的路面标高，排水系统规划设计进行调整。

---

① 《深圳房地产年鉴1991》，海天出版社1991年版，第13页。

（3）工业区内不宜都搞标准厂房，厂房应根据工业性质和工艺要求考虑，具体可根据洽谈项目确定。深南大道街景，不一定都由高层建筑组成，应形成高低错落，使立面体形丰富多彩。

（4）工业区内交通组织应考虑人流与货流分开，并应考虑自行车道。

（5）每个工厂的生产配套设施不一定搞小而全，可以几家联合或分区分片设车库、车棚，按需要统一设置。

（6）工业区附近应规划有职工家属住宅区，并与工业区同步开发，市政水电通信等工程应尽早做出规划。

（7）不宜把高速公路收费口中部规划为服务设施，应适当进行调整。

（8）为了保护城市自然环境，在发展工业的同时抓好工业、生活排放的污水处理，发展项目要经市环保办批准。

上述会议纪要内容反映了80年代工业区规划的水平较高，目标较高，眼光较远。

（六）华侨城工业区规划——与总规同步规划的范例

华侨城工业区，1985年，国务院侨办经广东省深圳市政府同意并报国务院批准，由香港中旅集团公司在原沙河工业区基础上建立深圳特区华侨城，位于大沙河与小沙河之间，总用地面积5.1平方千米，归华侨城建设指挥部开发使用。华侨城是广泛吸引华侨投资的基地，是国家华侨政策的窗口。华侨城规划建设以"工业为主、五脏俱全、环境优美、具有特色和起点高、保持原有自然景观"为指导思想进行总体规划，以工业、旅游和房地产三大优势产业为基础，建设具有工业、商贸、旅游、房地产、文化艺术等设施的综合开发区。华侨城以深圳市总体规划的要求，在北环路沿线安排了一大片完整的工业用地；在深南路以南沿海地带安排了外向型的旅游与别墅用地；在深南路及北环路之间安排了三片居住用地。并在该区内合理地安排了多层次的商业服务系统，体现了民族传统文化和民族风俗习惯的特点。区内道路交通的规划处理采用机动车与非机动车分流系统，跨越深南路的南北联系采用立交处理。竖向规划充分利用地形，以便最大可能减少土方工程量，使土方就地平衡。①

（七）南头半岛总体规划

南海石油深圳开发服务总公司从 1984 年 10 月开始编制《南头半岛总体规划》，经过讨论修改，于 1985 年 1 月基本完成《南头半岛总体规划（草稿）》，该规划的主要内容如下。

（1）规划依据和原则。按照中央确定的对外实行开放，对内搞活经济和对外合作开发海洋石油资源的政策，以港口为中心，把南头半岛规划建设成为一个具有深水港运输、石油、化工、电子、机械加工工业、文教科研、旅游、知识、技术密集、多功能的现代化港口城市。根据省政府和市政府文件精神，南头半岛至西乡一带约 38 平方千米的区域，由南油深圳开发服务总公司全面负责综合开发建设。为深圳经济特区的建设和南海石油勘探开发提供后勤服务，为国内外投资建设创造环境。根据深圳市对南头区的总体规划，开发建设南头半岛成为一个重要的为石油服务的基地，又是一个科学文化的基地，真正建设为"技术的窗口、管理的窗口、知识的窗口和对外开放政策的窗口"。规划原则是统一规划、分期开发、分批建设。规划分近期和远期，以近期为主。1985 年开发建设的重点是基础工程，尽快为中外投资者创造更有吸引力的投资环境，争取用十年左右时间，把南头半岛建设成为一个现代化的港口城市。

（2）规划范围和现状。规划范围，东起后海和蛇口公路，西至大、小铲岛、孖洲岛，北起南头镇和红花园，南至大石鼓、东滨路，大小南山分水岭和妈湾港，共 22 平方千米，其中：水域 12 平方千米，陆域 10 平方千米（其中可供开发建设的平地 4.8 平方千米，山地 5.2 平方千米）。规划范围人口按 14 万考虑。

现状，规划范围内没有什么主要工业，农副业生产主要有南头公社的八个生产队和三个蚝业大队。南头区耕地总面积 22768 亩，荔枝、菠萝等经济作物总面积 9492 亩，蚝业养殖区 9946 亩。荔枝、生蚝是该区的主要特产。文教卫生方面：南头镇有医院一所，中学一所和小学九所。当时整个南头区，人口约 2.3 万。对外交通

---

① 孙俊：《城市建设与管理》，转引自深圳经济特区年鉴编辑委员会主编《深圳经济特区年鉴 1987》，红旗出版社 1987 年版，第 171—173 页。

主要有两条干道：广深公路（二级公路，路宽 7 米）；蛇口公路（三级公路，路宽 6 米）。海上交通，可乘轮船直达香港、澳门和广州。蛇口工业区已形成公路网，交通方便。本区的市政设施：供水自成体系，独立供水。排水没有工程设施，各种污水和雨水均自然排放。蛇口工业区的电源来自广州和香港的联合电网。

（3）用地规划，在规划用地 22 平方千米内，工业用地占29.3%，生活用地 22.4%，仓库用地 15.7%，交通用地 6.6%，绿化用地 1.3%，其他用地 26%（主要大、小南山占地）。

（4）对外交通，规划上有铁路、高速公路和港口。铁路与广九线相通，可直达香港和广州。高速公路是罗湖、皇岗至广州的连接点。即将兴建的妈湾深水港，可直通香港、澳门，经香港出海，可达各大洲。

（5）城市干道系统规划，在城市各功能区之间，规划八条主要干道（南北向的有：南山大道、蛇口大道；东西向的有：东滨路、内环路、创业路、桂庙路、桃园路；还有一条通往妈湾港的港湾大道），构成了城市的运转循环系统。

（6）水、电、通信等工程设施规划在此不详述。

（八）盐田港区总体规划

1985 年 9 月，市规划局主持召开了深圳经济特区盐田港区总体规划评审会议。来自交通部、铁道部、城乡建设环境保护部的代表，以及广东省和深圳市有关部门的领导、专家、学者共 63 人参会。会议听取了交通部水运规划设计院和北京市城市建设工程设计院对总体规划的介绍，踏勘了盐田地域，进行了分组讨论和大会发言。会议对该成果给予了肯定评价，内容纪要如下。

（1）盐田港区岸线长 6 千米，水深海阔，风浪较小，工程地质条件较好，且有天然航道、避风锚地和相应的后方陆域腹地，具备了天然良港的条件。

（2）该规划对近期货源的预测是有一定根据的，加上通往香港的沙头角口岸已经建成使用，陆路交通往来方便，可以吸引一部分香港货源到盐田。因此，盐田港区已具备建设起步工程的条件。

（3）该规划的指导思想是明确的，是符合深圳经济特区、广东

省和全国发展需要的。盐田地区的功能是以港口运输为主，其陆域
上的工业、居住区，以及第三产业等也是为港口运输服务的。盐田
港的性质与规模，以充分利用岸线和深水深用，浅水浅用为原则。它
不仅为本地服务，还将吸引临近地区和省市的货源，以及香港的货
源，逐步由地方性港口、区域性港口，发展成为国际性中转港口。

（4）盐田港采用突堤式和顺岸式相结合的方案，年吞吐能力达
3000 万—4000 万吨是合理的。在开发盐田港区时，应尽量减少对
海域、陆域和空气的污染。

（5）盐田港区人口规划为 7 万人左右是恰当的，人口密度是较
适宜的。

（6）会议还对港口、陆域、铁路以及给排水、供电等提出了具
体意见和建议。

（7）会议认为盐田港区的开发建设对深圳特区及东部地区的开
发建设将起到重要的促进作用，亦对我国深水大港的布局有着重要
意义。代表们深信，盐田港区开发建设的重要性和必要性已经受到
中央有关部门和深圳市政府领导的极大重视，一定能建成一个现代
化的国际型良港，充分发挥其经济和社会效益。

● 规划实施举例

（1）《总规（1986）》编制安排了 15 个工业小区，分布在 5 个行
政区内（罗湖、上步、蛇口、南头、沙头角），工业总用地为 18.48
平方千米。特区工业的发展以外向型为主。目前特区工业的主要特点
是轻型结构，小型为主。至 1985 年底，已有工厂 907 家，"三资"企
业生产发展较快。在工业开发建设中，坚持成片开发的原则，集中开
辟的工业区有蛇口综合工业区，八卦岭食品轻工综合工业区，上步电
子轻工工业区，沙头角轻工食品工业区，华侨城电子轻工工业区，南
油综合工业区，水贝机械工业区等。南头工业区、科学工业园、莲塘
工业区也正在开发中。至 1985 年底已开发的工业区总面积 10.4 平方
千米，其中已建成投入使用的工业区面积为 3.2 平方千米，从而适应

了当前"轻、小、精、新"工业的发展方针。①

（2）科技工业园起步。

1985年深圳科技工业园起步，也标志着深圳高新技术产业的起步。深圳科技工业园总公司正式成立于1985年7月，由深圳市政府与中国科学院创办。科技工业园是以企业形式建设、开发和管理，集生产、科研、教育相结合的综合基地。它依托中国科学院和其他科研机构及产业部门的技术力量，逐步把园区建设成一个高科技工业区。1984年12月，中国科学院派出工业园选址考察组来深圳进行工作，并提出选址考察报告；1985年3月，中国科学院又派出了有机所、冶金所、计算所、半导体所、化物所、应化所、光机所、硅酸盐所、自动化所、地理所等30余位科研和管理人员组成的规划组来深圳编制科技工业园规划，并于3月底完成。这份规划书就科技工业园的性质与规模、主要产业大纲、选址、环境与布局、管理体制及科研教育、综合投资环境、开发步骤与措施做了论述，提出了设想和方案，对科技工业园的建设与发展具有指导意义。

深圳科技工业园位于深圳市西部，东面为华侨城，西连深圳大学，北靠环城公路，南濒深圳湾与九龙半岛隔海相望，占地面积约3.2平方千米。园区交通便利，易于开发，土地开发工作进展顺利。整个园区的总体规划正在进行，第一期（22万平方米）小区详细规划基本完成，第二期（92万平方米）规划正在进行。首期开发的综合小区基建施工已经开始。②

（3）1985年，南油全区投资1.15亿元，建成工业厂房、楼宇16万平方米，引进外资协议投资额40.73亿港元，内联资金2750万元。③

（4）1984—1985年特区建设进入高潮，农村农民私人建房也出现高峰，特区农村建设出现失控并与城市建设争用地的严重情况。据统计，特区内50%左右的农民在这一时期兴建了别墅式住房，部

① 深圳市地方志编纂委员会编：《深圳市志·第一二产业卷》，方志出版社2008年版，第128页。
② 深圳经济特区年鉴编辑委员会主编：《深圳经济特区年鉴1986》，香港经济导报出版社1986年版，第123—124页。
③ 深圳市地方志编纂委员会编：《深圳市志·第一二产业卷》，方志出版社2008年版，第125—128页。

分农民房户比达到 2.3 房/户，个别农民一户建五六栋新房。各村占
地普遍扩大 1 倍以上，个别村庄扩大了近 3 倍。这种严重的失控情
况，直接影响了特区总体规划的实施。随着特区建设的发展，规划
工作有许多新的问题需要进一步探讨。

三　1986 年《总规（1986）》定稿印刷

● 背景综述

1986 年深圳市首要任务是压缩基建规模，施工房屋面积从 1985
年的 1031 万平方米压缩到 1986 年的 786 万平方米。同时重点扶持
符合外向型经济发展要求的建设项目。[①]

（1）城市建设。深圳特区经过六年多规划建设，原特区内基础
设施建设取得初步成效，为承接香港制造业北迁创造了有利条件。
根据"规划一片、开发一片、投产获益一片"的方针，致力于改善
特区的投资环境，深圳特区开发了 47.6 平方千米的土地面积（包
括完成了罗湖、上步 38.7 平方千米新城区的"七通一平"的基础
工程），新建城市道路总长 161 千米，新铺供水管 210 千米、排水
管 281 千米。还建成新的自来水厂、电信大楼和一批变电站。此
外，还建成笋岗和泥岗两座立交桥，蛇口、赤湾、新港 3 个港口及
码头，以及南头直升机场等，提高了特区对外交通的能力。特区管
理线已建成交付使用，国际机场、高速公路正在规划设计。这些都
有效地改善了特区的投资环境，进一步增强了对外的吸引力。[②]

（2）特区产业。深圳特区在"对外开放、对内搞活"的方针指
导下，进行大量外引内联工贸建设项目，国民经济发展迅速。截至
1986 年底，深圳全市总人口达到 93 万人（常住 51 万人，暂住 42
万人），其中特区人口 48 万人，尚有耕地 26800 亩。外商、港商在
深圳投资办厂，已经注册的有 1000 多家，在深圳工作的外籍员工

---

　　① 深圳市委党史研究室、深圳市史志办公室编著：《深圳改革开放四十年》，中共
党史出版社 2021 年版，第 82—86、125 页。
　　② 郑家光：《特区城市建设情况综述》，转引自深圳经济特区年鉴编辑委员会主编
《深圳经济特区年鉴1986》，香港经济导报社 1986 年版，第 246 页。

已有 2300 多人，这是前所未有的。① 深圳通过劳动工资改革和劳动力市场的建立吸引几十万劳动力，满足了深圳"三来一补"制造业的用工需求。特区工业以轻型结构和小型为主，轻工业占 78%，小型工业占 66%，电子工业发展最快，产值已占工业总产值的 57%，成为最突出的工业支柱。②

（3）鉴于前两年农民建房失控的情况，市政府 1986 年初决定对特区内全部农村建房用地进行清查和划定用地控制范围及编制规划改造方案。1986 年 4 月，市规划部门办公会议研究特区农村规划问题，会议决定成立农村规划小组，根据特区农村前几年形成的事实，第一步首先把特区内 130 多个农村，按目前现状划定控制线，通过行政手段把农村建房强制在控制线内；第二步，通过调研，依据深圳市关于农村建房用地的政策，选择合适的用地红线方案，提交市用地例会通过后，划定农村用地红线，并组织力量进行农村详细规划。会议强调指出：农村规划问题已经到了非解决不可的时候了，必须与各区紧密合作，抓紧抓好，力争 1986 年底以前把特区内 130 个农村控制线圈定，抓出成效。

（4）宝安县，1986 年底，宝安县人口 45 万人，各城镇建成区面积为 2037 万平方米（20.37 平方千米），总人口 16.36 万人（包括暂住人口），宝安县共有耕地 30.24 万亩，比 1978 年的 47.21 万亩，实际减少了 17.74 万亩。规划到 2000 年全县总人口达到 90 万人（包括暂住人口），其中城镇人口 60 万人，乡村居民点人口按 30 万人计算。合计城乡建设用地为 96 平方千米。③

（5）土地使用制度改革的动因和背景。几年来，深圳实行行政审批、成片开发、分散经营、按用地对象收费的土地管理制度，加速了特区城市的形成。到 1986 年底，深圳划拨土地总数达 82 平方千米，而实际征收土地使用费的面积仅 17 平方千米；部分由于土地

---

① 陶一桃主编：《深圳经济特区年谱》（1978 年 3 月—2015 年 3 月修订版），中国经济出版社 2015 年版，第 137—141 页。

② 《深圳市港口总体布局及海岸线利用规划》，交通部水运规划设计院，1986 年，第 12 页。

③ 《深圳市国土规划》，深圳市规划局、深圳市国土局、中规院深圳咨询中心，1989 年，第 10—12 页。

收费与土地划拨脱节，土地使用费设计缺乏科学依据，只反映政府的产业政策，而不反映土地级差；城市基础设施投入与产出有较大差距，到 1987 年底止，市政府用于城市基础设施的总投资已逾 13 亿元，而收取的土地使用费仅 5000 多万元，土地的大部分收益被土地的占有者所享有；土地的开发与供应同社会经济发展不相协调，深圳基建规模一度失控，与土地过量供应，大面积开发有直接关系；缺乏强有力的经济杠杆和法律手段，缺乏监督和管理，违法违章占用土地，买卖或变相买卖土地，大地小用，优地劣用，早占晚用，占而不用，用而不讲效益等现象比较普遍。上述情况表明，原来的土地管理体制，尤其是用地制度已不适应特区发展新阶段的要求。因此，进一步深化改革势在必行。

1986 年，市政府曾多次组织了考察班子赴香港和国外考察，邀请国内外专家学者研讨，酝酿制定以土地所有权与使用权分离为核心的土地管理制度改革方案。

1986 年末深圳市常住人口约 94 万人，全市 GDP 约 42 亿元人民币，全市人口、经济增长变缓。

● 重点规划设计

（一）《总规（1986）》定稿印刷

1982 年《深圳经济特区社会经济发展规划大纲》是《总规（1986）》的基础。1984 年开始正式编制的《深圳经济特区总体规划》，根据前几年城市经济与建设的实践和特区发展战略的要求，1985 年对城市总体规划进行了全面的编制与修改工作，[1] 直至基本完成。1986 年 2 月完成编制，3 月印刷，因此简称《总规（1986）》，该规划获得建设部优秀规划一等奖。[2]

1. 编制背景

1984 年 10 月，深圳市政府委托中规院来深圳进行深圳特区总

---

① 深圳市规划局：《特区总体规划实施情况》，转引自深圳经济特区年鉴编辑委员会主编《深圳经济特区年鉴1986》，香港经济导报社1986年版，第243页。

② 《深圳房地产年鉴1991》，海天出版社1991年版，第10页。

体规划设计的咨询工作，并协助完成总规编制任务。① 1984 年 11 月开始，在深圳市政府直接领导下，市规划部门、中规院以 1982 年末《深圳经济特区社会经济发展规划大纲》为基础着手编制《深圳经济特区总体规划》，该规划引领特区在城市化初期的稳步开发建设，采取适应特区特点的现代化标准，保持弹性规划并留有适当余地、确定带状多中心组团结构、预留福田中心区、超前布局市政交通设施、重视综合平衡。总之，"深圳的城市规划，从第一稿起就凝聚了深圳市、广东省和国内其他省市城市规划工作者的共同努力，是典型的集体创作和累积的成果。为深圳城市规划辛勤工作的规划、设计和管理工作者，起到了根据实际情况综合部署城市发展，保证各项建设合理安排的积极作用"②。

2.《总规（1986）》的主要特点

（1）充分利用深圳优越的地理条件，为 21 世纪发展奠定基础。总规全面考虑土地利用或罗湖上步、蛇口、南油、华侨城等已有的规划，甚至部分正在建设的实际，综合规划工业、商贸、旅游、房地产和文化生活设施，统筹安排海港、机场、高速公路、铁路、公路、河运等对外交通系统和现代化通信手段，把六个组团的规划组织起来，形成一个更完整的系统。

《总规（1986）》超前布局了机场、港口等重大基础设施和城市道路交通网络，奠定了深圳特区空间发展的基本框架。前瞻性地将深圳机场选址在宝安县黄田临海一带，按一级国际机场、两条跑道布局。港口安排在东部盐田，拉开城市发展的序幕。

（2）采用带状多中心组团的总体布局结构，基于深圳地理条件，特区东西长 49 千米，南北平均宽 7 千米，将特区划分为五个组团（东部、罗湖上步、福田、沙河、南头），另外一个前海湾发展组团。每个组团内部形成大体配套、相对完善的综合功能，适当安

① 陈一新：《规划探索——深圳市中心区城市规划实施历程（1980—2010 年）》，海天出版社 2015 年版，第 39 页。

② 周干峙：《在努力攀登先进水平的城市规划道路上前进——深圳特区城市规划十年回顾》，转引自深圳市城市规划委员会、深圳市规划部门主编《深圳城市规划——纪念深圳经济特区成立十周年特辑》，海天出版社 1990 年版，第 3 页。

排组团之间的相互分工，既分隔又联系；组团之间用绿化带相隔，
组团之间以天然河川、绿地、菜田、果园等形成几条南北向的分隔
绿带（例如，八卦岭绿化带、800 米绿化带、沙河绿化带），各组
团内的居住区都能就近获得新鲜空气流，以维护城市生态环境。组
团之间用公共交通串联起来。

（3）弹性规划，留有余地。总规必须富有预见性、科学性、整
体性和弹性，《总规（1986）》对特区道路网做了全面、长远的规
划，大胆预测了深圳城市超常规发展的可能性，为长远发展留有
余地。

（4）采用适应特区建设的现代化标准，特区采取稍低于香港，
较高于内地的标准，创造完善的环境条件发挥对内、对外两个辐射
面的枢纽作用和窗口作用。

（5）重视综合平衡，特区是一个统一系统，各局部应与整体保
持相对平衡，使各种经济效益与社会、环境效益都能在全市范围内
协调。尽管当时开发建设的方式是相对独立分散的格局。例如，政
府先开发建设罗湖上步，华侨城（原沙河华侨农场）、蛇口、南油
等分别由不同企业各自代政府行使规划建设管理权。

（6）建设具有特色的城市风格，深圳作为新的城市应形成有特
色的城市风格，既多样，又整体。例如，福田、南头、华侨城、沙
头角等新开发片区应各具特色，避免千篇一律。

3.《总规（1986）》的主要内容

（1）城市性质。到 20 世纪末，深圳特区发展外向型工业、工
贸并举、兼营旅游、房地产等事业，建设以工业为重点的综合性经
济特区。放眼 21 世纪，深圳可能成为海港工业、外贸、旅游综合发
展的现代化大城市，与香港、广州共同组成珠三角的中心城市。

新规划方案的目标是：将深圳建设成为外向型的、以先进工业
为主、工贸并举、工贸技相结合，兼营旅游、金融、服务、房地产
和农、牧、渔等业的综合性经济特区。

（2）城市规模。特区人口发展规划至 2000 年特区为 110 万人
口（常住人口约 80 万人，暂住人口 30 万人）的特大规模城市，规
划市区面积 122.76 平方千米（占适宜于建设用地的 82%），并对未

来 15 年特区城市发展建设做出了全面安排。但交通和基础设施容量分别乘以 1.5 或 2.0 的系数，即市政和交通分别按 150 万人口和 200 万人口规模预留空间容量，超前安排了用地和基础设施。

（3）组团式结构与功能分区。特区内 327 平方千米，不适宜建设的陡峭山地近一半，规划可利用的面积仅 160 平方千米，其中城市建设用地 123 平方千米。规划按照自然地形，以梧桐山、笔架山及福田河、小沙河、大沙河的自然分界，将整个特区用地规划成五个组团：东部组团（大小梅沙、盐田、沙头角）、罗湖上步组团、福田组团、沙河组团、南头组团（包括蛇口、南头镇、南油、深圳大学、科技工业园）。未来妈湾大港和前海湾公园发展备用地全面开发后可形成新的组团，是规模最大的一个综合发展组团。

组团之间的绿化带既是弹性规划空间，也有防护林的功能。例如，上海宾馆西侧 800 米绿化带与福田河具有滞洪功能。

（4）工业。在特区规划工业区 15 个。特区外的公明和横岗为发展卫星城的备用地，西乡填海区也作为大型企业备选厂址。规划工业总用地 18.5 平方千米，占城市建设用地的 15.1%，按照工业性质划分为"14 + 1"个工业区：上步工业区（89 万平方米）、八卦岭工业区（85 万平方米）、水贝工业区（88 万平方米）、莲塘工业区（65 万平方米）、梅林工业区（108 万平方米）、皇岗工业区（238 万平方米）、沙河工业区（159 万平方米）、建材工业区（177 万平方米）、蛇口工业区（137 万平方米）、南油工业区（91 万平方米）、南头工业区（315 万平方米）、妈（孖）湾工业区（199 万平方米）、沙头角工业区（11 万平方米）、盐田工业区（88 万平方米）、前海湾工业区（未来发展）。规划工业区的规模一般为 1 平方千米左右，主要安排以"三资企业"为主的外向型的中小型企业。

鉴于深圳主导风向为东南风，因此《总规（1986）》布局的 15 个工业区都安排在中心区的下风向。例如，彩田工业区（现深业上城位置）布局在福田中心区的东北角，避免工业对城市生活的污染。

（5）土地利用与用地平衡。与特区规划中工业用地占城市建设用地的 15.1%，居住用地 18.2%，对外交通运输 9.2%，道路广场 14.5%，公共绿化 11.6%，其他用地平衡指标详见《总规（1986）》

用地平衡表3表。

特区总体规划，着重研究了福田至南头西部地区的规划方案，对已开发的罗湖、上步和沙头角、大小梅沙、盐田等各区，规划建设用地指标做了相应的调整。①

（6）对外交通运输、城市道路交通、能源、通信和邮电、给排水、防洪、环境保护等内容在此不详细阐述。

（二）交通规划——总规专题举例

交通规划是《总规（1986）》的专题研究之七，深圳特区总规把城市交通列入重点项目之一，对城市交通做了深入的研究分析，首次在国内应用了电子计算机对未来车辆流量分布进行模拟预测。对已基本建成的罗湖、上步新市区，进行了交通方面的综合改造规划。②

1984年深圳特区内道路交通尚无系统规划。当时人口、车辆增长速度远远超过了道路建设速度。罗湖区人民桥附近路段、深圳大剧院、雅园路口、东门路长途汽车站一带经常发生堵车，交通秩序混乱。在广深铁路与解放路路口，每隔14分钟关闭一次，高峰时段，东行等候的车辆长达1千米。面对此状况，市领导请建设部赶快派专家帮助深圳编制交通规划蓝图。由中规院交通规划专家闵凤奎先生带队的一行6人于1985年4月底来到深圳特区。经过许多现场调研，他们发现深圳特区交通存在两个基本问题：首先是特区对外交通，深圳作为毗邻香港的口岸城市，是内地与香港间的必经通道，但未解决好过境交通。当时道路系统和路面设计没有充分考虑人车分流、机动车与非机动车分流、过境车与市内车、货客车分流的原则。其次是特区内部交通，深圳的道路少、密度低、不成系统、布局不尽合理、管理跟不上。深圳特区是个东西长、南北短的带形城市。因此，东西向交通是城市中最主要的交通流，保证东西交通快速通畅是解决特区交通的关键所在。但当时东西向交通干道

---

① 深圳市规划局：《特区总体规划实施情况》，转引自深圳经济特区年鉴编辑委员会主编《深圳经济特区年鉴1986》，香港经济导报社1986年版，第243—244页。

② 深圳市规划局：《特区总体规划实施情况》，转引自深圳经济特区年鉴编辑委员会主编《深圳经济特区年鉴1986》，香港经济导报社1986年版，第243页。

太少，且南北向的广深铁路严重阻碍了东西向的畅通，大量车流压在一条只有 10 多米宽的解放路上，造成大量堵车。该交通规划团队首次在深圳试点开展了"OD 调查"①，闵凤奎先生口述历史提到优先发展公交，特别是发展轨道交通，规划了从罗湖口岸到机场、宝安区的地铁，这在当时是十分超前的规划理念。经过一个月的紧张工作，《深圳市交通规划》终于编制完毕，该规划提出：首先高架铁路，打通深南路、解放路、嘉宾路三条东西向干道。其次，开通滨河路，并新建春风路高架路，把铁路两侧的滨河路连成一体。在特区南侧增加一条东西向的交通干道，以减轻深南路压力。特区东西向规划开辟了四条干道：北环大道、红荔路、深南大道、滨河大道。规划每条道路断面都是双 6 车道，中间预留较宽的绿化带作为远期发展地铁发展的空间。两边另有 14 米绿化带，还有辅路。此外，在市区外围要形成过境车辆的货运环路。在主要路口，要建立交，保证快速通畅。在远期，要预留一条东西向的快速轨道交通线路，这样可以大大减轻地面交通压力。② 该规划系统阐述了要建成一个现代化交通体系的战略目标及其实施方案，有关领导和专家非常赞成这个交通规划成果。（1986 年 2 月印刷的《深圳经济特区总体规划》专题资料之七——交通规划。）

按照该规划，1986 年红荔路开始向东延伸；1987 年南北铁路高高架起，从此结束了深南路被割断的历史；随后，部分滨河大道逐年拓展；1993 年春风路高架桥动工建设，地铁也开始选线筹备工作。在该规划指导下，深圳交通得到了暂时缓解。历史证明，这份《深圳市交通规划》为特区城市交通建设奠定了基础。

（三）《总规（1986）》关于福田中心区规划内容

《总规（1986）》不仅确定了福田中心区选址范围及基本性质，制作了福田中心区空间规划模型，还提出了福田中心区具体规划内

---

① "OD 调查"指起终点间的交通出行量调查，"O"来源于英文 Origin，指出行的出发地点，"D"来源于英文 Destination，指出行目的地。

② 张兴文：《无言的丰碑——记省七届党代会代表、市规划部门总规划师闵凤奎》，《深圳特区报》1993 年 5 月 18 日。

容如下。①

（1）《总规（1986）》明确福田区是特区主要中心，将逐步形成以金融、贸易、商业、信息交换和文化为主的中心区。《总规（1986）》对福田区的规划阐述："福田组团以国际性金融、商业、贸易、会议中心和旅游设施为主，同时综合发展工业、住宅和旅游。""重点安排福田新市区中心地段，逐步建成国际金融、贸易、商业、信息交换和会议中心，设立各种商品展销中心，经销各种名牌产品，形成新的商业区。"

（2）福田中心区处于整个特区城市的中心位置，路网布置不仅考虑交通功能，也考虑了城市风格。为此，适应带形城市以东西向交通为主的特点，以及逐步进行建设的条件，结合采用了我国传统的棋盘式布局。以一条正对莲花山峰顶的一百米宽的南北向林荫道作为空间布局的轴线，与深南路正交，形成东西、南北两条主轴。

（3）《总规（1986）》把城市交通问题作为重点，提出在福田区内将全部采用机动车与非机动车分流的交通模式。在中心区南北和东西各两千多米的范围内，实行比较彻底的人车分流、机非分流、快慢分流体系，形成比较完整的行人、非机动车专用道路系统，并在深南路两侧各设辅助车道及四个导向环岛，在深南路进入福田中心区的东西两端，将出入中心区活动的车流从干道上分流出来，实行较全面的单向行驶以渠化车流，形成一个不需信号灯控制的渠化道路交通体系。

（4）《总规（1986）》规划在福田建一座水厂，解决福田新市区用水，水源由深圳水库供给。规划整治福田河、皇岗河两条排洪渠道，将皇岗河中下游改道至高尔夫球场东侧直接入海，为开发福田新市区中心创造有利条件。

（四）深圳市港口总体布局及海岸线利用规划

市政府交通办公室和市规划局于 1986 年 10 月委托交通部水运规划设计院编制《深圳市港口总体布局及海岸线利用规划》（发展概况及港口总体布局规划），同年 12 月完成成果编制。

---

① 陈一新：《规划探索：深圳市中心区城市规划实施历程（1980—2010 年）》，海天出版社 2015 年版，第 45—46 页。

1．现状情况

截至 1986 年 10 月，深圳市已建港口 5 个，拟建港口 2 个，共有码头岸线长 3342 米，泊位数 41 个（含 4 个深水泊位）。1986 年深圳市港口现状分以下四种情况。

（1）具有一定规模、配套齐全，在社会运输中正在发挥重要作用的港口有蛇口、赤湾和深圳内河港。

（2）已经宣布投产，但设备不配套，尚未形成综合能力的港口有东角头和沙渔涌港。

（3）货主码头有：展华建材有限公司进口散装水泥码头、蛇口渔工贸发展总公司货运码头、市石油公司东角头产品油码头。

（4）正在进行建港前期工作的盐田港和妈湾港。

2．港口布局

深圳特区的东西两端都有适合建港岸线，从深水资源的条件分析，东部的大鹏湾优于西部的矾石水道，而现在的港口主要分布在西部，为了使深圳市的物资合理地东西分流，减缓市内交通压力，为华南地区深水港的开发创造条件，应在 1990 年左右逐步建设东部盐田港，适当调整西部港口的发展速度，使西部的港口岸线留有充分的发展余地。根据特区经济发展形势和南海油田开发的前景，逐步使各港的性质和功能明朗化，使港口的布局合理化。

3．海岸线利用规划

（1）指导思想：统筹规划、合理安排、分期建设、综合开发海岸资源。特区内岸线以发展港口、城市工业、旅游疗养为主，特区外岸线以发展水产养殖为主。保护深水岸线资源，保护岸线的自然生态。

（2）海岸线功能划分在此不详述。

（五）《深圳特区城市道路交通规划》的效益评价

1986 年 10 月在全国城市交通学会第一届年会上，《深圳特区城市道路交通规划》[1] 受到与会者的高度评价。根据市政府指示，整个规划方案将分期付诸实施。此时部分建设项目已进入设计和施工

---

① 闵凤奎：《关于"深圳特区城市道路交通"的效益评价》，1986 年 10 月 18 日，深圳市城市规划局档案号：C46－1986－永久－00505。

阶段。预计该规划对于特区的建设与发展将产生以下效益。

（1）由于具有了科学的城市道路交通规划，从而保证了特区城市发展的合理性，为未来特区城市道路交通基础设施的建设提供可靠的依据。

（2）根据所预测的城市交通量的需要来建设或保留出一定的城市交通设施用地，如开辟第三条东西向大道——滨海大道，预留主干道上的立交位置，预留轻轨走线位置等，可以保证近期与远期有步骤建设的协调，及早控制城市用地，节省大量的拆迁建筑、动迁管线等投资。估计仅立交桥建设即可节省各项拆、动迁费用近3000万元。

（3）将促使特区按照规划的城市现代化交通体系建设，避免出现社会化的交通问题。

（4）抬高广九铁路、打通深南路后，可减少大量车辆绕行，确保了城市东西方向的交通通畅，消除了目前较严重的交通拥堵现象，可节省大量交通时间。

（5）全面改造后的深南路等主要东西干道，做到行人—机动车—非机动车在平面和立体上的分离，机动车速可提高到50千米/小时，全程行驶时间比目前减少1/3，交通事故明显减少。

（6）打通滨河路、蛟湖路等主次干道等措施都达到了类似的社会经济效益，在此不一一列举。

（7）采用该规划成果中的计算机软件包进行城市交通的预测和规划，可舍去复杂的、耗费大量人力、物力和时间的交通调查。

（8）本次交通规划的理论、方法和内容，包括交通政策和发展目标的研究，系统化城市交通的整治，如何解决自行车交通与机动车交通的矛盾，如何编制城市交通的近、远期规划等诸多方面，可供其他城市借鉴与参考。

（六）其他

至1986年5月市规划部门已开展的规划项目还包括：（1）已委托中规院承担罗湖上步分区规划编制，重点落实配套设施，将商业、文体、卫生、交通设施等专项规划落实在用地上，保证每块土地的合理使用。（2）已委托中南市政设计院调整罗湖、上步给排水管网规划、深圳市排水工程规划。（3）已委托中规院、南昌冶金设计院等单位分别进行全市道路竖向、土方工程设计工作。（4）已委托华北市政设计院进行天然气工程规划。（5）已委托交通部水运规划院进行深圳市港口岸线规划。（6）已委托南昌冶金设计院、建筑科学中心等单位进行南头重工业加工区规划、文化广场设计方案等项任务。（7）深圳市规划部门1986年2月批复盐田港区总体规划方案，确定盐田港区的用地面积11平方千米（陆域7平方千米，海域4平方千米）。盐田港区远期规划人口7万人。尽快举行铁路等可行性研究，做出港区全面系统的总图和局部地区的详细规划报市政府主管部门。

- 规划实施举例

（1）1986年5月，深圳市成立深圳市城市规划委员会（简称：市规划委员会），聘请30名中外规划设计权威人士担任委员，首席顾问周干峙（城乡建设环境保护部副部长）。[①] 在之后的十年坚持每年召开一次规划委员会议，对深圳城市规划起到了引领和把关的作用。1986年5月底，深圳市城市规划委员会举行成立大会暨第一次全体成员会议。会议研究和审议了七个议题，包括《深圳经济特区总体规划（1986—2000）》（见图1—2），提出了进一步完善城市规划的意见和建议。[②]

（2）特区总规实施情况[③]。深圳经济特区是一座新型的城市，因此在规划中特别考虑了环境。特区采用组团式开放结构，布局内的组团间以绿化带进行分隔，原有的荔枝林及其他林木尽可能加以保护，并根据行政分区中各工业区所在地段的环境容量来安排各类工业，保护城市水源地，排水采用雨水污水分流制，建立污水处理厂，生活燃料近期选用液化气，远期采用天然气，城市干道两侧充

① 深圳市地方志编纂委员会编：《深圳市志·基础建设卷》，方志出版社2014年版，第512页。

② 孙俊：《城市建设与管理》，转引自深圳经济特区年鉴编辑委员会主编《深圳经济特区年鉴1987》，红旗出版社1987年版，第171页。

③ 深圳市规划局：《特区总体规划实施情况》，转引自深圳经济特区年鉴编辑委员会主编《深圳经济特区年鉴1986》，香港经济导报社1986年版，第243—245页。

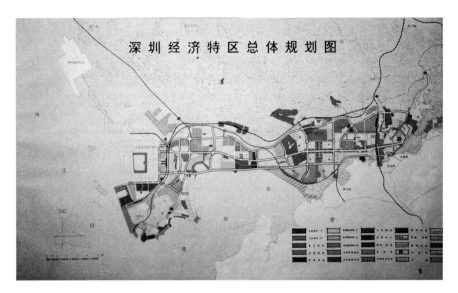

图 1—2 深圳经济特区总体规划（1986—2000）

分绿化等。深圳特区的开发建设步骤贯彻了先地下后地上，先规划后全面施工的原则，注意城市基础设施的配套，搞好对内对外交通道路的安排，1986 年 5 月，跨越深港界河的大型过境桥梁——深圳河大桥（皇岗口岸）动工兴建。几年来，集中在上步、罗湖、蛇口、沙头角等城市组团先进行开发建设，继后在南头、华侨城进行开发。至 1985 年底，开发建设总面积已达 47.6 平方千米，房屋竣工面积 929 万平方米。

（3）按照总体规划要求，广深铁路穿过市区部分采用了铁路高架桥方案，在不影响铁路正常行车的情况下进行了全面施工。高架桥全长 860.52 米，共有 85 跨。这种设计不仅解决了深南路的立体交叉，而且为其他道路穿越铁路创造了条件。

（4）深圳市政府 1986 年收回了福田新市区协议与香港合和公司合作开发 30 平方千米的土地。1985—1986 年间，深圳特区发展公司曾三次致信合和公司，告知合同约定，两年内不开发就收回土地。当时已经超期未开发，最后双方确定，土地上已建了一个混凝土工厂，以 500 万元收回土地。这是深圳当年市领导的英明果断决策，为深圳特区发展留下了福田中心区一大片宝贵的土地。

（5）测量工作：已委托深圳勘探公司、长沙勘探公司、工程地质勘探公司承担罗湖、上步、南头地区 1/1000 地形图测量。至 1986 年 5 月，罗湖、上步区的测量已经全部完成。南头区测量正在进行。

四　1987 年深圳首次城市设计

● 背景综述

深圳经济发展与人口增长较快，使城市出现了供水紧张情况。市政府决定加快城市基础设施建设的步伐，不断优化投资环境，增强特区对外资的吸引力。1987 年末深圳市常住人口约 105 万人，全市 GDP 约 56 亿元人民币。1987 年深圳全市房屋总竣工面积 240 万平方米（其中住宅 89 万平方米，占第一位）。深圳市自 1982 年开始兴建 18 层和 18 层以上的高层楼宇，至 1987 年底止，已动工兴建 140 幢，总建筑面积 329 万平方米。其中已竣工 66 幢，竣工总面积 102 万平方米。

土地使用权转让的三种方式试点，1987 年深圳土地管理制度改革进入了关键性的一年，1987 年上半年深圳市政府制定了土地管理制度改革方案，按照土地所有权与使用权分离的原则，推行土地使用权的有偿有期限出让和转让，实行两权分离后，政府可凭借土地所有权向承租方一次性收取地价，严格按城市规划要求使用土地。1987 年 9 月、11 月和 12 月，市政府分别采用公开拍卖、公开招标和协商议价三种方式有偿转让的三宗土地的使用权，三宗土地的面积为 60364 平方米，共收取地价 2336 万元，相当于 1987 年底以前特区内已开发利用土地收取的使用费总数的五分之二强，[①] 均获得了成功。其中，1987 年 12 月，市政府在深圳会堂举行第一场土地拍卖会（即土地拍卖"第一槌"），直接推动了 1988 年《中华人民共和国宪法》有关条款的修改。这种做法废除了行政划拨土地的传

---

① 由此可推算，1980—1987 年期间，深圳市共收取土地使用费约 5000 多万元人民币。

统做法，开创了新中国成立后土地使用权进入市场的先河，标志着
深圳房地产市场的形成。

1980—1987 年深圳土地使用制度的改革，从收取土地使用费
（年租金）到建立土地使用权出让的招拍挂制度。这项工作的成功
对深圳特区城市建设和产业形成有着十分深远的意义。深圳因毗邻
香港，成为香港投资的"近水楼台"，80 年代港资大量投入，有力
促进《总规（1986）》的实施。"整个 1980 年代中国外资流入的来
源就是香港，来自香港的投资彻底打乱了战后发达国家的产业全球
布局，使中国成为世界上唯一一个没有发达国家大规模投资，却获
得经济高速成长的地区。"①

● 重点规划设计

（一）深圳市国土规划

1987 年 4 月市规划局向广东省国土厅上报《深圳市市域国土规
划纲要》，并已委托中规院根据《深圳市市域国土规划纲要》及
《深圳市国土规划任务书》编制深圳市域国土规划。

1987 年 10 月的《深圳市国土规划大纲》是为了促进全市经济
和社会发展、保护生态环境和改善人民生活，深圳市国土规划以
《全国国土总体规划纲要》《深圳经济特区社会经济发展规划大纲》
《深圳经济特区精神文明建设大纲》为依据，以中央、国务院要求
特区发挥四个窗口、两个扇面作用为目标，根据《国土规划编制办
法》的要求，对全市国土资源进行开发、利用和治理的深圳市国土
规划。②

深圳市规划局、深圳市国土局、中规院深圳咨询中心。该规划
对深圳特区及特区外宝安县 1986 年之前的统计数据、1987 年之前
的开发建设情况等有较详细阐述。

（1）在深圳特区管理线以内的土地，约有一半是不适宜建设的
陡峭山地，坡度在 12 度以下适宜开发利用的土地只有 160 平方千

---

① 《深圳 2030 城市发展策略》，深圳市规划局、中规院，2005 年。

② 《深圳市国土规划》，深圳市规划局、深圳市国土局、中规院深圳咨询中心，
1989 年，第 11—14 页。

米。1987 年经过调整的总体规划建设总用地面积约 130 平方千米，应严格控制建设项目，为远景发展留有一点余地。

（2）由于总规（86 版）中工业用地偏少，该规划对特区内工业用地进行了调整，将原规划的居住用地转变为工业用地，新增了车公庙和彩田两个工业区（约 4 平方千米）；另外在原总体规划区范围外，新开辟了留仙洞工业区（368 万平方米）。调整后特区内工业用地总计 2239 万平方米［注：比总规（86 版）增加了约 4 平方千米］。截至 1987 年 10 月已开发的工业用地 412 万平方米，正在开发的工业用地 368 万平方米，尚未开发的工业用地 1441 万平方米。

（二）1987 年《深圳城市设计研究》——深圳首次城市设计

1987 年，当深圳特区经历了第一次开发建设高潮后，由英国海外开发署资助，委托英国陆爱林戴维斯规划公司进行深圳城市设计和国际机场地区土地使用规划研究，这也是深圳市进行的首次城市设计。当时的市规划部门与英国著名规划师瓦特·鲍尔（Walter Bor）带领的英国伦敦陆爱林戴维斯规划公司（Lewelyn – Davies Planning Co. London England）合作开展城市设计工作。1987 年初，该公司对深圳的城市规划实践状况（包括住宅、工业、道路和交通系统）进行了两个月的调研，同年 4 月与市规划局联合撰写编制了《深圳城市设计研究》[①]（《Urban Design Study》）成果（以下简称《87 城市设计》）——这是深圳城市设计的第一本研究报告。

1. 《87 城市设计》背景

深圳特区创建 6 年来，城区人口由 3 万增加到 50 万人，各种市政工程、工业区、居住区、道路绿化等建设成就令世人瞩目。但同时也暴露出城市在视觉空间上缺乏秩序等问题，需要制定城市设计政策来指导深圳城市建设的有序开发。另外，按照《总规（1986）》，深圳特区的人口规模是 110 万人（包括 80 万常住人口和约 30 万暂住人口），但《87 城市设计》提出尽快开始福田中心的建设，因为福田区中心不仅为福田而且也为整个深圳特区提供了唯一的建设新城区中心的机会。"经验表明在一个新城市，当人口目

---

① 陈一新：《规划探索：深圳市中心区城市规划实施历程（1980—2010 年）》，海天出版社 2015 年版，第 50—54 页。

标已达三分之一时，就应该实施城市中心的建设，深圳的常住人口
已达约 30 万人，暂住人口也已达 20 万人，所以应尽快开始福田中
心的建设。"

2.《87 城市设计》内容概要

《87 城市设计》既从宏观层面制定了深圳城市结构、道路交通、
人口密度、高层建筑、工业开发、旅游开发、绿化环境等战略性政
策及城市设计指导方针，又从中观层面专门编制了福田中心、罗湖
商业中心、旧深圳改造等城市设计建议，并提出了实施城市设计的
先后次序和土地开发管理等建议。该报告共分七章，其中第三章为
"深圳福田中心开发建议"。该报告从深圳特区建设的现状出发，承
接了深圳 1986 年以前的规划成果，全面阐述了深圳战略城市设计
政策及实施重点，城市设计及景观环境规划的指导方针，提出了福
田中心、罗湖商业中心的开发建议及旧城改造建议等。

3.《87 城市设计》的意义及实施效果

《87 城市设计》是深圳城市设计的开端，使当时的规划管理者
不仅及早认识到城市设计的重要性，而且开始构思如何把城市设计
应用到规划管理工作中去。该书内容十分齐全，提出了富有远见卓
识的城市设计指引，具有可操作性，但由于深圳城市建设处于起步
阶段，百废待兴，政府规划管理者尚无人力、精力、财力用于提升
城市公共空间品质，因此，该成果并未在深圳实质性发挥城市设计
"启蒙教材"的作用。

《87 城市设计》对深圳城市设计提出了宏观到中观层面的指导
方针，遗憾的是，后来的规划师对该规划研究得不深，许多要点没
有得到连续贯彻。例如，《87 城市设计》针对深圳特区的建设现状
提出了对高层建筑的选址和外形加以控制和指导的政策；针对深圳
的气候条件，提出沿街建筑物采用骑楼形式将首层、二层立面收进
去以形成拱廊等城市设计要素等很好的城市设计导则没能贯彻下
去。这是深圳规划实践的遗憾。

（三）特区农村规划工作

（1）1987 年 4 月市领导主持召开特区农村规划工作会议，市府
基建办公室，市规划部门，罗湖、上步、南头、沙头角、蛇口管理

区、各管理区城建办，各管理区街道办，市拆建公司等参会。会议认为，从 1986 年至 1987 年 4 月特区农村规划建设工作有很大进展，特区 119 个农村的建设用地控制线已基本划定，面积为 5.5 平方千米。市规划部门已将全部控制线图发到各管理区和各农村。整个特区农村违章占地和违章建设的歪风已基本刹住，但是，上步管理区在划定农村用地控制线后，部分农村超越用地控制线，违章占地建设的现象还很严重。会议重申：各管理区必须按权限批建，不得越权审批。农村的工业用地，属于安置性质，而不是开发性质。会议提出两项要求：要求罗湖、上步、南头三个管理区在 1987 年 5 月底前组织完成农村用地控制线的实地放线工作，并将放线成果表送市规划部门备案；6 月底前完成农村规划方案工作，送市规划部门规划科审查批准。会议代表参观了农村规划建设的好典型罗湖区笋岗村和上步区沙嘴村。同时对违章占地建筑的皇岗村、上沙村做了实地调查。

（2）1987 年 7 月市领导主持召开第二次特区农村规划工作会议。会议认为，各区将划定的农村控制红线都具体落实在地面上，进行严格管理。鉴于各区农村规划已经基本完成编制，为农村建设提供了指导性蓝图。市政府已经赋予区委全权负责管理农村建设。会议进一步强调农村工业用地为安置性的原则，各管理区不能突破已经划定的农村工业用地。会议要求沙河华侨城对下属农村按市政府有关文件规定划拨用地并组织规划编制、实施管理。会议提出两个题目，建议各管理区和规划部门研究：农村如何城市化；应采用什么样的管理体制（包括城乡、市区之间的管理体制）。

（3）1987 年 10 月，规划局在上步管理区召开贯彻落实农村规划动员会。上步区 14 个农村规划方案委托市政设计院等四个设计单位于 6 月全部完成编制，市规划部门于 9 月已做了批复。会上区领导要求有步骤组织实施农村规划，首先做好市政建设的基础工作，特别是标高、排污等须符合规划要求；狠抓单体设计上的统一性，建立规划建设的各项规划制度。各村委建立有权威性的 3—5 人的规划实施办公室。

（四）深圳市港口总体布局及海岸线利用规划

交通部水运规划设计院受深圳市政府交通办公室和深圳市市规

划部门的委托，于 1986 年 10 月至 1987 年 1 月编制了《深圳市港口
总体布局及海岸线利用规划》，1987 年 5 月 5 日至 7 日深圳市政府
召开了该规划评审会。中央、省、市有关主管部门的领导、专家和
工程技术人员以及深圳市各港务公司的代表出席了会议，会议认为
该规划对深圳市海岸线资源、社会经济发展现状、交通和港口建设
情况做了大量的调查研究工作，根据岸线资源特点和发展预测，对
深圳市的港口总体布局及海岸线利用进行了较全面系统的分析论
证，会议认为该规划是可行的，它对深圳市港口建设的总体布局和
海岸线资源的利用可以起到宏观调控作用。评审意见如下。

（1）赞同对深圳市港口经济腹地的分析意见。深圳港口的直接
经济腹地为深圳市和惠阳地区；转运腹地基本与黄埔港相同，主要
是京广铁路沿线的湖北、湖南、粤北和江西西部、广西西江两岸。

（2）深圳港口建设是特区发展需要，主要为深圳市客货运输、
海上油田勘探开采和发展港口工业、仓储业务服务。随着大鹏湾盐
田深水港的开发，可以逐步中转京广铁路沿线以及近海和远洋的物
资。远期可以发展成为我国华南地区的深水中转港。

（3）对于港口吞吐量的预测，由于尚未编制"八五"和 2000
年发展规划，加上特区受市场经济调节的影响，预测难度大。该规
划提出了 830 万吨、1250 万吨和 1950 万吨分别作为"七五""八
五"和 2000 年编制港口规划的参考数据，但不作为项目建设的
依据。

（4）同意该规划提出在"七五"期间开发大鹏湾盐田新港区，
充分利用深圳市港口岸线优势的意见。将深圳市进出口物资东西分
流，使物流合理，减少对市内交通的压力，推动深圳市东部地区开
发和深圳市的经济发展。

（5）同意该规划根据深圳东西海岸自然条件的特点和开发利用
现状，将深圳海岸线功能划分为港口岸线、城市工业岸线、旅游疗
养岸线、水产养殖岸线、自然保护岸线、特殊用途岸线和城市保留
岸线七种功能。

（6）建议深圳从长远战略出发，要充分利用深圳市海岸线达
260 千米，东部有优良的深水港大鹏湾，西部矾石水道与香港暗士

墩水道等深水航道相通外海等宝贵的自然资源。而且大鹏湾的盐田港条件优越，远期可发展成为我国华南地区的深水中转港。

（五）深圳市盐田总体规划

为了盐田港口的开发，深圳市东鹏实业有限公司经市规划部门同意，1987年4月委托中规院深圳咨询中心承担盐田总体规划设计任务，在1985年交通部水运规划设计院完成了《盐田港区总体规划》基础上的修改和深化。此次规划工作要点如下。

（1）确定盐田总体规划的发展规模和各项用地指标。

（2）调整规划区的城市布局与道路系统，并做出交叉口规划方案。

（3）完善盐田港区对外交通的功能、布局及区内路网与对外交通的衔接。

（4）确定近期建设范围、用地面积、安排近期主要项目建设用地。

（5）作出防洪、给水、排水、污水、供电等规划。

● 规划实施举例

（1）1987年4月深圳市规划部门对罗湖、上步区已划拨的土地进行了一次清理统计，从1981年7月至1985年3月止，已划拨的土地中，有177万平方米土地闲置未曾使用。从附表——罗湖、上步（38.7平方千米）经批准尚未使用的土地清理统计表中，可以看到：附城公社、上步大队、笋岗大队、黄贝岭大队、草埔大队、上步区赤尾村等单位名称，在一定程度上反映了当时真实的社会现状和行政体系。

（2）市规划局1987年10月委托北京市城市建设工程设计院编制《深圳经济特区轻轨交通系统预可行性研究报告》。

（3）1987年10月，深圳市规划部门委托中规院深圳咨询中心承担罗湖口岸、火车站广场远期规划方案设计。规划设计范围包括火车站东西广场、南至联检大楼，东到深圳河、北至亚洲大酒店等地段，面积2.5万平方米，交通规划包括与外围道路的相互配合。设计要求根据深圳市总体规划要求，参考原火车站规划方案做必要的资料调查，与深圳铁路部门站场的改造、站房的远期设计密切配

合，提出罗湖口岸、火车站广场的远期规划方案，解决好广场的道
路、交通、绿化、人流及主要建筑物的空间布局，确定相对位置、
控制坐标、标高等。

第三节　城市发展策略（1987—1991年）

一　1988年福田新市区规划

● 背景综述

深圳市毗邻香港，为了进一步搞活深圳特区经济，加快实现沿
海经济发展战略，1988年10月国务院批准深圳市为计划单列市，
并赋予深圳市相当于省一级的经济管理权限。同年，广东省人大颁
布《深圳经济特区土地管理条例》，全国人大对国家宪法第10条做
了修改，明确指出"土地的使用权可以依照法律的规定转让"，为
深圳土地使用制度改革奠定了法律基础。1988年是深圳特区新旧土
地管理体制过渡时期，政府出资开发土地与企业开发并存，其特点
是土地使用权由政府统一有偿出让。在政府开发资金不足之际，政
府可与企业签订承包开发合同，企业收取适当利润，并将开发后的
土地全部交还市政府统一有偿出让。[①]1988年，市政府组织编制
《深圳市国土规划》。

1988年深圳市辖5个管理区（罗湖、上步、南头、沙头角、蛇
口）、一个县（宝安）。1988年末深圳市常住人口约120万人，全
市GDP约87亿元人民币，全市人口、经济稳步增长。

深圳特区创建八年来，随着改革开放的深入发展与经济迅速增
长，城市规划与建设取得了很大成绩。城市建成区已由昔日3平方
千米扩展到55平方千米。以工业为主的外向型经济协调稳步发展，
市场兴旺繁荣，经济效益和财政收入稳步增长。经济的迅速发展与
人口增长，导致对土地与房屋的需求量猛增。截至1988年底，罗

---

① 《深圳房地产年鉴1991》，海天出版社1991年版，第33页。

湖、上步区 38.7 平方千米建成区内已无成块土地可供工业与居住需求，上步、八卦岭、水贝等工业区用地已基本用完。正在开发的车公庙、莲塘、彩电、沙头角等地区也难以适应工业发展的需要。已建成的市政基础设施也难以满足日常需求，供水矛盾尤其突出。

● 重点规划设计

（一）福田新市区建设拉开序幕

1. 开发进展

1988 年 8 月 17 日，福田新市区建设拉开序幕。位于市区以西，北倚笔架山，南临深圳湾，西至沙河工业区，总面积 44 平方千米，总投资 40 亿元。预计用 10 年左右时间建成一个以工业为主体，有商业、住宅、文教、卫生、市政设施、口岸、海关、码头、标准公路、高速公路相连接的新市区，它比当时罗湖、上步市区的面积总和 38.7 平方千米还多 5.4 平方千米。①

福田新市区开发建设于 1988 年 9 月起步。福田新市区是特区五个组团之一，其用地范围包括福田河绿化带以西、华侨城小沙河以东，南至深圳河，北连梅林山，总用地面积 44.5 平方千米，可建设用地 36.7 平方千米，现有 14 个自然村，近 10 万人。至 1988 年底，新市区的皇岗口岸、彩电工业区、车公庙工业区、沙咀工业区的施工已经全面展开。贯通南北的皇岗路干道、笔架山水厂以及11 万伏变电站等市政配套工程正在紧张施工。这些都标志着福田新市区的开发序幕已经拉开。因此，为了节省时间，采取新市区的分区规划与工业区、住宅区详细规划同步进行编制的方法。从 1988 年中开始至年底，已完成了车公庙工业区及住宅区、彩电工业区、莲花山住宅区、梅林工业区、龙塘综合区、皇岗工业区及住宅区的详细规划。

2. 福田新市区规划②

（1）性质：是以国际性的金融、贸易、商业、展销、会议中

---

① 陶一桃主编：《深圳经济特区年谱（1978—2018）》上册，社会科学文献出版社2018 年版，第 220 页。

② 资料来源：深圳市城市规划委员会第三次会议材料之一，1988 年 12 月。

心，同时综合发展工业、住宅、旅游。中心区将形成新的金融、商
业中心，与罗湖、南头构成特区三个中心的格局。

（2）人口规模：总体规划确定为 25 万人。根据变化情况预测，
人口规模定为 35 万—40 万人较合理。

（3）功能分区及布局：皇岗口岸为对外交通出入口与高速公路
通道，在其周围为保税工业区及其他工业、仓库用地，北环路北侧
也安排工业区、形成南北两条工业带。中心区配置金融、贸易、商
业、展销、科技、信息、会议等大型公共建筑形成全区的中心，也
是特区的新市区中心。在其外围布置住宅区及旅游设施，整个组团
外围配置广阔的森林绿化带，构成经济发达、商业繁荣、环境优美
的新市区格局。

（4）道路交通：采用中国传统的棋盘式路网，按照现代化城市
交通的要求，采取人车分离、机非分流的道路交通方案。机非分流
是指汽车行驶路线与自行车行驶线完全分离的交通组织方法，汽车
路与自行车专用路错开布置的道路系统设计手法，并利用地形将这
两种不同功能的道路在相交处做成立交，做到汽车路上禁止自行车
通行，自行车道上禁止汽车通行，形成高效安全的交通环境。

（5）中心区设计：正对莲花山有一条贯通南北的中轴线，将金
融、贸易、商业、展销、会议中心分别成组布置，形成各具特色的
建筑群、步行街及若干花园广场。在深南路东西轴两侧布置办公综
合大楼，两条轴线交会处是城市的中心广场，并布置全区的最高建
筑物，具有新颖的建筑风格，以突出中心的标志。整个中心区要求
建筑群造型丰富多彩，新颖和谐。

（二）福田分区规划

1988 年深圳市政府决定开发建设福田新市区①，在《总规
（1986）》《87 城市设计》基础上，1988 年完成的《深圳经济特区
福田分区规划》对中心区的用地功能进行了深化，具体制定了用地
规划平衡表。根据路网规划将中心区划分为 20 个地块（街坊），明
确提出中心区的道路交通进行机非分流设计，即自行车道与汽车道

―――――――――――

①　福田新市区，指特区五个组团之一，总用地面积 44 平方千米，位于今福田区范
围内。

完全独立分开的交通形式，并分别确定每个地块的用地指标。在空间规划设计上基本引用了《87城市设计》的思路和手法。福田分区规划①有关福田中心区的主要内容如下。

（1）中心区用地周围环境状况：1988年进行福田分区规划时，福田中心区用地面积528.76平方百米。范围包括皇岗路至新洲路，红荔路至滨河路。东面是与上步接壤的绿化带；南面为村庄、鱼塘、农田和低缓山地；西面有高尔夫球场，邻近香蜜湖度假村；北面是莲花山。中心区当时的村庄占地9.10平方百米，荔枝园2.53平方百米，中小学各一所，并有上步区委办公楼、邮电局等公共建筑，以及市建工业、村办工业用地等。

（2）用地功能比例：用地功能及空间规划，在《87城市设计》的基础上进一步细化。中心区用地528.76平方百米，根据路网规划将中心区划分为20个地块（街坊），规划分别确定了各地块用地指标，其中居住用地163.07平方百米，公共建筑167.38平方百米，绿地广场100.96平方百米，道路90.10平方百米，交通设施4.11平方百米，市政公用设施1.20平方百米，特殊用地1.73平方百米。从用地规划中可以看出，当时规划住宅、公建各占30%以上，是由于当时的社会经济条件决定的。

（3）规划布局：金融、贸易、商业、信息交换中心和文化中心沿中心绿带两侧建设。文化中心、信息中心布置在深南路北侧，金融、商业贸易中心布置在深南路南侧。

（4）道路交通规划：基本沿用《总规（1986）》的棋盘式方格网道路结构，采取人车分离、机非分流的交通组织方法。

（5）详细的城市设计构想及景观要求等内容在此不予叙述。

（三）车公庙工业区规划

市规划局1988年2月发给深圳市工业区开发公司关于"车公庙工业区规划"的批复，原则同意车公庙工业区的规划布局，具体意见如下。

（1）车公庙工业区规划职工控制在2万人左右。整个工业区按

---

① 陈一新：《规划探索：深圳市中心区城市规划实施历程（1980—2010年）》，海天出版社2015年版，第55—59页。

照格网分隔，开发顺序同意划分为七个区段。

（2）单身宿舍区和标准厂房区在设计时要考虑垃圾收集站和自行车停放的位置。

（3）工业区内城市干道横断面按总体规划不变，工业区级道路设计横断面宽宜按30米、20米、15米三级考虑，自行车和人行道宽度可依需要调整。

（4）路网设计交叉口坐标及标高均按城市总体规划所定数值进行设计；交叉口车行或人行立体交叉部分近期按平交修建，地下管线部分按立交标高预埋。

（5）除香蜜湖路按城市主干道设计外，其余干道按次干道设计。

（6）工业区的排洪、给水、雨水、污水规划设计基本符合总体规划要求。电力电信原则同意规划方案。

（四）深圳特区总规实施情况

1988年按照广东省建设委员会《关于对我省城市总体规划实施情况进行检查的通知》要求，深圳市规划部门1988年8月底自检完毕，基本情况摘要如下。

（1）特区创办八年，深圳城市建成区已扩展到55平方千米，完成基建投资100多亿元，人口增加到60多万人。一个现代化城市的雏形基本形成。

（2）城市布局的合理性，是创造特区城市建设获得更高经济效益的保证。深圳特区总规选用了带形城市组团结构布局，在各组团内同时容纳配套的工业、居住、商业、公共建筑和市政设施，便于集中资金、集中开发、尽量减少城市交通流量，以获得更高的经济效益。组团结构既能使城市及早形成一定规模，以利于积聚经济实力，又可以避免城市规模大而无当，造成失误。

（3）城市交通。至1987年止，已建成城市道路总长度为208千米。罗湖、上步38.7平方千米区域内的道路网已经形成，穿越罗湖中心地段的广深铁路800余米区段已改成了高架铁路。全国最长的罗沙公路隧道也已建成使用。总体规划确定的城市南北干道与深南大道交叉口在建设过程中均做了初步方案，预留了修建立体交叉的用地。

为促进特区外向型经济发展，总规特别注重对外交通、城市交通和通信的发展。对外口岸规划为六个，已有五个建成使用。皇岗—落马洲口岸正在建设中。连接内地的交通，也设立了六个联检设施和通道口。高速公路正在动工兴建。深圳机场已完成了可行性研究报告并已投入前期建设工作。蛇口、赤湾、东角头、沙渔涌港区和上步内河码头已投入使用，妈湾港、盐田深水港也已破土动工。直升机场已为南海石油开发投入了服务。

（4）环境。为了建设一个环境优美的城市，按照总体规划布局的要求，我们严格保护原有古树名木、荔枝林、自然保护区和水源地。城市干道两侧留有 10—30 米的绿化用地。城市组团之间均有400—800 米的绿化隔离带，还安排了城市公共绿地和公园 22 个，现已建成 6 个城市公园。1987 年建成区园林绿化面积达 1843 万平方米，绿化覆盖率为 36%。为了保护环境，各工业区均依据所在地域的环境容量安排各类工厂企业。市政排水采用雨水、污水分流制。近期污水经污水处理厂净化后按标准向深圳河排放，远期考虑向珠江口和深海排放。

（5）配套。深圳特区在规划建设中初步做到工业、住宅、学校、医疗、旅游、商业、口岸、交通、文化设施等社会生活所必需的项目同步安排和建设。注重城市多种功能要求的配套发展与建设。

（6）实施总规的主要经验。八年的实践证明深圳特区总体规划是一个比较成功的规划，在指导各项城市建设和发展中起了重大作用。在特区建设过程中，市政府把规划、建设和管理好城市作为重要职责，把城市规划及管理归口一家实施，凡是城市规划的实施和管理，均由规划局说了算，以避免各部门的交叉和干扰，影响城市规划。充分发挥城市规划委员会的作用，指导和监督总体规划的实施。按照"规划一片、开发一片、收效获益一片"的原则，使规划与社会经济的发展紧密结合起来，互为依据，互为补充。深圳由于紧紧抓住了以规划指导城市建设和社会经济发展这个重要环节，因而能在短短八年时间内，创造出一个日益完善的投资环境，促进了特区经济的迅速发展。

特区总规自 1985 年定稿后，经过三年建设实践证明，该规划符合特区建设的实际需求，在指导规划建设方面起了重要作用。但特区经济发展比预计要快，社会经济发展指标比预期均有突破。要求对特区总体规划做必要的调整与修改。

● 规划实施举例

（1）市规划部门 1988 年 2 月复函中规院深圳咨询中心，已收悉《深圳市国土规划大纲》中间成果，经审查，该大纲从内容和进度基本上按《深圳市国土规划委托协议书》要求，可以在此基础上进行下阶段工作。

（2）福田工业区①规划用地。1988 年 7 月，市领导主持召开了福田工业区规划用地汇报会，讨论了福田工业区建设用地与红树林自然保护区的矛盾如何协调解决的问题。福田工业区规划用地范围原则上定为高速公路以南、深圳河以北、新洲河以东、皇岗河以西，面积约 1.56 平方千米。福田红树林自然保护区是经省政府批准成立，并经国务院批准定为国家级自然保护区，应积极加以保护。市规划部门尽快对新洲河以西的红树林自然保护区用地红线进行调整。保护区的范围可以沿深圳湾以南和以北延伸，确保自然保护区不少于原有面积。

（3）深圳机场动工兴建的奠基典礼于 1988 年 12 月 28 日隆重举行。该机场位于宝安县黄田村西北至福永镇的海积平原上，距市中心 35 公里，占地面积约 6000 亩。②

二　1989 年深圳市城市发展策略

● 背景综述

1989 年《中华人民共和国城市规划法》颁布。1989 年以后，深圳特区土地主要有政府开发，实现"统一开发、统一建设、统一

---

① 福田工业区位于今福田保税区范围内。
② 陶一桃主编：《深圳经济特区年谱（1978—2018）》上册，社会科学文献出版社 2018 年版，第 231 页。

管理"的三统一原则，其特点是土地开发的投资来源于土地开发基金，并实行"以地养地"的原则，将来源于土地的收益又投入土地开发与基础设施建设，使新区土地开发形成良性循环。[①]

国家土地管理局 1989 年 11 月发布《关于请抓紧编制土地利用总体规划的通知》，要求各省市在土地利用现状的基础上，根据土地资源状况和社会各部门对土地的需求，对土地利用做出较长远的宏观规划，解决吃饭与建设对土地需求的矛盾，注重经济、生态、社会的综合效益。

1989 年是深圳建市十年来基建规模最大的一年。但深圳特区建设主要集中在罗湖上步区，市政府对南头中心地段的投资较少，深南大道华侨城段、南头段是 2 车道 7 米宽的公路型道路，交通十分落后。

深圳市行政区划五区一县，即罗湖、上步、南头、沙头角、蛇口管理区，宝安县。1989 年末深圳市常住人口约 142 万人，全市GDP 约 116 亿元人民币，全市人口、经济稳步增长。

• 重点规划设计

1989 年规划项目计划 24 项，实际完成 22 项。已完成和基本完成的主要有：深圳市发展战略、深圳市规划标准与准则、总体规划调整、旧城区改造规划、福田中心区规划、福田机动非机动分流规划、市政府文化广场规划、沙头角分区规划、黄木岗北居住小区规划等。另有两项正在进行的是深圳市公共交通系统规划和宝安县龙华仓储区规划。年度还完成了深圳特区总体规划模型的制作。[②]

（一）《深圳市城市发展策略》

面临 1997 年香港回归，深圳正在进行产业转型，与策略编制的关系。根据与香港毗邻的特点，深圳作为"窗口"要发挥两个扇面的辐射作用，确定深圳市应建成一个外贸、金融、高科技工业比较发达，外向型、环境优美、与香港互利互补的国际性城市，成为全国外贸、金融中心之一及华南地区、珠江三角洲城市带的核心城市

---

① 《深圳房地产年鉴 1991》，海天出版社 1991 年版，第 33 页。
② 深圳经济特区年鉴编辑委员会主编：《深圳经济特区年鉴 1990》，广东人民出版社 1990 年版，第 180 页。

之一。到 2000 年，全市人口规模将达到 260 万—300 万人，其中特区为 130 万—150 万人；城镇用地 262—272 平方千米，其中特区 150—160 平方千米。[①] 该策略于 1990 年 3 月，深圳市城市规划委员会第四次会议获得审议通过。

深圳建市 10 年的城市建设表明，原来制定的城市总体规划已不适应特区迅速发展的需要。为此，1987 年深圳市规划局委托中规院深圳咨询中心编制《深圳市城市发展策略》（以下简称《策略》），1989 年完成了《策略》编制。《策略》内容包括 12 个专题：城市发展方向和发展目标、土地开发策略、次区域划分和发展趋势、交通发展策略、水资源开发利用策略、电力发展策略、邮电通信策略、土地经营策略、住房发展策略、经济地理环境分析、深港关系研究、环境保护战略纲要。深圳对城市发展策略的研究，不仅开了全国城市规划之先河，而且对深圳今后 10 年乃至下个世纪的发展，都具有深远意义。

（1）策略规划视角，《策略》研究是从较大范围的社会经济环境的视角分析深圳市未来的发展方向、地位和作用，尤其要考虑 1997 年香港回归祖国后对深圳市城市建设发展的影响，以及特区与宝安县作为一个整体合理分工，协调发展。

（2）城市发展方向和目标，1988 年深圳市外贸出口额在全国各城市中居第二位，进口总额居全国第四位，具有了较好的基础。深圳市金融业的改革比全国其他地区先行一步。虽然当时深圳市还是以工业为主，但从深圳特殊的地理位置，香港回归祖国后的对接需要，以及深圳在国家交通运输网络中的作用等方面都预示着深圳将逐步发展成为一个对外贸易、金融、高科技工业比较发达的，贸工技结合的，外向型的国际性大城市。

（3）《策略》有多种设想方案：面对这样的发展形势，深圳市城市空间如何布局，重大基础设施如何发展，特区和宝安如何协调统一等重大问题必须加以解决。①特区内发展，特区面积 327.5 平方千米，除了不可利用地和植物保护区，原规划的城市可利用地

---

① 《深圳房地产年鉴1991》，海天出版社 1991 年版，第 10 页。

123 平方千米，即使加上填海，可用地最多 150—160 平方千米。特区土地资源紧缺，水资源短缺，环境容量小，背山面海的"大围椅"空间形态等环境资源条件制约了特区的发展。②提出了"以特区为中心，有重点、有步骤地全境开拓"方案。根据对特区用地和宝安县城镇用地的预测，特区的可用地将突破，大型工业用地必然向宝安县发展。

（4）全境开拓，即根据深圳市整体发展要求，形成向西部、中部、东部推进的开发态势，形成全境开拓战略。整体布局上，以特区为发展中心，逐步向外开拓。特区用地原则上不再配置劳动力密集型产业和有污染的工业，而为发展国际性城市留出空间余地。南头、蛇口区作为城市工业区，在 2000 年内重点开发，深圳湾、赤湾、妈湾岸线，也以港口和工业布局为主。罗湖区上步区以及沙头角已基本建成，可保持现行发展趋势。福田区作为贸易、金融建设地段，可放缓开发步伐，以待时机成熟，再进行全面开发。特区以外，将西乡（包括新安）、福永、龙华、布吉、平湖、横岗、龙岗、坪山、西冲作为策略性增长区，除容纳香港"三来一补"工业外，还可作为工业、仓储、交通站场发展区，与特区构成整体发展。布局形式是"三个圈层"，将形成特区以贸易、金融以及高科技产业等职能为主的第一圈层；围绕特区的新安、福永、龙华、横岗、布吉、平湖、坪山等城镇以工业布局为主，作为第二圈层；此外的各镇以创汇农业为主，作为第三圈层。

（5）为实施全境开拓方案，深圳需实行更加开放的政策，理顺广东省和深圳市、深圳市与宝安县的关系。特区工业企业实行升级换代。制定合理的人口控制政策和引进人才、发展教育的政策。还制定了深圳土地经营、交通、水资源开发利用、电力发展、邮电通信发展、住房发展等几个具体策略。

（6）深圳市未来发展潜力很大，发展的不可预见因素很多，任何一个固定的方案都不一定满足城市发展的需要。任何预测都只是一种导向性预测，不可能一成不变。因此只能提出各种可能，以供决策者选择或根据情况的发展采取不同的对策。从长远看，深圳最终必然形成全域开发的态势。

（二）总规调整（修改版）

1989 年，《总规（1986）》尚未获得省政府批准时，特区总人口
已突破 100 万人。为此，1989 年对总规进行了自 1986 年以来的第一
次调整。1989 年 11 月市规划局和中规院编制完成《深圳经济特区总
体规划修改论证综合报告》，并按该综合报告提出的要求，于同年底
绘制出"深圳经济特区总体规划图"。此次规划修改确定城区范围总
用地面积 150 平方千米，至 2000 年规划人口规模调整为 150 万人
（其中户籍人口 80 万人、暂住人口 70 万人）；城市性质定位为以科技
工业为基础，金融贸易、第三产业为先导的国际性城市。①

（三）深圳规划工作改革，"法定图则"的早期雏形

深圳规划经过 1980—1988 年的实践探索，已显示在市场经济体
制下城市建设变化很大，深圳当时规划管理的主要问题是，总体规
划的内容过多过细，分区规划较粗，达不到指导土地开发的要求，
而详细规划又往往集中在房屋布局上，不仅在实施过程中改动很
大，而且在土地出让前又须重新提出规划设计要点，影响了土地市
场的投入和需求。为了适应实际运行的需要，学习借鉴香港的规划
管理经验，并考虑 1997 年与香港规划体系对接等因素，1989 年 6
月，市规划局发出《关于试行我市规划工作改革的通知》，提出制
定"法定图则"，在城市规划方面探索依法治市道路。由此启动了
深圳城市规划体系改革。该通知将深圳规划分成如下五个阶段。

（1）全市性规划纲要（包括深圳规划标准与准则、全市发展策
略），由市规划委员会审定后，上报国家批准。

（2）次区域规划（根据全市发展策略编制，由市规划委员会批
准）。

（3）法定图则（在规划委员会指导下制定，法定图则草图获得
规划委员会同意后公示，将草图及所有反对意见呈交市政府裁决，
一经批准即为"法定图则"）。

根据该通知的附件（各个规划阶段的设计深度要求），法定图
则的图纸比例为 1：5000—1：10000，内容显示一般土地使用模式

---

① 深圳市地方志编纂委员会编：《深圳市志·基础建设卷》，方志出版社 2014 年
版，第 533、526 页。

和主要道路系统，其中包括作住宅、商业、工业、公建用地、绿化用地或其他指定土地用途（相当于总体规划图）。

法定图则根据特区总体规划和市规划委员会的指导而制定。法定图则编制内容①和深度可比照香港"法定分区计划大纲图"及说明和"注释附表"，注释附表（第一栏）列明区内土地经常准许的用途，和（第二栏）须先向城市规划委员会申请后可能获准的用途。说明书的内容包括：图则编制的依据、指导思想、规划范围、人口预测、土地用途分区（把规划范围划分为较小的规划区，并在图则上进行编号写明土地用途，说明每一项用地的面积、分布情况和环境质素等）、交通（区内道路网和对外交通道路的衔接）、市政公用设施、规划的实施计划。

（4）发展规划图（非法定图则，由市规划部门批准后作为政府内部图则）。

（5）详细蓝图（非法定图则，由市规划部门批准后作为政府各部门依循的内部图则）。

（四）宝安县县城总体规划纲要

宝安县在地理位置上环抱深圳经济特区。宝安县城原在深圳镇，1979 年撤销宝安县改为深圳市，1981 年 7 月恢复宝安县建制，归深圳市领导。1982 年国务院正式确定宝安县人民政府驻西乡，1985 年西乡镇划归县城。可以说，宝安县城是从特区中转移出去的，担负全县的政治、经济、文化中心的任务。1989 年 11 月，由宝安县建委总体规划办、广东省城乡规划设计研究院完成编制的《宝安县县城总体规划纲要》，是在 1985 年初步完成的宝安县县城总体规划的基础上进行调整完善，使城市规划和建设保持一定的连续性和系统性。通过县城体系规划，发挥县城的优势和中心辐射作用，带动全县发展。

1. 县城规划范围几经变更

自 1981 年底开始建设新县城，第一次规划范围横跨特区的内

---

① 深圳法定图则在试行时期，编制内容深度是"原汁原味"地参考了香港法定图则的内容，无容积率、建筑面积的控制指标。后来，深圳法定图则的内容深度为何与控制性详细规划相同？法定图则凭何依据在编制时就能确定各地块的土地性质小类、容积率、建筑面积？值得进一步研究和反思。

外；1982 年第二次规划确定在特区外兴建，面积 6.28 平方千米。
1985 年规划将西乡镇纳入县城范围，规划范围扩至 16.1 平方千米。

2. 县城的性质及区域地位

宝安县的政治、经济、文化中心，以发展轻工业、对外加工业
为主的城镇。县城与特区仅一线之隔，预计 1997 年香港回归及
"一线放开""二线管严"的政策，宝安县城的地位将进一步提高。
由于县城位于特区和机场之间，机场的大量基础设施将与特区形成
网络，县城正位于网络之中，因此可利用机场的发展带动县城的基
础设施发展。

3. 人口及用地现状

全县总人口约 68 万，其中常住人口约 28 万，非农业人口约 7
万。但实际上已有相当部分的农业人口进入城镇从事第二、三产
业。因此预计 2000 年宝安县的城镇化水平达 55%，2005 年达
60%。规划人口计算指标按常住人口约用地 100 平方米/人，暂住人
口用地 30 平方米/人，推算得出：宝安县 2000 年规划人口 20 万左
右，2005 年规划人口 25 万人。县城总用地规模 16.888 平方千米。

4. 用地布局及配套

至 1989 年，宝安县县城的建成区西乡镇和新城区，西乡镇是历
史形成的，新城区是 1982 年开始新建，已初具规模。县城用地
16.1 平方千米中安排居住用地约 4 平方千米，工业用地约 4 平方千
米，各占总用地 25%，工业区应考虑居住和工业的自我平衡，配套
较完善的公建服务设施。根据《深圳市国土规划》，宝安县工业用
地的容积率不低于 0.8—1.0，县城工业大部分是雇用外来工人，因
此厂房与宿舍的建筑面积比例为 2.5：1，宿舍集中布置，统一安排
文化娱乐设施的配套。

（五）福田中心区规划方案首次国际征集[①]

1989 年深圳市政府首次邀请国内外几家设计机构征集福田中心
区规划方案，这次征集方案的主要内容是探讨中心区的城市设计理
念、功能布局、地块划分、中轴线公共空间的形态设计等。委托中

---

① 陈一新：《规划探索：深圳市中心区城市规划实施历程（1980—2010 年）》，海
天出版社 2015 年版，第 64 页。

规院、华艺设计顾问有限公司、同济大学设计院深圳分院、新加坡PACT规划建筑国际项目咨询公司对中心区规划设计方案做了专门研究，各单位提出一个方案。应征收集到的福田中心区四个规划方案的特点参见《注册建筑师》（中国建筑工业出版社 2014 年版）第 3 期第 159—160 页内容。目的是要找出适合深圳市中心区规模大小的城市环境的基本要素，使之满足居住、工作、娱乐、休闲的需要，能进行多种活动而又充满生气的城市环境。

（六）其他

（1）《深圳市国土规划》1989 年定稿印刷。

（2）1989 年中规院深圳分院完成《深圳市罗湖旧城规划》。

● 规划实施举例

（1）市政府 1989 年 11 月通知宝安县政府《关于预留深圳机场规划用地和保护机场净空控制的通知》，深圳机场总平面规划方案，已获国家民用航空局批准。机场总平面蓝线控制范围 15.66 平方千米，机场附近规划或兴建各项工程时，须事先征得机场当局的同意，在机场净空区域内严禁修建超出规定的高大建筑物和影响机场通信、导航的设施。

（2）1989 年 12 月深港双方在皇岗口岸桥头举行口岸开通仪式，这是当时中国最大的公路出入境口岸。皇岗深南立交桥工程也交付使用，深圳机场、火车站改造、道路、邮政处理中心等正加紧建设。

（3）华侨城工业区致力于改善投资环境，城区道路、水电通信等基础设施日臻完善。到 1989 年底止，累计投资 4 亿元，开发土地 2 平方千米；建成厂房、住宅 50.2 万平方米；新建道路 19 千米，完成绿化面积 33.8 万平方米。

（4）1989 年，深圳市鹏基工业发展总公司完成八卦岭、上步、莲塘 3 个工业区的开发建设。3 个工业区总占地面积 2.34 平方千米，建成工业标准厂房、专业厂房等 130 余幢，建筑面积 130 万平方米。上步、八卦岭两个工业区共有 500 余家企业，5 万余职工。①

三　1990 年《深圳市城市规划标准与准则》试行

● 背景综述

1990 年 1 月，深圳特区内撤销罗湖、上步、南头、蛇口、沙头角 5 个管理区，成立罗湖、福田、南山三个市辖区。深圳市辖三区一县，特区外的宝安县。2 月深圳市建设工作会议召开，市政府总结特区 10 年建设经验，探索今后 10 年奋斗目标。《中华人民共和国城市规划法》1990 年 4 月 1 日起施行。1990 年广东省颁布《广东经济特区土地管理条例》，进一步规范房地产市场行为，房地产市场纳入法制化管理轨道。深圳特区经过十年开发建设，已开发土地面积 69.34 平方千米，《深圳市城市规划与建设十年规划与"八五"计划》资料表明，至 1990 年末深圳特区已建成 8 个工业区（蛇口、上步、八卦岭、莲塘、车公庙、水贝、沙头角工业区和科技工业园区）、50 个居住小区（白沙岭居住区、园岭新村、滨江新村等），6 个港口、5 个出入境口岸；还建成了广深铁路复线、铁路高架桥及其路网工程、梧桐山公路隧道、水质净化厂、垃圾焚烧厂等一批基础设施；同时也建成了体育馆、图书馆、博物馆、科学馆、大剧院等文体设施，以及"五湖四海""锦绣中华"为主体的旅游设施，还配套了学校、医院、科研用房和商业服务设施等。1990 年全国第四次人口普查显示，深圳全市常住人口约 166 万，1990 年全市 GDP 约 172 亿元。特区建成区面积约 69 平方千米，人口首次超过 100 万人（其中户籍人口近 40 万人）。一个现代化城市已经初具规模。1990 年市政府对外宣布，深圳第二个十年将要开发建设福田区新的城市中心区和位于南山区的城市中心区，以及深圳湾地区、龙珠工业区、盐田港区、大小梅沙、香蜜湖等。

"深圳速度"国内罕见。十年来，深圳 GDP 年均递增 47.8%，

---

① 深圳市地方志编纂委员会编：《深圳市志·第一二产业卷》，方志出版社 2008 年版，第 126—128 页。

工业总产值年均递增 69.2%，深圳这样高速发展，国内罕见。① 深圳开辟了"外引内联"，1990 年外商投资企业的工业产值占全市工业总产值的三分之二，三资企业和"三来一补"出口工业品产值所占比重近六成，1990 年深圳出口额位居全国第二，初步形成了以工业为主的外向型经济格局。

1990 年 9 月，市政府制定并实施《深圳市科学技术发展规划（1990—2000）》，明确 90 年代科技发展的重点是电子信息、新材料和生物工程技术。该规划对深圳高新技术企业的发展起了重要的引领和推动作用。根据深圳特区第二个十年的经济发展计划，预示着深圳将逐步发展成为一个对外贸易、金融、高科技工业比较发达的，贸工技结合的，外向型的、多功能的、基础设施完备的、具有创汇农业的、环境优美的国际性城市。

• 重点规划设计

1990 年深圳全市共安排城市规划项目 16 项，实际完成 12 项。已经完成和基本完成的有：福田机动车与非机动车分道系统总体规划，梅林生活区详细规划，草埔道路交通规划，市文化广场规划，福田保税工业区规划，福田保税工业区 1、2 号路规划，特区快速交通规划，轻轨交通规划设计，福田分区皇岗 4—3、4—4 小区详细规划，蛇口道路管网规划，宝安县东区次区域规划，深圳铁路交通规划。即将完成的规划项目有：宝安县西区次区域规划、宝安县中区次区域规划、特区公交规划、罗湖及上步建成区调整规划及旧村改造规划等。1990 年，继续编制《深圳市城市发展策略》，对深圳市的整体发展提出了完整的构思和导向性安排。年内召开了 2 次有关城市规划的会议，讨论了《深圳市城市发展策略》和《深圳市规划标准与准则》，福田中心区规划的论证会确定了福田中心区的规划

---

① 李灏同志在中国共产党深圳市第一次代表大会上的报告《继续办好深圳经济特区，努力探索有中国特色的社会主义路子》，1990 年 12 月 15 日，转引自深圳经济特区年鉴编辑委员会主编《深圳经济特区年鉴1991》，广东人民出版社 1991 年版，第 63—65 页。

设计思想。①

（一）《深圳市规划标准与准则（SBG－90）》

《中华人民共和国城市规划法》1990年4月1日起施行。同年，市政府召开了"深圳市建设工作会议"和"深圳市房地产开发管理工作会议"。为了适应改革开放和土地有偿使用的需要，适应深圳规划国土管理实际运行的需要，便于1997年后和香港对接，参考香港规划管理的经验制定《深圳市规划标准与准则（SBG－90）》（以下简称《深标》）。1990年3月深圳市城市规划委员会第四次会议审议《深标》并原则通过，11月深圳市政府印发《深标》开始在深圳试行。

（1）《深标》主要内容分总则、用地、公共设施三章，主要是对编制各阶段规划的用地和公共设施提出了应遵循的标准和指导原则。对于工程设计和规划实施、管理等方面的问题，不在本标准的范围内。

（2）《深标》主要特点

①制定了适合深圳市的建设用地分类。本标准以国家标准《城市用地分类与建设用地标准》为基础，结合深圳市具体情况，参考香港规划的用地分类，将深圳建设用地分为13大类、35中类、32小类，每类都有明确的定义解释和具体内容，适应规划各个阶段的需要。

②用地标准考虑环境质量与节约土地，紧凑发展。采用的指标要求在环境上优于香港，用地和公共设施的标准略高于内地城市的水平。

③本标准对工业用地、居住用地、道路和停车场、绿地等都有详细的要求，便于详细规划的编制和审查。

（二）《总规（1986）》获得批复

1990年6月，广东省人民政府批复原则同意《深圳经济特区总体规划》，即《总规（1986）》获得省政府批准。批复摘要如下。

（1）城市性质。深圳经济特区要以发展外向型工业为主，抓好

①　深圳经济特区年鉴编辑委员会主编：《深圳经济特区年鉴1991》，广东人民出版社1991年版，第223页。

商业、外贸、旅游等第三产业。努力建设成为规划布局合理、基础设施完善、功能比较齐全、生活服务和文化设施齐备、环境质量良好的社会主义新型城市。

（2）城市规模。同意到2000年常住人口约按80万人控制。用地指标可略高于国家规定。城市用地要节约，实行统一规划，综合开发，配套建设。要提高小区的综合建设质量。

（3）深圳市是新兴的城市，在规划和建设上应富有特色和时代感。组团布局之间的分隔绿带，必须明确保护范围，严格控制，不得侵占。

（4）要加强立法工作，认真贯彻《城市规划法》，抓好规划的实施，严格按照规划办事，努力把深圳经济特区建设好、管理好。

（三）福田保税工业区规划

福田保税工业区规划[①]土地面积1.67平方千米，位于福田新市区的最南端。东起皇岗口岸，西至新洲河，北靠广深珠高速公路，南沿深圳河岸，与香港新界仅一河之隔。该工业区规划容积率≤1.5，总建筑面积≤250万平方米。总人口8万人。规划区内安排单身职工6.5万人，其余1.5万人带眷职工居住在工业区外，不属工业区规划范围。工业区对外交通联系主要靠一、二、三号桥路和2条人行监管通道主要供工业区职工通行。区内道路总面积为28万平方米，约占工业区总用地面积的17.2%。区内生活区占地27万平方米，可供6.5万单身职工居住。另有占地3.5万平方米的生活服务区，配套食堂、商店、文化娱乐场所、宾馆、酒楼、咖啡厅、医院、邮电所等服务设施。生产、生活用水由市政供水管道提供，供水能力为8万吨/日，水量充沛，水质优良。在环境保护通信设施等方面也都有合理的整体规划。

1990年2月，福田保税工业区奠基，5月，深圳市成立福田保税工业区，该区是在总结沙头角保税区经验的基础上进行规划设计建设的，标志着深圳特区进一步加大对外开放力度。

---

① 深圳经济特区年鉴编辑委员会主编：《深圳经济特区年鉴1991》，广东人民出版社1991年版，第223—224页。

（四）福田中心区规划

1990 年 1 月成立福田区，3 月深圳市城市规划委员会第四次会议审议《福田区机动车—自行车分道系统规划》《福田中心区规划——三家方案：中规院深圳咨询中心、同济大学建筑设计院深圳分院、华艺建筑设计公司》。这次会议确定在新建的福田组团按机非分道系统进行设计和建设，减少非机动车对汽车交通的影响。会后，市规划部门把福田机非分道系统规划设计工作作为一项中心工作，抓得很紧。1990 年由于福田新市区的机非分流规划的技术问题比较复杂，机非分流规划定不出来，影响了福田新市区的土地开发工作。

1990 年 10 月，市规划部门召开福田中心区规划设计方案的专家评议会，认真细致地评审了同济大学建筑设计院、中国规划设计研究院、华艺设计顾问有限公司、新加坡阿契欧本建筑师规划师公司（Archurban Architects Planners, PACT International）送审的四个方案，在周干峙院士的主持下确定了福田中心区的规划设计思路。①

（五）南山分区规划

1990 年 1 月成立南山区，12 月由南山区城市规划协调组完成《深圳市南山区分区规划》。特区经过十年开发建设，特区西部面貌发生了很大变化。自 1979 年以来，蛇口、南头、南深总、华侨城、科技工业园等均分别做了各自的分区规划和详细规划工作，为促进各区块社会经济发展起了积极作用。然而，由于某些客观原因，出现了块块之间不够协调，城市配套设施布局不够完善等问题，局部地区土地利用不够合理，一些"三不管"的地段亟待"修补"。

（1）规划范围，南山区行政区总面积 119.5 平方千米（包括沙河、西丽、大新、南山、蛇口街道办事处和蛇口工业区及赤湾港、大铲岛、小铲岛、孖洲岛和内伶仃岛），城市建设用地约 81.83 平方千米。该区有蛇口、赤湾、妈湾等港口、南海石油后方基地；还有华侨城及深圳大学等。当时现状是已建成用地约 25 平方千米（其中蛇口工业区已建成用地占该区可建设用地已近 100%；科技工

---

① 陈一新：《规划探索：深圳市中心区城市规划实施历程（1980—2010 年）》，海天出版社 2015 年版，第 45 页。

业园仅6%，沙河华侨农场仅5%），造成了区内发展的不平衡状态。

（2）对外环境，南山区对外交通网络四通八达，为了适应经济发展和开发建设的需要，南山区将构成海、陆、空立体交通运输网络系统。例如，深圳特区的交通干线——深南大道经过南山区直达广州，拟建高速公路将横贯南山区北部。蛇口港、赤湾港和东角头港都已成一定规模，妈湾港部分泊位也已建成，开始使用。规划中将有一条铁路专线穿过南山区，承担货运交通。直升机场将为南海油田开发提供客货运输服务。

（3）本次规划原则为体现南头半岛特点，强调港口的地位和作用，注重环保和生态平衡，充分考虑各经济实体的规划与建设现状及发展方向，规划留有一定余地，有步骤分期实施。

（4）规划到2000年本区人口规模控制在54万人，其中常住人口约29万人。除严格控制工业用地扩大外，今后需对居住区人口密度加强控制。根据1989年市总体规划，适当压缩工业用地，规划工业用地占总建设用地的26%，居住用地约19%，居住用地尽量相对集中，按一定规模形成完整居住区14个。

（六）轻轨交通系统规划研究

深圳市规划局1990年8月向国家建设部地铁办公室报告深圳市轻轨交通系统规划研究情况。根据预可行性研究报告，轻轨线路自罗湖火车站至南头蛇口工业区，全长26.1千米，其中地下线5.5千米（在建成区内）、地面线20.6千米。另外还规划南头至深圳机场，全长15千米。福田中心区至香港的线路方案，与香港屯门—元朗—天水围的轻便铁路对接。市规划局1990年先委托北京市城市建设工程设计院对福田中心区至南头蛇口工业区的轻轨线路进行详细规划。计划1991年再进行罗湖、上步轨道交通详细规划。

● 规划实施举例

（1）深圳市规划部门1990年7月关于深圳天安车公庙工业区规划设计方案的审查批复。

（2）宝安县建设委员会、广东省城乡规划设计研究院于1990

年 9 月完成了《宝安县县城总体规划》，11 月市规划部门组织对该
规划进行初评，其中城市规模，同意到 2000 年常住人口约按 10 万
人控制，严格限制暂住人口的过快增长，总人口限制在 18 万左右。
城镇用地按 15 平方千米进行开发建设。

（3）1990 年 5 月市领导主持召开专题会议研究八卦岭工业区规
划调整配套问题。整治八卦岭工业区的关键是控制好人口规模。同
意该工业区人口控制在 6 万人。工业区内的厂房建设用地，没有动
工的一律不再批准动工。由市规划部门、鹏基总公司会同有关部门
重新规划设计，以满足工业区内的功能调整和设施配套的需要。

（4）1990 年 11 月 30 日召开《深圳市公路网规划》初审会，
对广东省公路勘察规划设计院编制的中间成果进行审查，着重对路
网的规划原则、交通量预测、总体布局、路网标准、分期实施等问
题进行讨论。为体现交通建设适度超前，考虑到深圳今后"一线放
松、二线管严"的方针，在交通预测和路网规划中应留有充分余
地、保持一定的弹性。路网总体布局基本合理，形成了深圳半环
状、辐射型公路路网。根据深圳口岸城市及特区与非特区分隔的特
点，考虑到公路建设"城镇化"、东西高速公路的连接等因素，应
对一些路段的走向、标准进行必要的调整。

（5）华侨城南填海区（现称：深圳湾超级总部基地）1990 年
完成填海工程。

四　1991 年特区快速交通路网总规

● 背景综述

1991 年，深圳第二个十年的开端，重新站在从"深圳速度"向
"深圳效益"的探索起点。在"八五"计划（1991—1995 年）中，
深圳明确提出"以高新技术产业为先导，先进工业为基础，第三产
业为支柱"的产业发展战略。1991 年起深圳市领导已转变思路要搞
技术产业升级，停止发展"三来一补"企业。1991 年，深圳科技
工业园成为首批国家级高新技术产业园，不但吸引了一批高新技术
企业入驻，而且华为、中兴通讯等本土企业在此诞生。至 1991 年

底，特区内开发了蛇口、上步、八卦岭、水贝、南头、科技工业园等 10 个初具规模的工业区，[①] 1991 年 5 月，国务院批准设立深圳市福田和沙头角保税区，要求保税区充分发挥毗邻香港的优势，引进资金和先进技术，发展出口工业，并划定福田保税区面积为 1.35 平方千米、沙头角保税区面积为 0.2 平方千米。给外商投资者增添了信心。

1991 年初，建设部要求各省市的城市规划工作要贯彻国家"八五"计划，实施《城市规划法》，抓紧制定《城市规划法》配套法规，落实"一书两证"管理工作，加强法制建设和规划管理。为改善投资环境，城市规划在前十年城市建设已经取得较大成就的基础上，希望第二个十年城市建设做得更好。深圳在第二个十年的规划建设目标是把深圳建设成为"多功能现代化综合性国际性城市"，根据城市建设重心向福田中心区转移的形势和城市交通日趋繁忙的情况，重点制定了福田中心区规划和特区快速干道系统规划。

深圳市辖三区一县，特区内福田区、罗湖区、南山区和宝安县。1991 年深圳特区内积极开展城市化征地工作。到 1991 年底，城区面积扩大到 72 平方千米。1991 年全市 GDP 约 237 亿元人民币，年末全市常住人口约 227 万人，其中特区人口 119.8 万人，宝安县118.7 万人，全市人口、经济增长较快。

• 重点规划设计

（一）深圳市城市规划与建设十年规划

国民经济"八五"计划的期间是 1991—1995 年，"九五"规划的期间是 1996—2000 年。为了将深圳特区建成一个对外贸易、金融业、高科技工业比较发达、环境优美的大城市，"八五""九五"期间需对产业结构进一步调整，以提高经济效益，保持良好环境，形成以雄厚的第二产业为主体；以发达的第三产业为依托；以出口创汇的第一产业为补充的合理产业结构。因此，深圳市城市建设"八五"计划和"九五"规划提出了人口发展规划、住宅及居住用

---

① 深圳市委党史研究室、深圳市史志办公室编著：《深圳改革开放四十年》，中共党史出版社 2021 年版，第 128—129、133 页。

地发展规划、工业用地开发规划、商业办公楼用地规划、城市土地
经营计划等内容。

1. 人口发展规模预测

十年间，全市共增加人口98万人，其中特区新增人口49万人，
宝安县新增人口49万人。全市各部门协同一致，严格控制深圳人口
的增长。

2. 住宅及居住用地发展规划

总目标是到2000年，特区住宅建设实现供求基本平衡，每个特
区居民家庭拥有一套单元住宅，暂住居民和单身职工的住房也得到
合理解决。特区内十年共需新开发居住用地1362万平方米，新建
住宅1000多万平方米。宝安县城镇人口居住用地标准参照特区标
准。农民居住用地按照各村镇规划合理安排，农民自建房屋一定要
按规划进行建设。

3. 工业用地开发规划

未来十年，深圳大型骨干工业将会有较大发展，需要开发相当
规模的工业用地。规划推算，特区"八五"期间需工业用地4.2平
方千米，"九五"期间需要工业用地3.8平方千米，十年共需工业
用地8平方千米（不包括重点工程及大型工业项目的用地）。至
1990年特区已建成的工业用地为13.51平方千米，到2000年特区
工业用地将达21.51平方千米。

根据规划要求，特区的大型工业项目（如，炼油厂、乙烯工
程、电厂等）主要安排在宝安县东部及东北部地区。预计未来十年
间宝安县约需安排工业用地15—20平方千米。

4. 商业办公楼用地规划

规划"八五"期间，新增商业办公楼用地约3.3平方千米，新
建商业服务业用房120万平方米，办公楼宇66万平方米。"九五"
期间，新增商业办公楼用地约3.9平方千米，新建商业服务业用房
157万平方米，办公楼宇70万平方米。

5. 城市土地经营计划

"八五"期间，每年开发城市建设用地6平方千米，五年共开
发30平方千米，需投资约110亿元。"九五"期间共开发土地27.5

平方千米，需投资约 159 亿元。未来十年共计新开发城建用地 57.5 平方千米，总投资 269 亿元。为了解决政府投资缺口，需大幅度提高招标拍卖土地的比例，尤其是增加福田新市区一、二类土地的招标拍卖土地，可提高资金的回收量。

深圳特区可供开发建设土地（包括填海工程）不足 160 平方千米，至 1991 年已划拨出 110 平方千米，余下 50 平方千米，土地资源极为珍贵。

（二）城市交通规划

根据国家沿海地区交通运输发展战略和深圳市的总体规划，建立以港口和机场为枢纽，公路、铁路为骨架，口岸、港口、机场、客货运输枢纽站联成一体的综合运输体系。形成面向国际和国内的两个运输扇面，为深圳市成为国际城市提供完备的现代化交通运输设施和交通环境。城市交通规划①主要内容如下。

（1）航空运输，尽快建成深圳机场，1991 年启用。海运，要利用优良港湾的优势，尽快建设盐田国际深水港、妈湾港、赤湾港和蛇口港，建立现代化枢纽港和中转港。

（2）铁路运输，2000 年前广深铁路实现双线电气化，改建成准高速铁路；京广深铁路、广梅汕铁路和京九铁路（北京—九江—九龙）将使我国南北三条铁路大动脉汇聚于深圳出口。建设平湖→蛇口、平湖→盐田两条疏港铁路。

（3）公路运输，建立环城公路系统及与香港、珠江三角洲、沿海地区公路网络对接的高等级出口公路体系。尽快建成广深珠高速公路，深惠、深汕汽车专用路，内环、外环一级专用路等。内环路，由黄田机场→石岩→龙华→布吉→横岗→盐田，将机场和盐田联系起来，减少穿越特区交通量；外环路，由松岗→公明→光明→观澜→平湖→龙岗→坪山→葵涌→大鹏→大亚湾核电站连接起来。

（4）大力发展口岸设施建设，五条出口通道与广深铁路共同形成对内、对外的两条运输扇面，实现与国内市场和国际市场的对接。

---

① 《深圳房地产年鉴 1991》，海天出版社 1991 年版，第 13 页。

（5）综合发展公共汽车、中巴、出租汽车等各种公共交通工具，建立从罗湖→福田中心区→南头→蛇口和黄田机场的轻轨铁路，形成以公共交通为主，快速干道交通为骨干，各种客运方式协调发展的城市客运综合交通系统。

（三）福田中心区规划方案

福田中心区是深圳特区 90 年代开发重点，是深圳未来新的市中心。至 1991 年 6 月，福田中心区经过 1989 年国际方案征集，已经取得四个规划方案（包含两种不同风格），1991 年 9 月深圳市城市规划委员会召开第五次会议审议了"深圳福田中心区规划方案"。市领导基本同意中心区规划的原则和方法，指出以后努力方向。

（1）中心区现有的四个规划方案还应继续深化，吸取各家之长，优化出一个方案。要把福田中心区建设成一个具有独特风格的、有现代化水平的新城市中心区。

（2）中心区的功能划分要清晰，避免在深南路上的过多交叉，否则带来很多问题。

（3）城市形态要具有可识别性，要有一个具有标志性的中心广场，结合雕塑、绿化。

（4）城市设计要注入文化内涵，要体现特区的城市文化和建筑文化。

（四）深圳市城市规划委员会第五次会议

1991 年 9 月 20 日，深圳市城市规划委员会第五次会议（为期三天）召开，与会的国内外专家畅述己见，为深圳在 21 世纪的经济腾飞描绘城市发展蓝图，最后确定和完善了今后 10 年特区城市发展规划。会议期间市领导与委员们开始考虑深圳湾发展计划。主要审议通过的项目：

（1）《深圳城市规划体系改革方案》，决定以市场为导向，以立法为手段，使深圳城市规划的编制和管理实现程序化和法制化。

（2）修正和通过了特区未来金融、贸易、信息、文化中心——《福田中心区规划方案》；

（3）《深圳特区快速干道网系统规划方案》主要内容为特区快速交通系统，主要解决香港过境交通和特区东西向交通；

（4）《轻便铁轨交通规划方案》等规划成果。

（五）其他

（1）本年度主要规划项目：福田中心区规划、南山中心区规划、南山填海区规划等 24 个项目。

（2）交通规划，1991 年 1 月北京市城建设计研究院完成编制《深圳市轻轨交通详细规划》；7 月，市规划局和深规院交通所完成编制《深圳特区快速干道网系统总体规划》；市规划局和市运输局于 1991 年 8 月召开《深圳市公路网规划》评审会，交通部、中国交通运输协会、中央公路规划设计单位、广东省、惠州市、深圳市有关部门的领导、专家共 50 多人参加。原则同意广东省公路勘测规划设计院编制的《深圳市公路网规划》成果。该规划今后 15 年，深圳将建成以特区为中心的由 8 条出口公路和 2 条环线公路组成的半环状辐射形公路网。

（3）1991 年 6 月，市规划部门向市政府代拟稿《宝安县县城总体规划》审定意见，同意到 2000 年县城常住人口按约 10 万人控制，严格控制暂住人口的过快增长，总人口限制在 18 万人左右。城镇用地按 15 平方千米进行开发建设。

• 规划实施举例

深圳前十年城市规划实践主要集中在罗湖商业中心、上步工业区、华侨城旅游区（沙河工业区）、南头、蛇口、沙头角、盐田等工业区。深圳创造了头十年辉煌的城市建设成就。

（1）基础设施建设，1991 年全市十大重点工程进展顺利，1991 年 10 月，深圳宝安国际机场正式通航，皇岗口岸、火车站改造、布吉和北环两座立交桥等工程已竣工投入使用；盐田港一期工程已建成开港；投资环境明显改善。

（2）旧村改造，1991 年 5 月深圳市成立了旧村改造领导小组。按照市里要求，决定用三年左右时间完成特区内的旧村改造工程。各区也相应成立了旧村改造办公室（或指挥部）。第一批计划改造 16 个村、30 块地，面积 77.67 万平方米。其中罗湖区 8 个村；福田区 6 个村；南山区 2 个村。年内，已有水库旧村和湖南围村签订了拆迁补偿合同，其他各村的改造工作正在逐步铺开。①

（3）1991年5月，市政府在宝安县龙华镇召开现场会，推广该镇加强村镇规划建设管理，统一农民建房的经验，即"五统一"（统一规划、统一征地、统一筹集资金、统一开发建设、统一质量管理）推广龙华农民住房迈向城市化经验。

---

① 深圳经济特区年鉴编辑委员会主编：《深圳经济特区年鉴1992》，广东人民出版社1992年版，第330页。

第二阶段（1992—2001 年）
对标国际化城市，福田中心区规划建设

    第二阶段（1992—2001 年）是快速城市化时期，也是深圳特区基本成形的关键时期，"深圳制造"推动二次创业。这十年深圳建成区面积翻了近 5 倍，由 1992 年的 75 平方千米增加到 2001 年的 344 平方千米（其中特区内 147 平方千米），所以，该阶段土地开发建设已经"填满"了特区的中间组团（福田、南山），特区内的城市建设用地至此已经全部建成。该阶段城市规划能够实施的关键是 1992 年特区内完成了集体土地国有化转地。1993 年宝安县撤销设立宝安区、龙岗区，城市全境开拓，深圳完成第二版总规，确立了建设华南区域经济中心城市和现代化国际性城市的奋斗目标。1998 年《深圳城市规划条例》施行，福田中心区规划和城市设计逐步实施，为深圳二次创业赢得了"城市名片"。该阶段深圳城市规划创新特点是在全国首次举行城市设计国际咨询；建立城市仿真为城市设计实施的技术手段；《深圳城市规划条例》确定了详细规划编制与审批制度——法定图则。

    90 年代，罗湖区以先进工业为基础，以第三产业为支柱，不再审批"三来一补"项目，边改造边发展。1993 年罗湖区所辖 27 个村全部实行农村城市化，1994 年东门老街拆迁工程动工，标志罗湖旧城改造的开始。1996 年罗湖实施"商业旺区"功能定位建设商贸、金融、服务中心和物流基地，引进大型商业超市和连锁品牌经营，培养专业批发市场。

第一节　第二版总规（1992—1995 年）

一　1992 年福田中心区详规定稿

● 背景综述

1992 年是中国改革开放史上具有历史意义的分水岭年份，随着邓小平同志南方谈话的发表，同年 7 月 1 日全国人大颁布《关于授权深圳市人大及其常委会和深圳市政府分别制定法规和规章在深圳经济特区实施的决定》，深圳特区有了地方立法权。同年 11 月，深圳市提出了 21 世纪战略规划：把深圳建成综合性的经济特区和多功能、现代化的国际性城市，为广东力争 20 年赶上亚洲"四小龙"而努力。

1992 年深圳完成了特区内集体土地征转为国有土地和农民市民化的两个历史性转变。6 月深圳颁布《关于深圳经济特区农村城市化的暂行规定》，以推进深圳特区内农村管理体制向城市管理体制转型。7 月市政府召开特区农村城市化动员大会，宣告揭开深圳特区农村城市化的序幕。明确要求特区农村半年内实现城市化，农村土地国有化，原根据市政府文件划定的农村个人建房用地以及划红线的工商用地，确认其为原村民合法用地，不需要通过征用就视为国有。8 月市领导在上步村农村城市化试点经验交流会上宣布：深圳市农村"两个转变"的准备就绪。11 月深圳经济特区实现农村城市化，特区内福田区、罗湖区、南山区共撤销了 68 个村委会，取而代之的是 100 个城市居民委员会和 81 家城市集体经济组织，4.5 万农民全部一次性转为城市居民，"农转非"达 13851 户。深圳结束了特区内城市和农村管理体制并存的局面，深圳特区从此纳入了现代化城市的统一管理、统一建设的轨道。

1992 年 12 月，深圳市撤销宝安县，设立宝安区、龙岗区。至此，深圳市全境实现行政管理一体化，全市分设为 5 个市辖区，22 个街道办事处、19 个镇，形成三级政权（三级管理）的行政管理体制。此外，1992 年深圳决定特区内停止注册新的"三来一补"企业，推动产业升级，特区外宝安、龙岗成为"三来一补"产业转移的主要基地。宝安县以镇为单位由农业型迅速向工业型转变。在结构上形成较为合理的城镇体系。

深圳特区面积 327.5 平方千米，规划可建设用地 150 平方千米，到 1992 年已划拨 128 平方千米，尚余建设用地稀缺。1992 年 8 月，市政府发布《深圳经济特区成片开发区规划地政管理规定》的通知，将 80 年代行政划拨地纳入有偿有期限使用范围，而且成片开发区所有规划建筑项目都必须向市规划部门报批和报建。① 事实上，1992 年末深圳市常住人口约 268 万人，全市 GDP 约 317 亿元人民币。人口剧增造成特区内出现入托难、入校难、停车难、过马路难等配套设施问题，都是城市规划需治理的"城市病"。

• 重点规划设计

1992 年市政府颁布《深圳经济特区成片开发区规划地政管理规定》，突出规划在城市建设管理中的龙头地位。1992 年深圳全市完成和基本完成的规划项目共 24 项，包括福田中心区、福田分区、深圳湾分区、高科技工业区、南山中心区、前海填海区、留仙洞工业区、快速干道系统、深港交通、布吉联检站、沙头角口岸等规划调整方案。为了配合深圳市第二个十年城市建设重点向福田中心区转移，1992 年编制了福田中心区详细规划，为其全面开发和建设做了大量的准备工作。②

（一）福田中心区规划

（1）福田中心区（简称：中心区）是深圳经济特区的中心，中心区规划成为 1992 年深圳规划最重要的项目。中心区四围道路是彩田路、滨河路、新洲路、红荔路，占地面积 4.13 平方千米，中心区规划定位高，是中国对外开放的枢纽点，是对外贸易的窗口。

---

① 《特区土地十分珍贵，开源节流近在眉睫》，《深圳特区报》1992 年 3 月 8 日第 1 版"工作研究"专题刊登专家文章。

② 深圳经济特区年鉴编辑委员会主编：《深圳经济特区年鉴 1993》，深圳特区年鉴社 1993 年版，第 181 页。

中心区以金融、贸易、综合办公楼为发展方向，区内以高层建筑为主。其南区以金融、贸易、信息、高级宾馆、公寓及配套的商业文化设施、教育培训机构等为发展方向，全部工程预计 20 年完成。

（2）中心广场规划，中心区标志区位于南北轴与深南路相交处的椭圆形空间，为"五洲广场"，广场四周有五大洲图案，正中为 50 平方米的喷水池，作为福田中轴与深南路对景标志，整个空间取意"五洲广场"，体现深圳"开放""窗口""国际性"等特征。[①]

（3）规划建设总规模，福田中心区规划经过多次专家会议反复研究，已确定基本框架，但中心区规划总建设规模（平均容积率）问题尚未确定。中规院深圳分院在综合四个方案（1989 年征集中心区方案时 4 家应征方案）基础上，编制了《福田中心区详细规划》，提出了中心区高、中、低三种不同开发建设规模供决策。[②]

①低方案：按照《深圳城市发展与建设十年规划与八五计划》的城市规模和人口控制要求，曾经提出规划 2000 年特区内人口控制为 150 万人，建成区 150 平方千米，以此为依据推算的福田中心开发规模则为低方案 658 万平方米。CBD 核心区建筑面积是 217 万平方米。

②中方案：在低方案基础上增加金融、贸易等办公面积 250 万平方米即为中方案 960 万平方米，以适应深圳发展成为外向型综合性地区性经济中心城市。CBD 核心区建筑面积是 470 万平方米。

③高方案：规划超前并留有较大弹性，满足深圳作为全国经济中心城市之一的发展需要而成为高方案 1235 万平方米。CBD 核心区建筑面积是 538 万平方米。

福田中心区详细规划的批复，1992 年经市政府研究决定福田中心区规划目标是使深圳在外贸和金融方面成为国内外联系的枢纽。中心区的建设规模采用高方案规划配套，即中心区就业总量 40 万人，居住人口 17 万人。另外，在福田中心区不设自行车专用道。

（4）中心区现场情况，1992 年深南大道拓宽工程南头检查站到

①　《深圳房地产年鉴 1992》，海天出版社 1992 年版，第 8 页。
②　陈一新：《规划探索：深圳市中心区城市规划实施历程（1980—2010 年）》，海天出版社 2015 年版，第 76—77 页。

新洲河路段全面完成并已交付使用,[①] 深南大道全线贯通,为福田中心区开发建设提供了外围交通条件。1992 年 2 月深圳市召开全面清理深圳市建设用地动员会。深圳市打响清理"三无"人员新战役,开始大规模开展强行拆除行动。莲花山及周边违章建筑被强行拆除。

(二)《宝安区总体规划》

1992 年作为撤县改区的准备工作,急需对全市整体发展方向与功能布局做出合理的安排,市规划国土局委托中规院做了《宝安区总体规划》。

1992 年 9 月,深圳市规划国土局和中规院深圳分院完成《深圳市宝安区规划》。宝安区总面积 704 平方千米,包括松岗、沙井、福永、石岩、新安、公明、龙华、观澜八个镇及光明华侨畜牧场。宝安区的土地开发是与其交通发展密切联系的,该区土地资源丰富,可建设用地较多,现广深高速公路和广深公路沿线建设密集,大有连成一片之势。目前存在的问题是以乡村式分散开发,土地开发较混乱,土地利用不经济,基础设施滞后。

1. 目标和定位

深圳市要在 2010 年赶上亚洲"四小龙"的香港和新加坡,必须寻求经济新增长点,必须规划互补的功能空间。深圳特区应进一步改革开放,逐步过渡为自由贸易区;而宝安区则扩大为特区,以立体化交通网络为导向,先进工业为龙头,以第二产业发展为主,即远期追赶"四小龙"的产业基础在宝安区和龙岗区,并作为与香港产业互补的结构区。

2. 空间形态及各组团开发层次

本规划有意识地在组团之间用绿色空间将其分割,形成一个由绿带间隔的组团式结构。在城市形态上,将建成以特区为中心的现代化卫星城群体。地域空间上将形成以现有各镇为基础、配套设施相对完善的一系列组团,与特区组团结构相对应。各个组团将根据各自不同的依托条件,确立各自的功能和发展方向。组团之间以自

---

① 深圳经济特区年鉴编辑委员会主编:《深圳经济特区年鉴 1993》,深圳特区年鉴社 1993 年版,第 181—182 页。

然的山体、水体、农田、鱼塘和森林构成的田园式绿色空间相分隔，组团之间以快速、方便、先进的交通体系相联系。

3. 土地利用规划

宝安区的土地利用规划，不能仅满足 20 年追赶"四小龙"目标考虑，还要充分为其未来长远发展留有余地，土地开发建设规模考虑了 20% 的弹性幅度，根据对区内各村镇规划及合理环境容量的分析，宝安区建设总用地规模控制在大约 220 平方千米，可以满足约 350 万人口规模的发展需要。

4. 交通规划

构建区域内高快速道路系统；建立快速轨道交通系统；建立快速水上通道直通香港、珠海、澳门；完善城镇主干道系统。

（三）《龙岗区总体规划》

1992 年作为撤县改区后对全市整体发展方向与功能布局的合理调整，市规划国土局委托深规院做了《龙岗区总体规划》。[①] 龙岗区的开发是由西北向东南逐渐拓展，点轴开发和网络开发相结合，远期形成三环并列的组团式开发格局和以特区为中心的卫星城镇群体。"三环开发格局"中，目前两环已初具规模，其中第一环为宝安的龙华、观澜和龙岗的布吉、平湖所构成，该环四镇目前都有公路相连，深广铁路也经过此环。第二环由盐田和横岗、龙岗、坪山、葵涌所组成，该环上的各增长中心都有铁路和公路相连。第三环指大鹏半岛海滨环，是旅游风景资源区。

龙岗全区可用地较分散，面积大于 4 平方千米的集中可建设用地面积不足总可用数的 60%，虽在一定尺度上限制了各镇建设规模的扩大，但这恰好能充分发挥组团结构的优越性。未来龙岗区城镇体系的建立，以特区为依托，以龙岗镇为中心，形成较为完整的各自相互联系又相对独立的卫星城，以及以布吉、横岗、龙岗、坪山、葵涌五镇为卫星城建设重点的新城镇体系。

宝安、龙岗两区总体规划方案汇报会于 1992 年 10 月由市领导主持召开，宝安、龙岗两区与特区内是一个有机整体，为了配合撤

---

① 《深圳房地产年鉴1993》，海天出版社1993年版，第19—20页。

县改区编制的两区规划，其宏观发展定位、道路交通设施系统要与特区形成一个完整体系。

（四）《宝安县县城总体规划》

1992 年 12 月，由宝安县建设局、中规院深圳分院完成的《宝安县县城总体规划》，1981 年 7 月深圳市恢复宝安县建制，县城所在地新安镇随着建设的发展，先后编制了四次总体规划。用地规模由最初的 600 万平方米扩大到 1645 万平方米。随着深圳市发展将由特区向全境开拓，宝安县撤县改区，将促使新安镇有更大发展。本次规划在原有县城总体规划、西部开发区总体规划、机场开发区规划等基础上，从更大范围内进行综合调整，补充完善，重新编制总体规划，以满足发展需要。

（五）市政工程规划与设计

1992 年 3 月，市政府召开《深圳市供水水源规划报告》评审会，与会者指出，解决深圳供水危机的根本出路在于从市外引水。深圳针对全市水源紧张、城市交通日益繁忙和市政设施超负荷等严峻形势，突出抓了东深 3 期配水工程、污水排海工程和污水处理厂的设计；完成了深南大道和快速干道系统详细规划，皇岗至滨河立交、雅园立交、罗芳立交、春风路高架桥等的设计。[①]

● 规划实施举例

（1）市政府为缓解深圳市电力紧张局面而合资兴建的大型现代化火力发电厂——妈湾电厂 1992 年 1 月 1 日正式开工建设，是深圳市十大重点建设项目之一。

（2）深圳 12 个对外口岸：1992 年 2 月 10 日，深圳机场被国家批准对外开放。至此，深圳市经国务院批准对外开放的一类口岸达 12 个，即 4 个陆路口岸（罗湖、皇岗、文锦渡、沙头角），7 个海港口岸（蛇口、赤湾、东角头、妈湾、梅沙、大亚湾、盐田）和深

---

① 深圳经济特区年鉴编辑委员会主编：《深圳经济特区年鉴 1993》，深圳特区年鉴社 1993 年版，第 181 页。

圳机场空港口岸。[①]

（3）旧村改造，1992年市、区旧村改造办公室克服重重阻力，已有水库旧村、上步路南（局部）、泥岗村、南新街（局部）、向西村（局部）、湖南围6个村签订了拆迁合同，占地总面积10万平方米，占第一期改造计划的14%。已有4个村基本拆迁完毕。第一组改造的16个村的规划设计已经进行完毕，其中40%经正式审批。第2期旧村改造计划初步确定为10个村、11个地块，占地约26万平方米。

（4）落实深圳湾填海规划，已成立一个领导小组来协调和落实这项工作。

（5）1992年9月市规划局和深规院交通所完成了对《深圳特区快速干道网系统总体规划》（1991年7月版）的修订，1992年10月完成了《深圳特区快速路详细规划（交通设计）》成果。

二 1993年福田中心区市政道路工程建设

● 背景综述

1993年，国家把建立社会主义市场经济体制正式作为中国经济体制改革的目标，深圳经过前十几年的改革探索，市场经济框架逐步形成。1993年，市政府制定了《深圳市高新技术产业十年规划和八五计划纲要》，提出把发展外向型经济、高新技术作为重点产业，并加快城市基础设施建设。

1993年1月1日，深圳市宝安区和龙岗区正式成立，深圳的市政规划及管理服务扩展到了全市，深圳城市发展从此走向新阶段。2月，市长办公会议审定通过《宝安区、龙岗区域总体规划》，这是以国际性城市为目标，立足于特区、宝安区、龙岗区"三位一体"的宏伟蓝图，将按照"窗口"城市、口岸城市、世界性城市的要求来进行规划建设深圳，到2010年，把深圳建设成为规划科学、布局合理、设施完备、环境优美、管理先进的现代化国际性大都市。

---

① 深圳市委党史研究室、深圳市史志办公室编著：《深圳改革开放四十年》，中共党史出版社2021年版，第130、148页。

1993年6月，市政府颁布《深圳市宝安区、龙岗区规划国土管理暂行办法》，再次突出规划在城市建设管理中的龙头地位。规划目标与现行行政体制的关系亟须理顺，8月市政府《关于宝安、龙岗总体规划的批复》，坚持"五个统一"，体现把深圳建设为国际性、现代化、多功能、综合性的国际化城市的整体目标。

1993年深圳市进行了规划国土管理体制改革。1993年2月深圳市规划国土局发动干部提合理化建议，提出两项重大改革措施：其一，将区规划国土部门改为市局的派出机构，实行城市规划和国土的垂直管理；其二，打破该局目前机构的陈旧模式，按"一站式办公"体制重新设立机构。市规划国土局希望通过这一改革，真正实现城市规划和地政的宏观调控。7月市委常委会议决定，将全市5个行政区（福田区、罗湖区、南山区、宝安区、龙岗区）规划国土管理部门改为深圳市规划国土局的派出机构，实行市局、分局、国土所"三位一体"的三级垂直管理体制，变条块管理为垂直管理。[①]例如筹建南山分局，需要理顺协调南山区早期"八大金刚"[②] 各自享有的独立规划建设管理权限的问题（杜海平口述历史）。

1993年末深圳全市常住人口约达336万，全市GDP约453亿元人民币。广大市民期望政府能整治各种城市问题，高效集约地利用土地，提供完善的基础设施和公共服务设施，创造宜居的城市环境。因1993年深圳连续遭受特大暴雨袭击，又遇清水河危险品仓库火灾并导致连续爆炸，造成生命财产严重损失。城市安全问题引发关注，应加快建设一批骨干性市政设施，不断提升市政系统。

● 重点规划设计

（一）《总规（1996）》启动编制

1993年深圳市成立宝安区、龙岗区，深圳城市化扩展到全市范围，城市性质、规模、城市布局和产业结构都发生了根本性变化。

---

① 深圳经济特区年鉴编辑委员会主编：《深圳经济特区年鉴1994》，深圳特区年鉴社1994年版，第253页。

② 深圳南山区早期"八大金刚"包括蛇口工业区、南油工业区、华侨城、沙河工业区、深圳大学、西丽渡假村、东部公司（第五工业区）、南山开发公司（赤湾）。

加之香港回归临近等城市发展环境、发展目标的变化，深圳市提出建设现代化国际性城市的战略思想，深圳特区原有总体规划的城市发展方向和功能布局急需进行修编调整。虽然 1989 年和 1990 年对总体规划进行了两次调整，但原规划已不能适应深圳城市发展的需要。为了从全市范围确定具有长远由于的城市空间布局，统筹规划全市各类土地利用，建立"可持续发展"的社会、经济、资源与环境配置机制，协调与珠江三角洲城市群发展的关系，进一步促进香港经济繁荣和稳定，1993 年 6 月，市规划国土局委托深规院抽调骨干力量，成立总规修编项目组，① 同年 10 月提交了《深圳经济特区总体规划（修编）纲要》。这次总体规划是深圳市"第二次创业"在城市发展方面的蓝图。

（二）《福田中心区规划》定稿

（1）福田中心区详规审查会意见。1993 年 6 月，市规划局召开会议审查福田中心区规划设计，标志着福田中心区详规定稿。为适应开发建设的需要，请中规院尽快组织力量完成调整。各有关部门按以下几点原则组织实施。

①原则同意《福田中心区规划》，公建和市政设施按高方案（1235 万平方米）规划配套，建筑总量取中方案（960 万平方米）控制实施，各地块的容积率相应降低。

②基本同意福田中心区规划的路网格局，并在此基础上做适当调整。自行车远期不进入中心区，近期留几条通道。道路系统重新出图，6 月底提供规划调整图。

③福田中心区原则上应整体开发，要求以街坊为单位统一规划设计，做好地上、地面、地下三个层次的详细设计，特别是以南北向中轴线和东西向商业中心为主轴的地下通道的设计，并预留好各个接口。

④预留好地铁位置，要详细做好地铁站的设计，做好地铁与其他交通及周围建筑物的衔接。

⑤停车库应结合总体布局分散设置，并采用合理的规模，原有

---

① 1993 年总规项目组的临时办公地点设在红荔村深规院两栋职工住宅楼之间的空地临时搭建平房，项目完成后恢复公共空间。

四个停车楼的规模过大，宜压缩到 5000 辆以下，再增加若干停车场，停车总量须满足要求。

⑥岗厦村地段要预留出一所中学的位置。

（2）福田中心区详规的主要内容如下。①

①定位：福田中心区作为 21 世纪深圳城市的标志性区域，其规划建设将展示深圳迈向国际性都市的宏伟蓝图。将成为中国对外贸易中心和金融中心，拥有成熟地参与国际运作的物质手段；具有金融、商贸、信息、经营管理、科技文化以及居住的综合集聚功能；作为展示中华民族经济和文化的世界性窗口。

②福田中心区背山面海，与香港新界隔海相望，紧临深港间最大的陆路通道——皇岗口岸。规划中心区布局形成鲜明的中轴线、方格网道路系统和标志性广场；用地功能分区明确，形成包括商贸金融核心区、绿化广场、文化中心国际会展中心、居住和办公楼的布局，具有丰富多彩的吸引人的城市公共活动领域；建立机非分流的交通结构，并建立轻铁与公共交通的集中换乘枢纽，以及中心区与深圳湾、皇岗口岸和全市交通机体的便捷联系。

③福田中心区规划居住人口 11 万人左右。规划总建筑面积 1235 万平方米，其中办公建筑 663 万平方米，宾馆及公寓 75 万平方米，住宅 216 万平方米，商业 146 万平方米，综合文化建筑 85 万平方米，居住配套 33 万平方米，建筑密度平均 37.3%。

（三）地铁一期工程规划

地铁一期工程规划②是 1993 年深圳市基本建设最重要的市政项目。深圳市地铁规划一条主干线和若干条支线，主干线从罗湖火车站到深圳机场，全长 39.8 千米，均为地下线，沿途设站 28 座。预计 1994 年开工，至 1999 年竣工，工期 5 年。支线正在规划中。

（四）南油开发区总体规划审定同意

1993 年 1 月，市政府领导召开会议研究南油开发区规划建设有关问题。

（1）会议同意按调整后的南油开发区总体规划，将南油大道西

---

① 参见《深圳房地产年鉴1994》，海天出版社 1994 年版，第 24—25 页。

② 参见《深圳房地产年鉴1993》，海天出版社 1993 年版，第 22 页。

侧的地块改变功能，调整为商业用地，建筑以商业为主，不宜再建工业厂房，形成和南山中心区相呼应的格局。

（2）关于小南山开山问题。同意南油深圳总公司（南深总）关于小南山开山设计方案，打通荔湾大道。该方案从填海造地所需土石方、整体规划的交通便利以及景观等不同角度看都是合理的。

（3）填海造地，为有利于南油开发区发展和加快填海造地的速度，同意前海和后海红线范围内统征后一次划拨，按区域分期填海。前海可分二期实施；后海填海与南山区、蛇口用地划分均以道路中心线为界。

（五）深圳湾发展计划建议方案获原则同意

1993 年 2 月，市规划部门会议对深圳湾发展计划建议等规划项目进行了审查。原则同意深圳湾发展计划建议方案，要求按 15 万人口，800 万平方米建筑面积控制规模，做出详细规划设计。同时对居民区的设置应慎重考虑。

（六）深圳市经济特区绿地系统规划

深圳市规划国土局于 1992 年 11 月委托同济大学城市规划系进行深圳特区绿地系统规划，以便为深圳市总规修编提供决策依据。1993 年 8 月成果定稿。该规划深圳特区的生态绿地系统、公园绿地、道路绿地、旅游绿地、其他绿地总面积 224.5 平方千米，约占特区总用地 68%。

• 规划实施举例

（1）市政建设的标志——北环快速、深南大道通车。1993 年深圳市进行了大规模的市政工程建设。北环快速干道全长 20.8 千米（包括 12 座立交桥、5 座人行天桥），经过一年的建设，快车道建成通车，城市道路交通紧张的状况得到缓解。[1] 1993 年 6 月深南大道全线贯通，连接了罗湖与南头，结束了深南大道上海宾馆以西十多年临时道路的历史。深南大道福田中心区段于 11 月 28 日竣工投入使用，构成未来福田中心区第一个城市景观。

---

[1]　深圳经济特区年鉴编辑委员会主编：《深圳经济特区年鉴 1994》，深圳特区年鉴社 1994 年版，第 253 页。

（2）福田中心区市政道路工程开始施工。①

1993 年，深圳完成了福田中心区的市政工程详细规划设计后，进行了细致的市政工程及电缆隧道等专项设计，福田中心区建设规模按高方案作为市政工程设计标准，同年由中规院深圳分院、武汉钢铁设计院深圳分院、西南院深圳分院、北京市政设计院四家共同完成中心区市政工程设计，并开始进行主次干道施工建设。1993 年 4 月，市规划国土局批复同意北京市政设计院深圳分院提出的滨河路福田中心区段的立交方案，并提出具体修改意见和要求。同年 9 月，原则同意对福田中心区滨河路段彩田、金田、益田、新洲等立交扩初设计审查。

（3）1993 年 2 月深圳市长办公会议审定通过《宝安区、龙岗区总体规划》这是以国际性城市为目标，立足于特区、宝安区、龙岗区"三位一体"的宏伟蓝图。该总体规划按照"窗口"城市、口岸城市、世界性城市的要求来进行规划设计和建设布局，到 2010 年，把深圳建设成为规划科学、布局合理、设施完备、环境优美、管理先进的现代化国际性大都市。1993 年 8 月，深圳市政府批复宝安区、龙岗区总体规划，要求两区尽快开展各个城镇组团的分区规划。

（4）1993 年 5 月，深圳市领导召开了交通总体规划和交通综合治理领导小组工作会议，会议认为，深圳交通滞后发展的现状已不适应经济和人口的发展，因此，交通总体规划的提出和论证已十分迫切。要求有关部门既要重视眼前的交通困境，又要长远考虑，由规划国土局牵头提出具体可行的、便于实施的"深圳市立体交通总体规划"。对一些路段继续采取把自行车挤到人行道，把非机动车道改造成机动车道的办法。

（5）1993 年 11 月，罗湖区国土局召开会议商讨罗湖区旧城改造道路、管网规划设计问题。当时罗湖旧城改造仍未正式启动。

（6）1993 年 11 月，盐田国际中转大港的疏港铁路建成通车，疏港公路—惠盐高速公路全线贯通，标志着深圳港口物流业发展新

---

① 陈一新：《规划探索：深圳市中心区城市规划实施历程（1980—2010 年）》，海天出版社 2015 年版，第 84—85 页。

阶段。

三 1994 年福田中心区（南区）城市设计

● 背景综述

1994 年 5 月"深圳市城市规划建设管理工作会议"召开，市委市政府要求搞城市规划时，必须树立大都市观念，既要立足于本市自身的发展，又要考虑到与周边地区的衔接配套。并强调一定要加强城市规划管理，只有科学规划和严格的管理，深圳才能建成一座国际性城市。同年 6 月，国务院重申：中央对发展经济特区的决心不变；中央对经济特区的基本政策不变；经济特区在全国改革开放和现代化建设中的历史地位和作用不变。要把发展经济特区贯穿于社会主义现代化建设的整个过程。[①] 7 月深圳市提出"增创新优势，更上一层楼"，要求全市人民进一步解放思想，更新观念，把特区的立足点由过去较多地依靠优惠政策和灵活措施转移到主要依靠苦练内功、增创新优势、提高整体素质上来。深圳建市 15 年来，始终坚持改革开放创新，经济高速增长的同时，也创造了较好的社会经济效益，基础设施日益完善，现代化城市初具规模。

1994 年行政区划 5 区：福田区、罗湖区、南山区、宝安区、龙岗区。另外，深圳市大工业区（深圳出口加工区）是深圳市人民政府于 1994 年设立的一个大型工业基地，工业区覆盖坪山、坑梓两街道。1994 年末深圳市常住人口约 413 万人，全市 GDP 约 634.7 亿元人民币，全市人口、经济增长幅度较大。

1994 年深圳市规划国土局成立各分局，为使市局、分局、国土所三级垂直管理体制步入正轨，建立廉政工作机制，首次制定并实施了《深圳市规划国土房地产管理操作规程》，这是市规划国土局依法行政的规章制度，俗称"依法行政手册"。

1994 年 6 月通过的《深圳经济特区土地使用权出让条例》，明确了土地有偿使用的原则，对《中华人民共和国城镇土地使用权出

---

① 深圳市委党史研究室、深圳市史志办公室编著：《深圳改革开放四十年》，中共党史出版社 2021 年版，第 159—160 页。

让和转让暂行规定》有所突破。该条例确认深圳市自 1987 年以来废除行政划拨土地使用权制度的成果，并对土地使用权出让的协议、拍卖、招标等做了具体规定。①

深圳进入 90 年代后，因经济超高速发展，人口规模急剧膨胀，突破了当初城市规划的设想，出现了一系列城市问题：房屋覆盖率增大、建筑容积率提高；绿化带、停车场被挤掉，道路拥挤、交通堵塞；人口密度过大，致使供水、供电、交通、通信等市政设施大大超过负荷；生活与教育文化设施配套跟不上，行车难、停车难、入学难、噪声大的问题较突出。令不少投资者望而却步。所有这些已影响深圳经济发展，与国际性大都市的差距较大。因此，深圳在新的总规修编中既要考虑开发建设的需要，也要考虑社会、经济、环境的协调发展问题，在规划布局、内容和指标上提出相应的对策。②

● 重点规划设计

（一）《深圳市城市总体规划（修编）纲要》原则通过

《深圳市城市总体规划（修编）纲要》（简称：《纲要》），由于宝安区、龙岗区的成立，新版城市总体规划的研究范围扩大到全市域范围，形成轴带结合、梯度推进的全市组团结构；城市扩张与产业高新化发展的联动同步；产业布局以高新区为核心向外拓展，创新资源主要集中于特区内；外围产业空间与组团结构相适应、逐步培育壮大。城市规划着眼点由 327 平方千米扩大到 2020 平方千米，按特区、宝安、龙岗"三位一体"的构架进行总规布局。重新认识和认证深圳的城市性质、辐射范围、规模、地位、产业结构和发展方向等，初步完成了《纲要》。（见图 2—1）

1994 年 4 月，深圳市委召开常委会议，讨论并原则通过了《纲要》。为了适应新形势下城市建设需要，必须建立"大深圳"的概念，有必要将总体规划范围由特区扩大到全市 2020 平方千米。按照这个思路，深规院总规组将《纲要》与已批准的宝安区总体规划

① 深圳市委党史研究室、深圳市史志办公室编著：《深圳改革开放四十年》，中共党史出版社 2021 年版，第 197 页。
② 《深圳房地产年鉴 1995》，人民中国出版社 1995 年版，第 21 页。

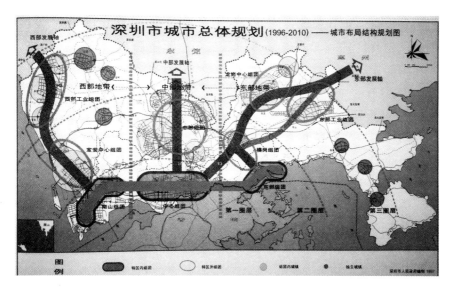

图 2—1　深圳市城市总体规划（1996—2010）

和正在修编的龙岗区总体规划进行了"三位一体"的汇总，并于 7
月向深圳市城市规划委员会第六次提交了《纲要》汇报稿，获得原
则通过。随后，根据规划委员会的意见，主管部门针对总规修编中
的一些主要问题，委托国内外规划研究单位进行了专题研究。例
如，针对罗湖上步地区交通拥挤的状况，委托香港 MVA 亚洲顾问
公司编制了《罗湖中心区交通研究》，力求找出综合解决交通问题
的可行措施。针对90年代以来特区工业外迁，全市性的工业用地混
乱等现象，委托深规院进行《深圳市工业布局规划研究》的工作，
预测工业用地的规模，提出合理的工业空间结构等等。1994年10
月，深规院总规组完成《纲要》，于1995年6月向市人大常委会汇
报，获原则通过，并报省政府批示。该《纲要》列举如下主要
内容。

（1）城市性质，深圳的城市性质是以先进工业为基础，第三产
业为支柱，郊区农业发达，科技水平较高，环境优良的多功能现代
化国际性城市和以金融贸易为主的综合性自由经济区。

（2）城市结构体系。

①三条轴线，以一线口岸为连接点，南连香港，北通内地的东、西两条大交通走廊，已带起以特区为原点向外放射的两个城镇发展轴。计划开通的莲塘—横岗口岸、蛇口—元朗跨海通道将强化东、西两轴的作用。

东部轴：罗湖—布吉—横岗—龙岗—坪地—惠州，汕头；

西部轴：南山—新安—西乡—福永—松岗—东莞，广州。

此外，梅林口岸开通后，将形成深圳第三发展轴：

中部轴：福田—龙华—观澜—东莞。

②三个圈层，根据深圳经济地理区位和开发现状划分：

第一圈层，特区，以金融、贸易及高科技产业等为主；

第二圈层，围绕特区的新安、福永、龙华、布吉、平湖、横岗，为分担特区功能并带动外层发展的卫星城；

第三圈层，其余各镇，以大工业、大旅游和创汇农业为主的卫星城（龙岗中心城除外）。

③一个母城（特区），八个组团（宝安、龙岗两区，每区四个）：

新安—西乡—机场城—福永组团，行政文化次中心、交通枢纽、高科技产业和商贸区；

沙井—松岗组团，西部大型工业区；

石岩—光明—公明组团，轻工业、创汇农业和旅游区；

龙华—观澜组团，居住、商贸、旅游、高科技产业综合区；

布吉—横岗—平湖组团，港口、铁路、公路交通枢纽，工业仓储综合区；

龙岗中心城—龙岗组团，行政文化次中心、交通枢纽、高科技产业和商贸区；

坪山—坪地—坑梓组团，东部大型工业区；

葵涌—大鹏—南澳组团，大旅游、大能源及轻工业、水产业区。

（3）各区域发展方向：特区将建成行政中心区，高技术工业区，国际金融、信息、保险、房地产、旅游等第三产业中心区，国际港口区和科研文化区。使特区具有大保税区或自由港的性质。特区内的基础工艺部门逐渐向宝安、龙岗两区转移。宝安区将以机场和蛇口深水港区为依托，建成国际航空港区和珠江三角洲对外水运联系的重要通道。同时利用农业用地，发展创汇农业。龙岗区将以国际深水中转大港—盐田港和大工业基地及自然海滨环境为依托，建成国际、国内港口货物疏运集散中心区。同时划定及保护好本区的菜篮子工程，发展高科技产业。

（4）交通发展规划。公路——规划全市主要道路分四个等级：高速公路、城市快速干道、城市生活主干道、城市主次干道。港口——将深圳港建成华南地区主枢纽港和国际中转大港。铁路——将实现广深准高速铁路电气化配套等措施。为了解决一、"二线"口岸过境不畅等问题，在原来 12 个一线口岸的基础上，增辟 4 个新口岸（西部通道上开辟公铁两用口岸、东部通道口岸、沙鱼涌客货口岸、深圳湾旅游码头口岸）。在原来 7 个"二线"口岸基础上，增辟 5 个新口岸（西部通道上的南头"二线"联检站、梅林、长岭皮和盐田的南山大道"二线"联检站）。由于深圳机场 1994 年客运量已突破 300 万人次，成为全国第五大繁忙机场，规划将要加快深圳机场二期工程建设，预计 2006 年达到饱和。①

（5）该纲要有关产业结构与布局、城市用地规划与布局、人口规模与布局、城市对外交通、城市内部交通、给排水与防洪、电力电信、环境保护等内容在此略写。

（二）《深圳市经济特区城市规划条例》起草

深圳市为了保证城市规划的超前性、科学性，借鉴香港城市规划的成功做法，迫切需要制定符合深圳实际的城市规划条例。1994年 10 月市规划局成立《深圳市经济特区城市规划条例》起草领导小组。工作中边起草条例，边实施规划编制。1994 年深圳城市规划编制按全市发展策略、总体规划、法定图则、发展大纲图、详细蓝图五层次推行分层规划。其中宝安区、龙岗区应重点做好与特区规划的衔接。划定宝安区、龙岗区发展用地、特区发展后备用地、农田保护区和非农用地。完成龙岗大旅游、大流通和中心区规划。福田分局试行农村规划，调整上步工业区规划，已积累了初步经验。

---

① 《深圳房地产年鉴 1995》，人民中国出版社 1995 年版，第 22—23 页。

（三）福田中心区（南区）城市设计

1994 年 8 月，市规划国土局委托深规院编制《深圳市福田中心区城市设计（南片区）》①，以便在招商引资、开发建设中有所遵循。要求在中规院 1992 年所做的"福田中心区规划"基础上依据历次审批意见，编制福田中心区各街坊的详细城市设计（指南）。1994 年完成的该成果修改福田中心区的建设规模为 923 万平方米，区内就业人口 31 万人，居住人口 7.7 万人。该成果主要包括如下两方面。

（1）福田中心区总体概况、发展远景、开发步骤和方针；中心区建设与周围地区改造、建设的关系；以人的活动要求为主体的各项功能综合布置及空间关系；交通系统组织；城市景观设计；公共活动中心的设计构思；城市设计的地块划分；市政设施规划；环境质量评价与绿化空间组织的基本情况。

（2）片区及街坊控制性详规和城市设计详图。由地块区位关系图、地块总平面图、水平与垂直交通组织图、四个沿街面的街景立面图、空间效果图，地块设计要点及有关规定组成。

（四）罗湖上步组团高架列车线路详细规划

1994 年完成的罗湖上步组团高架列车线路详细规划②内容如下。

1. 形势背景

深圳市在改革开放十余年中取得了举世瞩目的成就，已建成初具规模的外向型现代化城市。在 20 世纪末 21 世纪初的二十年中，深圳市将加快改革开放步伐，赶超亚洲四小龙，建设成为多功能的现代化国际性城市。与此相应，深圳将按照国际性大城市水准，建设航空、海运、陆路交通在内的高标准、高运量、高效率的现代化城市综合交通体系。根据中国国情和国家城市交通政策，深圳特区将建设包括地铁、地面、架空轨道交通构成的立体化交通体系，形成大运量快速公共交通体系，满足日益增长的交通需求。深圳市城

---

① 陈一新：《规划探索：深圳市中心区城市规划实施历程（1980—2010 年）》，海天出版社 2015 年版，第 88—89 页。

② 《深圳市罗湖上步组团高架列车线路详细规划》，深圳市城市规划设计院，1994年 3 月。

市形态呈带状组团式，除将修建地铁系统以满足全市性长距离大运量交通需求外，对组团之间以及组团内中距离中运量的交通需求，高架列车公共运输系统将能发挥很大作用，尤其是在现状地面交通和道路系统已趋饱和、改造困难的情况下，借鉴发达国家成功的先进经验，能以较低费用和较短时间使市区交通条件明显改善，为改善深圳市的社会环境、投资环境和旅游观光创造条件。

2. 项目委托

受深圳市规划国土局和深圳市物业集团股份有限公司委托，深圳市城市规划设计院城市与交通规划研究所在 1991 年瑞士 VON-ROLL 公司《深圳架空轻铁初始设计研究》和 1992 年市政工程设计院与铁科院深圳分院《深圳市高架列车线路详细规划》基础上，结合正在进行的《深圳市城市总体规划》的修编与《深圳市城市交通建设总体规划》，对上述《研究》与《规划》进行调整，重新编制《深圳市罗湖上步组团高架列车线路详细规划》，作为有关部门审议和下阶段设计的技术依据。

3. 规划目标

罗湖上步组团高架列车线路详细规划的主要任务是通过对罗湖上步组团土地利用和交通设施供应导致的出行行为特征分析，提出高架列车布线方案，从而使地铁、高架列车、地面公交、城市道路有良好配合，以期诱导交通出行行为，改善该地区交通拥挤状况。

4. 工作过程

首先进行了大量的资料收集和现状调查，对原有方案进行评估，再结合现状实际情况，根据正在修编的《深圳市城市总体规划》和《深圳市交通建设总体规划》的要求，对土地使用和交通出行需求进行综合与分析。然后通过千分之一图纸定线，初步确定线路平面位置和纵、横断面布置，车站及车辆段位置。在此基础上反复比选，同时征询有关单位和人员意见，对以前设定的线路走向做了较大变更，使规划方案布局更加优化、技术上现实可行，投资、拆迁量和对环境影响均比较小。

5. 土地使用现状

罗湖上步组团总用地 37.5 平方千米，1992 年总人口 73.1 万，其中常住人口约 31 万，暂住人口 42.1 万，人均用地仅 51.4 平方米/人。罗湖目前是全市商业、贸易、金融中心，就业岗位与人口十分集中，同时又是陆路对外交通枢纽，广九铁路自北向南贯穿罗湖区，经罗湖口岸直通香港，罗湖火车站地区已成为国内最繁忙的交通集散中心之一。上步目前是全市政治、文化、科技信息中心。罗湖上步组团还包括电子工业区、八封岭工业区和水贝工业区。组团内居住区人口密度高，平均约 3 万人/平方千米。

6. 高架列车线路规划分为二期

一期为环行线全长 13.2 千米，设车站 15 座，线路为封闭型内、外环双线，涵盖了罗湖上步组团主要交通集散地区，并与规划中的地铁线路，主要地面公交线路交会，换乘方便。二期为布心线，即从布心线东门车站出发，经中兴路（需扩建改造，规划道路红线宽度 26 米）、爱国路、布心路至终点布心总站。全长 4.8 千米，设车站 6 座。布心总站为终端掉头站。

（五）其他

（1）1994 年 5 月，市规划部门主持召开"大铲湾综合开发规划"中间汇报会议。

（2）1994 年 6 月，《龙岗区分区规划》编制第一次协调会在市规划院召开。

（3）1994 年 7 月市规划局委托深规院编制《罗湖上步分区调整规划》，根据总体规划的调整，提出解决交通问题的措施；分析区内现状设施改造的可能性和改造要求，提出区内重点地段及节点调整改造的具体方案。

（4）1994 年 8 月，深圳市政府批复原则同意黄田机场总体规划。

（5）1994 年 9 月，市规划部门印发《组团规划编制技术要求》的通知。

（6）1994 年 11 月，广东省城乡规划建设管理工作会议提出编制《珠江三角洲经济区协调发展规划》。

（7）1994 年完成的重大市政规划，包括罗湖区交通规划研究、快速路监控系统的初步设计、清水河油气库改造工程方案、全市给排水管网规划等。

● 规划实施举例

（1）福田中心区的开发建设是1994年城市基础设施建设的重点工程之一，市政府要求中心区的开发包括征地、拆迁、土方平整以及六条主干道和地下管网工程，1994年底前要基本完工，为中心区的全面开发建设创造条件。1994年福田中心区一次土地开发总面积为3.52平方千米，计划开发总投资14.53亿元。区内6条主干道总长为9.3千米，区间支路13条，总长为11.9千米。共完成土石方挖、运、填1050万立方米，道路软基处理15万平方米。区内临时设施施工，地下长约3722米（4.3×3.25）的电缆隧道已基本完成。6条主干道下的综合管网铺设大部分完成，部分主干道的主车道砼路面形成。13条区间支路软基处理和综合管网铺设工程相继动工。

（2）1994年6月，市规划国土局和香港大中华国际（集团）有限公司签订土地出让合同，出让位于福田中心区南区3万平方米土地，允许建设178400平方米，将融证券、期货、房地产及产权交易为一体，在深圳筹建我国沿海最大的交易中心——深圳国际交易广场，成为深圳市未来的大型联合交易中心。

（3）1994年2月北环快速干道主车道全线通车，全长20.84千米，标准路宽132米。

（4）1994年完成了滨海大道海堤工程8千米长临时便道和9条海堤联络便道工程，侨城东路、沙河东路、桂庙路简易路通车。①

四　1995年《总规（1996）》修编纲要通过

● 背景综述

1995年是"八五"计划收官之年，深圳面临特区政策优势的减弱和香港回归的转折时期，深圳市提出了二次创业、增创新优势，

---

① 深圳经济特区年鉴编辑委员会主编：《深圳经济特区年鉴1995》，深圳特区年鉴社1995年版，第254页。

要把深圳建成一个现代化的国际性大城市的战略目标。1995 年 1 月开始编制《珠江三角洲经济区协调发展规划》，深圳市参加了其中的《珠江三角洲城市群规划》和《深圳市与珠江三角洲衔接规划》工作。深圳"三来一补"渐退，高新科技产业猛增。

1995 年全市城市重点规划建设工程中，快速路系统、供配水工程、福田中心区土地开发工程属"重中之重"。快速路系统工程中的北环大道已通车，滨海大道海堤工程已完成，滨河大道中心区段已投入使用。"八五"期间，深圳城市道路建设加快，缓解了交通紧张状况，深南大道拓宽工程、北环干道工程相继完成，滨河大道、春风路高架桥工程基本完成，雅园立交、泥岗立交、南头立交、滨河立交等 10 余座大型立交相继投入使用。[①] 然而，1995 年，无论是总规，还是分区规划，都面临着对已建（或在建）工业区，及已批未建工业用地的调整问题，还面临着由其他部门确定的电力工业及石化工业项目如何落实，街办、镇办和村办工业如何与城市土地利用协调等问题。这些问题仅以市规划国土部门的权限和能力是难以解决的。

1995 年深圳行政区划 5 区：福田区、罗湖区、南山区、宝安区、龙岗区。1995 年末深圳全市常住人口约 449 万，全市 GDP 约842 亿元。据统计，1995 年深圳市主要经济指标已经稳居全国大中城市前列。深圳社会经济迅速发展，已显示深圳特区一次创业成功。

• 重点规划设计

1995 年，深圳市城市规划工作取得了新进展。在《深圳市城市总体规划（修编）纲要》确定后进一步编制《总规（1996）》；完成了《深圳市与珠江三角洲规划衔接》等规划设计项目；加速研究、实施深圳城市规划与香港城市规划的对接，落实西部通道、铜鼓航道和皇岗至落马洲通道等深港衔接工程的规划用地；完成宝安、龙岗、南山的分区规划和规划调整，正在进行罗湖上步分区、

---

① 深圳经济特区年鉴编辑委员会主编：《深圳经济特区年鉴 1996》，深圳特区年鉴社 1996 年版，第 254—255 页。

福田分区和沙头角分区的规划调整，城市建设布局更加合理；完成深圳绿地系统专项规划、高新技术工业村居住区规划、特区给排水管网系统规划、全市危险品布局规划等 86 项规划编制和审查工作。[①]

（一）《总规（1996）》

1995 年 6 月，《深圳市城市总体规划（修编）纲要》提交市人大常委会讨论通过，报省政府备案。1995 年 11 月，市政府举行"深圳市城市规划咨询会"，就城市规划中的重大问题，向有关专家咨询。[②] 1995 年 11 月 10—20 日召开了深圳建市以来规格最高、会期最长的"深圳市城市规划专家咨询会"，会议研究了深圳城市发展的几个重大课题——深圳市总体规划的修编工作、综合交通规划、福田中心区规划实践以及规划管理等。

1995 年完成的《总规（1996）》主要内容如下。

（1）宏观依据研究：深圳在全国的地位与作用，深圳的区域关系（与香港和珠江三角洲的关系）、深圳市的发展目标、产业结构、社会结构等问题。

①深圳与"珠三角"的关系：在省政府主持编制的"珠三角"规划中，已明确"深圳将成为珠江三角洲经济区城市群的副核心城市之一，珠江东岸都市区的中心城市"，为深圳市总规修编提供了依据，据此市规划国土局提出了"深圳市与珠三角城市衔接方案"。

②深港对接：香港回归日益临近，深港对接已进入实际操作阶段，必须对深港对接的各个层次做深入的研究。第一层次是交通的衔接，本次规划提出了新的东、西部通道，以及轨道交通衔接的问题，第二层次是城市功能的对接，基本认识是，香港是我国与世界经济往来的最重要的门户，也是亚洲有影响的国际性城市。深圳特区要建成国际性城市，必须首先要和香港建立合理的地域分工关系，建立功能互补的"双子城"，进一步加强香港的国际竞争力和继续扩大深圳的改革开放窗口作用。而城市经济功能的互补，必然

[①] 深圳经济特区年鉴编辑委员会主编：《深圳经济特区年鉴1996》，深圳特区年鉴社 1996 年版，第 261 页。

[②] 深圳市地方志编纂委员会编：《深圳市志·基础建设卷》，方志出版社 2014 年版，第 534 页。

对城市用地功能及布局形态产生深远而广泛的影响。这在此次总规修编及分调整规划中做了必要的落实，并将继续进行深入的探讨。

③深圳城市建设的标准：1995 年 10 月，省领导小组通过的《珠江三角洲经济区现代化建设规划纲要》，对深圳市的定位、规划目标提出了一系列要求。未来的深圳将是一个现代化国际性城市和区域核心城市，深圳必须按国际性城市标准进行高起点建设。包括：A. 推动港口大型化国际发展；B. 加速福田中心商务区（CBD）的建设；C. 建立、完善、超前的配套设施；D. 提供花园式的城市环境；E. 适度控制人口规模，积极提高人口素质。

（2）城市性质确定：在进行深入的区域分析和深圳自身发展特点分析之后，提出深圳市的城市性质为：以广大内陆腹地为依托，与香港相衔接，以高新技术产业为先导、先进工业为基础、第三产业为支柱，工业、金融、贸易、信息、运输、旅游高度发达，文化高度繁荣，经济效益和生活质量较高的现代化国际性城市。

（3）城市规模。

①人口规模：根据《深圳市国民经济和社会发展"九五"及2010 年规划》，深圳 2000 年和 2010 年人口规模为 400 万和 430 万。按给定的城市人口弹性（1∶1.2）计，2000 年和 2010 年全市人口应控制在 480 万和 520 万以内。

②用地规模：根据规划的人口规模以及由此所决定的社会经济发展需要，规划 2000 年和 2010 年全市城市用地规模分别控制在380 平方千米和 490 平方千米以内。

（4）城市空间结构：（见图 2—1）深圳中心城市职能的发挥，不仅需要合理的珠江三角洲城市体系为依托，还需要合理的市域城市空间结构。作为深圳社会经济发展载体的城市空间结构，此次总规修编设定为：

①深圳城市发展由特区扩大到全市整体范围，近年由于宝安、龙岗两区的工业化和城市化迅速发展，深圳市原来的"城—郊"型城市体系已经发生根本变化。

②轴向发展：交通枢纽城市的一般特征是，城市结构以中心城区为基点，沿交通干线轴向发展。总规修编提出深圳东部、中部、

西部三条主要轴线，并对每条轴线发展提出具体策略。

③相对集中的功能组团：深圳要发展成为国际性大都市，其职能须在空间上根据其较为复杂的经济地理条件分布与组合，为便于设定城区各部分的功能与发展方向，采用功能组团的概念加以阐述。全市共分11个组团，并对各组团功能提出要求。

④三级城市中心体系：A. 全市中心：以罗湖中心为基础向西推进，重点发展福田商务中心区，两者共同构成全市中心区；B. 全市次中心：特区内的南山中心和盐田港城中心分别带动特区西部和东部组团，特区外三条发展主轴线上，发展宝安中心城、龙华和龙岗中心城；C. 片区及各镇中心。

（5）重大基础设施：交通是深圳再发展的最直接动力。机场、港口、铁路、高等级公路、城市轨道交通等规划已做了不少工作，有的正逐步实施，有的尚在策划。

（6）城市环境发展规划：深圳由于人口增长、经济迅速发展和城市基础设施建设活动，未来环境质量将呈下降趋势。因此，总规修编应提出深圳市环境目标和发展策略。

（二）编制五个分区规划

按照《中华人民共和国城市规划法》的规定，分区规划应在城市总体规划的基础上编制，是对总体规划的深化。特区成立15年来，分区规划一直是紧随总体规划进行的，此次总规修编期间，结合总规修编的进展情况，市规划国土局委托了五个行政区的分区规划编制。1995年已完成了宝安、龙岗、南山分区规划，正在进行罗湖上步分区、福田分区和沙头角分区的调整规划。五个区的分区规划在总体规划的指导下正在全面编制，其中的宝安分区规划已经审批，南山、龙岗即将批准，罗湖东部各片区基本已分片完成，沙头角和罗湖上步分区正在编制，福田分区规划已经开始；计划到1996年上半年完成全部分区规划成果，下半年集中审查后由市政府批准。

1. 罗湖上步分区调整规划

罗湖上步分区是特区最早的建成区，人口密集、土地开发强度较大，改造规划的任务繁重、敏感问题较多，所以，此次对罗湖上步分区调整规划的基调比较慎重，力求提出一个比较满意的调整方案。罗湖上步分区占地 54.8 平方千米，是深圳最早发展、已建成的分区，是深圳前十五年高速发展的缩影。1986 年政府组织编制了罗湖上步分区规划，提出以 35 万人作为人口控制规模（常住 30 万人＋暂住 5 万—10 万人），进行居住用地、交通设施和公共配套服务等项目规划和用地安排。1990 年又做了罗湖上步分区的公共设施调整规划，远期规划人口 70 万人。由于深圳经济持续高速发展，使这两次规划设定的远期控制规模不断被超过，至 1995 年，罗湖上步的人口已达 69 万人，人口密度已达 184 人/万平方米，道路设施已无法满足交通需求。当时的现状已显示，罗湖上步分区建设 15 年就需进行"旧城改造"。

1995 年 4 月《罗湖上步分区调整规划文本（送审稿）》由深规院和天津市城市规划设计院共同编制。罗湖上步分区规划主要致力于治理现存的主要问题，如人口密集、开发强度过大、交通拥挤、基础设施和配套设施存在较大缺口、生活环境质量较差等。其城市建设已不再是简单的开发问题，应把重点放在控制、改造、保护和提高相结合上。本次规划年限 1995—2010 年，重点是根据《深圳市城市总体规划（纲要）修编》对罗湖上步分区重新定位，调整分区结构。例如，将上步工业区调整为以商业、金融、办公、居住为主的综合区；将水贝工业区调整为居住、商业、办公为主的综合区；将布心工业区调整为居住区。并逐步取消分区内零散工业，调整为配套设施用地等。人口规模也有所增加。随之对分区内的道路系统、公共交通等进行了相应调整。

2. 福田分区规划

1995 年编制福田分区规划的重点是福田中心区，福田中心区是未来深圳市以中心商务（CBD）和行政文化为主要功能的城市中心，也是我国华南地区与香港衔接乃至全国与海外联系的核心之一。它的建成与运行，将对深圳市未来成为现代化国际性大都市起到关键的作用。

3. 南山区分区规划

1995 年 1 月，市规划部门召开南山区分区规划方案汇报会，规划确定的南山区的发展方向、人口规模、用地规模和结构分片都与修编中的《总规（1996）》内容基本吻合。

4. 宝安分区规划

1995 年 5 月，由市规划国土局宝安分局和中规院深圳分院完成编制《深圳市宝安分区规划》，宝安分区规划着重解决农村城市化建设过于分散的问题，有侧重地进行工业化和城市化的发展布局。

5. 龙岗分区规划

1995 年 6 月，市规划国土局召开"深圳市龙岗次区域规划"评审会。龙岗分区规划则致力于解决当地工业化、城市化建设布局分散、公共配套缺乏等问题，从全市功能布局角度，提高整体布局，逐步改变面貌。

（三）福田中心区城市设计国际咨询筹备

1995 年 5 月召开《深圳市福田中心区城市设计（南片区）》专家评议会，专家们建议在国际范围内征询福田中心区城市设计方案。1995 年临时成立了该项目"国际咨询委员会"，年底完成了深圳市中心区核心地段城市设计国际咨询的前期工作，1995 年 11 月10—20 日召开的"深圳市城市规划专家咨询会"，与会专家对福田中心区提出了以下具有远见卓识的建设性意见。之后市规划部门开展了中轴线核心区城市设计国际招标。

（1）福田中心区是深圳特区留下的一块面积较大和完整的风水宝地，其规划设计要有超前性和高标准。至 1995 年中心区基础设施已基本建成，今后将是深圳开发建设的重点地区。中心区的规划建设应统筹考虑社会、经济、环境效益，其建设规模应采用控规成果的中方案，建筑开发量应控制在 800 万—1000 万平方米。若每年有 80 万—100 万平方米的建筑量，10 年左右即可建成，其现实性是很大的。

（2）中心区南北两区应有机结合起来，可通过加深中轴线与中心广场的空间设计处理，避免南北割裂而造成南"热"北"冷"的局面。

（3）中心区的交通系统采用"竖向垂直"分流，人车分流。要深入研究二层步行系统的整体性、系统性与可行性，步行天桥数量不宜太多。步行系统要与公交、地铁等交通站点紧密结合，为各类人员提供方便。地下步行系统是否一定要建设，须再研究。

（4）中心区的开发建设应以街坊为单位，成片设计，成片开发，成片建设。街坊建筑组群要有层次，有主题。建筑布局不宜松散。

（5）中心区的开发建设最好采取"中心开花"的步骤，先建深南路两侧的中心地带，特别是市政厅（即市民中心）要先建起来，有利于带动周围地段的开发建设。

（6）中轴线地段的规划设计最好进行国际招标或方案竞赛，进行多方案比较，确保一流的设计和建设。

● 规划实施举例

（1）福田中心区一次开发基本完成。1995年深圳市政府土地供应的重点是福田中心区、高科技工业区、龙岗大工业区等，力争多卖地，确保市政建设重点工程的投入。1995年市政府千方百计采取有效措施，在管理上政策上向福田中心区倾斜，力促中心区的开发建设"热"起来，同年完成中心区80%的道路市政工程设施建设工作。福田中心区总开发面积3.52平方千米，现场征地、拆迁、平整土地、干道和区间道路基本完成，中心区6条主干道砼路面基本完成。特区经过15年的规划建设，深圳甲级办公楼已经开始出现，深圳健康发展的经济形势有利于市中心区的开发建设。

（2）深圳市运输局组织编制的《深圳市公路网规划》于1995年向各有关部门征求意见。

（3）深圳市高新技术工业村修建性详细规划方案于1995年1月由市规划国土局向南山分局发出的审查批复，抄送市政府高新技术工业村筹建办公室。该工业村总用地19.8万平方米，其中：荔枝林用地1.65万平方米，科研管理办公用地2万平方米，高新技术工业用地16.15万平方米（容积率1.48，总建筑面积约24万平方米）。沿深南大道南侧的2万平方米科研管理办公用地由市局城市设计处及有关处室按深南大道街景规划提出设计要求后进行方案设计并报市局审查。

（4）1995 年 7 月在市规划国土局宝安分局举行深圳航空城控制性详细规划调整会议，原规划曾于 1994 年 11 月批准。

（5）1995 年 8 月，市规划国土局和市港务局共同主持召开"盐田港西港区规划协调会"，扩建西港区的起因是缺少中、小泊位。规划要从全局考虑岸线分配的合理性及泊位等级，功能分区要明确，要预留足够的备用码头。西港区的填海服务，须经环保评估后再审定用地红线。

（6）1995 年 6 月，市规划部门向盐田港建设指挥部《关于〈盐田港总体规划（后方陆域规划）〉的批复》。20 世纪 90 年代中期以盐田港规划建设为标志的深圳港口物流业进入发展新阶段。

第二节　福田中心区规划（1996—1998 年）

一　1996 年中心区核心地段城市设计确定

● 背景综述

1996 年是深圳产业第二次转型的关键时期，在《总规（1996）》定位目标下，深圳把握住国际上 IT 产业、信息技术产业的发展趋势，发展以电子信息为主体的高新技术制造产业，产业结构得到提升，经济迅速发展。1996 年末深圳市常住人口约 483 万人，这年深圳 GDP 首次超过 1000 亿元人民币，全市 GDP 达 1050 亿元人民币，在全国大中城市中居第 6 位。深圳金融业发展跃上新台阶，当年金融业增加值占全市第三产业增加值和 GDP 的比例分别超过了 1/4 和 1/10，金融业成为特区经济支柱产业。

《深圳市国民经济和社会发展"九五"计划（1996—2000）》、《深圳市城市总体规划（1996—2010）（送审稿）》等纲领性文件对深圳市城市建设目标做了明确规定。1996 年是深圳二次创业的起点，深圳城市规划有两个重点：一是抓紧城市总体规划的修编，二是加快福田中心区规划建设。

1996 年按照《国务院关于加强城市规划工作的通知》的要求，

深圳印发《关于进一步加强规划国土管理的决定》，要求实施可持续发展战略，切实深圳市加强城市规划和土地管理工作，1996 年 6 月 1 日起，在全市范围内统一启用"一书两证"① 制度。至 1996 年，深圳五个行政区中，宝安、龙岗仍有大量的农村，罗湖、南山只有少量农村，福田区的农村已基本上完成城市化过程。至 1996 年底，深圳市建成区达到 299 平方千米（其中特区为 101 平方千米）。②

1996 年 5 月市领导到市规划国土局调研，要求市规划国土局进一步搞好机关勤政廉政建设，强化规划国土管理，具体落实市政府整治房地产市场的十一条措施，修改城市总体规划加快中心区的开发建设。在深圳五个行政区（罗湖、福田、南山、宝安、龙岗）中，二次创业的开发重点是福田区。

1996 年 6 月在深圳市规划国土局内成立"深圳市中心区开发建设办公室"，市政府集中人力、物力、财力，精心规划加速建设福田中心区。为了加强对市中心区开发建设的领导，加快中心区开发建设进程，7 月市政府决定成立深圳市中心区开发建设领导小组，市政府发文深府〔1996〕255 号《关于成立深圳市中心区开发建设领导小组的通知》，领导小组下设"深圳市中心区开发建设办公室"（简称"市中心区办公室"），统一负责中心区的规划、地政管理、建筑报建、规划验收等工作。具体负责组织实施中心区各项政策和领导小组的决定，负责中心区开发建设的法定图则、地政管理、设计管理与报建、环境质量的验收以及对区内整体环境、物业管理实行监督，组织实施和落实中心区的城市设计。③

1996 年成立"深圳市高新技术产业园区"，市政府制定了《深圳市高新技术产业发展"九五"计划和 2010 年规划》，明确了"九五"期间重点发展计算机、通信、微电子及新型元器件、机电一体

---

① "一书"指《深圳市建设项目选址意见书》；"两证"指建设用地规划许可证、建设工程规划许可证。

② 《深圳房地产年鉴1997》，中国大地出版社 1997 年版，第 22 页。

③ 陈一新：《规划探索：深圳市中心区城市规划实施历程（1980—2010 年）》，海天出版社 2015 年版，第 63 页。

化、新材料、生物工程、激光七大高新技术产业。① 1996 年 9 月成立深圳市高新技术产业园区（简称：高新区），是国家科技部"建设世界一流科技园区"发展战略园区。园区占地面积从科技园的 3.2 平方千米扩大到 11.5 平方千米，北环大道和深南大道横贯其中，将之分割为北、中、南三个区域，东到沙河西路，西至麒麟路、南油大道。包括了深圳科技园总公司、第五工业区、深圳大学和深圳高新技术工业村整合划入。功能从原来侧重于科技成果转化，进一步深化到产学研紧密相连的产业链聚集区。

● 重点规划设计

（一）《总规（1996）》修编基本完成

1996 年 2 月，在《深圳市国民经济和社会发展"九五"计划及 2010 年规划》《深港经济衔接方案》《珠江三角洲经济区城市群规划》基本完成后，市规划国土局组织有关单位，开展《总规（1996）》成果的全面编制工作，共完成 28 个专题研究报告，编绘出《深圳市城市总体规划》说明书、文本和图册，完成《深圳市城市总体规划（1996—2010）》初稿。

1996 年 5 月，市领导在听取《总规（1996）》汇报会上强调深圳市土地使用要从粗放型向集约型转变，综合利用土地资源。同年 6 月，《总规（1996）》初稿在市博物馆公开展示 30 天之后，结合征集的 1000 余条公众意见，进行修改补充，把城市功能定位为现代化国际性城市、区域性经济中心城市、园林式花园式城市，以此确立深圳市第二次创业的历史性战略目标。《总规（1996）》初稿经修改补充完成送审稿，并经市人大常委会 1997 年 1 月审议通过后上报。建设部有关领导和专家参加评审时认为，该"规划"指导思想明确，依据充分，资料翔实，起点较高，同时也提出需要进一步解决问题的建议。

市政府根据国务院《关于加强城市规划工作的通知》（〔1996〕18 号）精神和专家评审及各方意见，对《总规（1996）》做了进一

---

① 深圳市委党史研究室、深圳市史志办公室编著：《深圳改革开放四十年》，中共党史出版社 2021 年版，第 187 页。

步修改补充。广东省政府审查后认为，《总规（1996）》修编，符合国家城市规划法及建设部《城市规划编制办法》的要求，遂于1998年12月15日将《总规（1996）（送审稿）》的文本、图集正式上报国务院。[1]

（二）福田中心区核心地段城市设计国际咨询优选方案确定

深圳市中心区（俗称：福田中心区）是深圳市级行政、文化、金融和交通枢纽中心。建设福田中心区，是深圳特区1980年规划起步时提出的愿景，它是特区一次创业提出的目标，也是深圳特区二次创业的重要空间基地。1996年，深圳市政府开始加快福田中心区规划建设。

福田中心区的核心地段（即中轴线两侧1.9平方千米范围）城市设计于1995年国际招标，1996年8月收到来自美国李名仪/廷丘勒建筑事务所、法国建筑与城市规划设计国际公司、新加坡雅科本建筑规划咨询顾问公司、香港华艺设计顾问公司四个方案。于1996年8月举行深圳市中心区核心地段城市设计咨询评审会，李名仪事务所的方案被评为优选方案，9月福田中心区核心地段城市设计国际咨询优选方案[2]得到市政府书面确认。评委认为优选方案在处理布局、轴线、交通、个体建筑形象、实施和改进的灵活性以及面向未来优良城市环境等方面富有创造性，解决得比较全面。优选方案继承了中轴线公共空间的构架，开创了立体中轴线时代，强化了中轴线及其两侧的城市设计效果，落实了人车交通分流体系。1996年中心区城市设计优选方案的确定标志着中心区核心城市设计定稿。

（三）城市规划委员会第七次会议

1996年12月，深圳市城市规划委员会第七次会议原则通过《深圳市城市总体规划（1996—2010）》和《深圳市城市规划标准准则》，该准则将开启深圳城市规划编制新体系，将城市规划编制分为总体规划、次区域规划、分区规划、法定图则和详细蓝图五个

---

① 深圳市地方志编纂委员会编：《深圳市志·基础建设卷》，方志出版社2014年版，第534页。

② 陈一新：《深圳福田中心区（CBD）城市规划建设三十年历史研究（1980—2010）》，东南大学出版社2015年版，第224页。

层次，以"法定图则"的形式将城市规划法制化，是深圳规划管理体制的一项重大改革。

（四）其他

（1）1996 年 4 月由市规划国土局宝安分局和深规院、中规院合作完成《宝安区分区发展策略（初稿）》。

（2）招商局蛇口工业区建设规划室于 1996 年 6 月完成《招商局蛇口工业区总体规划》，本次规划范围约 13.5 平方千米，其中规划城市建设用地 10.3 平方千米（现状城市建设用地 7.3 平方千米），规划人口 9 万人（截至 1995 年底，现状人口约 5 万人）。

（3）1996 年 8 月，《深圳市绿地系统规划》由深规院、深圳市农科园林公司、中外建园林公司、天津城市建设学院建筑系合作完成。

● 规划实施举例

（1）1996 年 12 月深圳市城市规划委员会召开第七次会议，审议并原则通过《深圳市城市总体规划（1996—2010）》修编文本送审稿和《深圳市城市规划标准与准则》修订稿。此外，为推动城市规划公众参与，实现政府、专家、群众意见三结合，确保规划成果具有科学性、可操作性和能够顺利实施，深圳市于 1996 年开始建立以市城市规划委员会为核心的规划决策咨询和公众参与体制。市规划国土局、各区分局分别建立了城市规划展览厅，通过规划公开展示，让广大市民了解规划、理解规划、参与规划、支持规划。①

（2）福田中心区开始加速建设。

1996 年市政府提出将城市建设重点转向市福田中心区并在五至十年内初具规模的战略目标，中心区继续进行基础设施建设。1996 年中心区工作有两个重点：第一，成立深圳市中心区开发建设办公室；第二，确定中心区核心地段城市设计国际咨询优选方案。

①建设进展，至 1996 年，市中心区先行建设的市政工程等基础设施建设，已按设计基本实现"七通一平"，给水管线、雨污水管

---

① 深圳市地方志编纂委员会编：《深圳市志·基础建设卷》，方志出版社 2014 年版，第 521—522 页。

道及污水排海系统已大部分完成，水源水厂已建成投产。道路建设已完成设计工程量的90%，其中滨河大道中心区段已于1996年10月通车。① 总计已投入15亿元人民币。

②为实现在5—10年内使市中心区建设初具规模的战略设想，深圳市政府在实施一系列优惠政策的同时，制订了深圳市中心区近期重点建设计划。市政厅（现名：市民中心）、水晶岛、中央绿化带、商业街、社区购物公园及大型文化设施等重点项目都在研究之中。②

③1996年，深圳市加快了福田中心区工程建设。福田中心区开发总面积为3.52平方千米，计划开发总投资14.53亿元，开发后可供应土地2.52平方千米。截至1996年底，该区内6条主干道和13条次干道路面已完成90%。其中益田路于4月28日通车；主、次干道下的污水、雨水、给水、燃气、电信、动力电缆、中水7种管道铺设均已完成；地下电缆隧道完成3.3千米；拆除各类障碍物和临时工棚达20万平方米。③

④截至1996年，中心区已建设施工项目有七个：中银花园、儿童医院、邮电信息枢纽中心、华艺大厦、昌盛大厦、大中华国际交易广场、投资大厦。1996年12月投资大厦主体工程封顶，这是福田中心区南区封顶的第一座大厦。

（3）1996年，迎接香港回归的罗湖口岸西、东广场和皇岗口岸改造工程陆续开工，深圳市五州宾馆建设工程也按计划有条不紊地进行。

（4）1996年9月，国务院批准设立盐田港保税区。该区按照物流管理模式，货物直接向美国市场和欧洲市场配送。盐田港保税区的成立，不仅扩大了深圳保税区的规模，而且促进了盐田港码头吞吐量的增长。④

---

① 深圳年鉴编辑委员会主编：《深圳年鉴1997》，深圳年鉴社1997年版，第388—389页。

② 《深圳房地产年鉴1997》，中国大地出版社1997年版，第37页。

③ 深圳年鉴编辑委员会主编：《深圳年鉴1997》，深圳年鉴社1997年版，第388页。

④ 深圳市委党史研究室、深圳市史志办公室编著：《深圳改革开放四十年》，中共党史出版社2021年版，第171页。

二　1997 年中心区专项规划修编

● 背景综述

1997 年，深圳在全国率先建立社会主义市场经济体制框架，以公有制为主体，多种经济成分平等竞争等市场经济十大体系。1997 年深圳市经济运行质量进一步提高，产业结构进一步优化，高新技术产品产值占工业总产值比重已达到 35%，金融形势良好。1997 年 10 月国务院批准深圳市增设盐田区，辖区包括原罗湖区的沙头角镇和盐田、梅沙两个街道，辖区面积 68 平方千米。从此，深圳市辖 6 个行政区，其中特区内 4 个区，即罗湖区、福田区、南山区、盐田区，特区外 2 个区，即宝安区和龙岗区。1997 年末深圳市常住人口约 528 万人，全市 GDP 约 1302.3 亿元人民币，全市人口、经济增速较快。

深圳特区二次创业的规划建设开始逐步落地。统计数据显示，1997 年深圳市建成区面积 299.92 平方千米，其中特区内建成区面积 124.18 平方千米。① 由此可见，特区内可用的城市建设用地 1997 年已基本用完，仅储备了福田中心区等少量建设用地。因此，福田中心区成为深圳特区二次创业的重要基地。

1997 年 3 月深圳市机构编制委员会办公室批复，同意深圳市中心区开发建设领导小组办公室暂定事业编制 12 名，设主任、副主任各 1 名（为兼职不列编），配专职副主任 1 名（副局级），人员经费由市财政实行全额管理。② 市中心区办公室的正式成立，标志着福田中心区规划实施进入快车道。

● 重点规划设计

（一）1997 年通过《总规（1996）》送审稿

《总规（1996）》作为深圳第二版总规，始于 1993 年，历时四

---

① 《深圳房地产年鉴 1998》，中国大地出版社 1998 年版，第 17 页。
② 陈一新：《深圳福田中心区（CBD）城市规划建设三十年历史研究（1980—2010）》，东南大学出版社 2015 年版，第 226 页。

年多完成定稿。《总规（1996）》送审稿于 1997 年 2 月获市人大审议通过，1997 年 12 月上报广东省政府并请转报国务院。为深圳跨世纪的城市发展制定了宏伟蓝图。《总规（1996）》送审稿主要内容及特点如下。

（1）首次将深圳城市规划区范围扩大到全市域行政辖区范围，适应了高速增长阶段城市空间拓展需求，对跨世纪全市域的土地空间进行统筹安排。

（2）功能定位，现代化国际性城市，区域性经济中心城市，园林式花园城市，以此确立了深圳城市发展第二次创业的战略目标。

（3）城市性质，把深圳市建设成为现代产业协调发展的综合性经济特区，珠江三角洲地区的中心城市之一，现代化多功能的国际性城市。

（4）规划人口规模，2000 年和 2010 年全市总人口分别控制在 400 万和 430 万人之内。①

（5）城市用地规模，全市可建设用地规模 910 平方千米。全市城市建设用地规模 2000 年控制在 380 平方千米以内，2010 年控制在 490 平方千米以内。②

（6）城市结构，从原特区带状多中心组团拓展到全市网状多中心组团结构，确立了以特区为中心的 3 条放射轴线（东、中、西），3 个圈层，11 个功能组团（特区 3 个、宝安 4 个、龙岗 4 个），建立合理的功能地域分工机制和结构合理的国际性大都市城市体系。

（二）福田中心区专项规划修编

为确保市政府布局在福田中心区的六大重点工程项目的顺利实施，1997 年市中心区办公室适当调整了中心区的有关专项规划设计。

1. 福田中心区法定图则（草案）

根据即将公布的《深圳市城市规划条例》，以福田中心区法定图则为试点探索编制内容及表达形式。根据 1996 年中心区国际咨询优选方案，在充分研究吸收原中心区城市规划设计的基础上，结

---

① 2010 年深圳全市人口达到 1037 万，实际超出规划指标 2 倍以上。
② 2010 年城市建设用地规模为 842 平方千米，实际远远超出规划指标。

合深圳市社会经济发展情况，对中心区的土地使用性质、功能布局、建设规模、人口等内容进行了规划调整，调整的原则是：南片区为中心区；北片区为行政图书馆、音乐厅；周边四个角布置居住配套。为使深南大道街景在中心区段形成以建筑精品为主的序列高潮和优美空间效果，调整和压缩了居住用地，增加了商务办公和文化用地。为使中心区开发富有弹性，保留了部分发展用地。中心区建设规模由原来的总建筑面积 923 万平方米降为 750 万平方米，居住人口规模由 11 万降为 7.7 万人，就业岗位 26 万人。使中心区土地利用更为科学、合理，发展更富有弹性。

福田中心区法定图则（草案）不仅是福田中心区首次编制法定图则，也是深圳第一个法定图则试点样板，做好中心区法定图则，具有示范作用。经过深入细致的调研，各种形式的协调会，1997 年底基本完成了《中心区法定图则（草案）》，中心区法定图则的编制进入最后定稿阶段。

2. 中心区交通详规及地铁选线

福田中心区尤其重视交通规划，认为地处深圳五个规划组团的地理中心的中心区，深南大道、滨河大道、红荔路、地铁 1 号、4 号线由中心区通过，是深圳特区交通的枢纽。其过境交通、公交换乘、人流疏散矛盾突出，处理不当，将直接影响到未来中心区的正常运转。为了更好地解决中心区 CBD 通勤问题，经仔细研究广泛征求意见，于 1997 年 5 月正式决定将地铁一期工程的 1 号线在中心区部分从深南路南移至福华路，直接穿过 CBD 最高容积率地块，1 号线和 4 号线直接经过 CBD，并在 CBD 垂直换乘。真正解决了工作岗位密集地与居住区的联系问题。1997 年市中心区开发建设办公室和市交通研究中心完成的《深圳市中心区交通规划》专项规划，着重解决外围快速路，中心区内增加路网密度，组织好公交、地铁的接驳换乘及站点设置，组织未来单行线方案，预留交通发展用地。

根据国际大都市的发展经验，地铁交通势必成为城市主要公交工具，而且深圳地铁 1 号、4 号线一期工程在中心区"十字"交会，所以，未来中心区是地铁交通的枢纽，客流量和换乘量都很大，站址的选择直接关系到人流的疏散和乘车的方便快捷，从而影响到中心区的正常运作。所以，市中心区办公室成立后一直十分重视地铁一期工程在中心区的线位和站点的规划布局。1997年银湖会议专家提出：地铁选线方案应重新慎重研究，两条地铁交叉换乘枢纽站，最好仍设在水晶岛下面。1997年开展了《中心区地铁选线和站点设置》专项研究。地铁一期工程确定的1号线、4号线的换乘站及其重心位于中心区，由于地铁工程的开展，推动中心区规划进入地下空间利用的新阶段。经过半年多的研究，在多轮方案的比较和修改后，在10个地铁选线和站点设置方案中挑选出了优势方案，确定地铁1号线由福华路通过，4号线在中央绿化带东侧通过的方案，并通过了专家评审。另外，地铁管理部门已经组织完成中心区五个地铁站点设计工作。至此，1997年中心区交通详规及地铁选线研究均获得阶段性成果。

3. 深化中轴线详细规划设计

1997年10月委托日本黑川纪章事务所承接任务开始对中轴线公共空间系统进行详细城市规划设计。本次设计在李名仪优选方案的基础上，扩大了立体中轴线公共空间的建设规模，提出了地上一层（商业）、地下二层（商业、停车）、屋顶绿化广场的多空间层次的设计方案，把中轴线的城市开放空间设计成城市客厅、商业服务、地下停车场与公交枢纽、地铁站等相连接的复合多功能轴线。

4. 市政工程设计调整

1997年中规院深圳分院根据福田中心区的法定图则新确定的开发总规模750万平方米，就业岗位26万个，居住人口7.7万人的指标进行《中心区市政工程调整》专项设计调整，建设规模按总建筑面积750万平方米考虑，调整设计留有发展余地，可满足建筑总面积900万平方米的需要。比市政工程原设计规模缩小了，市政工程除个别路网须做调整外，大部分路网按原有的城市管网进行复核，其中电力、邮电、通信等基础设施的变化较大。

（三）其他

（1）1997年2月市规划国土局初步审核《龙岗次区域规划》。

（2）1997年9月启动编制宝安次区域规划。

（3）1997年8月，福田区分区规划准备修编，上一轮分区规划编制于 1988 年。

（4）1997 年 3 月，市规划部门发文《关于进一步加强城市设计及建筑设计管理的规定》（深规土〔1997〕105 号），要求各建设单位、设计单位在建筑工程方案设计过程中必须严格执行《深圳市建筑工程方案设计招投标管理试行办法》。重要的公共建筑；建筑面积 2 万平方米（特区外 1 万平方米）以上的建筑（厂房、住宅除外）；建筑面积超过 6 万平方米的高层住宅或建筑群；用地面积超过 5 万平方米的各类小区详细蓝图规划设计都必须进行招标。

（5）1997 年 6 月，市规划国土局罗湖分局和罗湖区政府讨论《罗湖旧城南庆街保护规划》，对保护南庆街提出的五个比较方案，同意推荐方案五，将文物保护与老街风貌问题分开处理，南庆街的文物就地保护。这样既符合文物保护政策，又避免了开发商较大的经济损失，有利于实施。

（6）1997 年 5 月，市领导主持会议研究高新技术产业园区南区北片城市设计规划问题。

● 规划实施举例

（1）《深圳市城市规划标准与准则》（SZB01—97）已经市政府批准，于 1997 年 3 月 25 日正式颁布施行《深标》修订版，以政府规范性文件的形式指导全市城市规划管理工作，该"标准与准则"明确规定（并得到 1998 年《深圳市城市规划条例》的确认）规划范围覆盖全市。它是实现城市规划建设标准化、规范化、法制化的地方性城市规划标准，对深圳城市规划建设具有直接的指导意义。

（2）1997 年，在"拆除违章建筑，迎接香港回归"活动中，全市拆除各类违法违章建筑 397.7 万平方米（含窝棚），清理非法占地 826.6 万平方米。拔掉了一大批久攻不下的"钉子户"，取得了前所未有的成绩，城市面貌焕然一新，为香港回归祖国做出了应有的贡献。此外，路桥方面，完成了迎"九七"重点工程皇岗口岸、罗湖口岸及火车站交通改造工程。

（3）福田中心区规划建设进展。

①购物公园的建筑设计国际招标。至 1997 年，以罗湖区为建设

重点的一次创业已经基本完成，福田中心区周边的城市生活氛围已经形成。1997年香港回归，但受1997年亚洲金融风暴的影响，深圳办公楼市场因受到宏观经济的影响和前些年过量开发的存量消化压力而进入了投资冷淡期。福田中心区商务办公用地的出让市场也遇到"门庭冷落"的尴尬局面。因此，市政府希望以中心区六大重点工程项目的投资建设带动市场投资，并开始筹备中心区购物公园的建筑设计国际招标，探索带建筑方案的土地出让模式，希望借用商业的开发带动中心区的全面建设。

②六大重点工程。1997年是福田中心区六大重点工程方案设计招标最集中的一年，深圳市中心区开发建设办公室集中精力准备市政府这六大重点工程项目①建筑方案的国际招标工作，协助相关部门筹备这六个市级重点项目的前期准备工作，对这些项目进行规划选址，并提出规划设计要点许可及建筑设计方案的相关城市设计要求。特别是图书馆、音乐厅、少年宫、深圳电视中心、购物公园等建筑项目陆续开展的建筑方案设计国际招标或竞赛引起了社会各界的广泛关注，取得了较好效果。

③完成四个专项规划。1997年，深圳市中心区的规划与建设取得了新的进展。在上年深圳市中心城市设计国际咨询优选方案的基础上，开展了局部城市设计及单体建筑方案的国际咨询和国际招标，并取得了很大的进展。基本完成了对中心区建设具有指导意义的《中心区法定图则》的编制，同时还组织了《中心区交通详细规划》《中心区地铁选线和站点设置》《中心区市政工程调整》等专项研究，其中前2项已通过专家评审。组织了中心区建设项目汇报暨国际评议会、中心区行道树规划设计评标会。完成了中心区道路的重新命名。② 邀请了日本建筑师黑川纪章、美国建筑师李名仪做出了深圳市中心区中轴线公共空间系统规划概念设计和市政厅南广场及水晶岛规划概念设计。1997年10月市中心区举办市政厅屋顶

---

① 六大重点工程项目包括市政厅（现名市民中心）、音乐厅、图书馆、少年宫、电视中心（现名广电集团大厦）、地铁一期水晶岛站（现名市民中心站）。

② 陈一新：《规划探索：深圳市中心区城市规划实施历程（1980—2010年）》，海天出版社2015年版，第69—70页。

轮廓足尺模拟现场展示。① 中心区内许多具体建设项目已开始运作。购物公园的设计工作在招标方案的基础上正在进行深化设计，对电视台、图书馆、音乐厅的设计方案进行了国际招标，一些国际上知名的建筑设计机构参加了投标，并做出了方案，为以后的建设打下了良好的基础。对香港恒基（中国）投资有限公司、和记黄埔地产有限公司、中国海外（深圳）有限公司、新世界/熊谷组公司等首批在中心区的招商项目组织了规划方案的评议，并确定了优选方案。实际工程方面，岗厦辛城花园工程报建基本完成，基础工程已提前开工。

三　1998 年《深圳市城市规划条例》

● 背景综述

1998 年面对亚洲金融风暴，深圳城市基本建设降温，房地产业低迷。1998 年 6 月，深圳市贯彻落实国家"增创新优势，更上一层楼"的指示精神，强调规划也是生产力，要高起点进行规划，加快建设经济中心城市，加快实施科教兴市战略，把深圳经济特区建设全面推向 21 世纪。1998 年启动住房制度改革，推动了城市建设的市场化，土地经济规律开始发挥作用。1998 年《深圳经济特区土地使用权招标、拍卖规定》出台；1998 年 5 月，市人大常委会通过和颁布《深圳市城市规划条例》，深圳城市规划管理的法律制度日趋完善，为引导城市合理有序发展奠定了基础。10 月市政府发布《关于进一步加强规划国土管理的决定》。

1998 年，盐田行政区正式成立，制定了"以港兴区、以区促港"的发展战略。至此，深圳市辖 6 个行政区，其中特区内 4 个区，即罗湖区、福田区、南山区、盐田区，特区外 2 个区，即宝安区和龙岗。1998 年深圳城市社会经济形势较好，全市 GDP 约 1544.9 亿元人民币，年末深圳市常住人口约 580 万人，全市人口、经济稳步增长。

---

① 陈一新：《深圳福田中心区（CBD）城市规划建设三十年历史研究（1980—2010）》，东南大学出版社 2015 年版，第 228 页。

● 重点规划设计

（一）《深圳市城市规划条例》颁布施行，确定了法定图则的核心地位

1998 年 5 月 15 日深圳市人大会议通过《深圳市城市规划条例》，这是深圳从 1992 年拥有地方立法权后首次批准的深圳地方规划法，1998 年 7 月 1 日起施行。该条例的颁布，标志着深圳市已全面迈入以城市规划带动城市发展的新阶段。该条例确定了深圳城市规划编制与审批分为总体规划、次区域规划、分区规划、法定图则、详细蓝图五个阶段，并确立以法定图则为核心的城市规划体系。根据该条例，深圳市 1998 年成立了新的城市规划委员会，并下设三个分委会：发展策略委员会、法定图则委员会、建筑与环境艺术委员会。

深圳法定图则开创了国内城市规划公众展示的先例。在中国内地城市中，深圳是最早学习香港开展城市规划编制后的公众展示，展示后听取市民意见，进行修改或解释，然后进入审批环节。这样的规划编制程序首先在《深圳市城市规划条例》中确定，后来在《中华人民共和国城乡规划法》中得到法律确认。1998 年度，由市规划国土局编制提出，报深圳市城市规划委员会初审同意公开展示的第一批法定图则共 11 个，即福田中心区、白沙岭地区、园岭地区、水贝地区、梅林地区、景田地区、竹子林地区、莲塘地区、布心地区、安托山东地区、小梅沙地区。是年开展了福田中心区法定图则的编制及报审工作。

（二）次区域规划

随着《深圳市城市规划条例》的施行，深圳市规划设定了经济特区、宝安、龙岗三个次区域。1998 年，市规划国土局龙岗分局、宝安分局分别委托了深规院等单位完成了《深圳市龙岗次区域规划（1996—2010）》以及《宝安次区域规划》等编制工作。

（1）《龙岗次区域规划（1996—2010）》确定的规划目标是：严格控制城市建设用地，实现城市土地利用的集约化、有序化，促进深圳市可持续发展战略的实现，为广大居民工作与生活提供完善

的城市设施和优美舒适的城市环境。龙岗次区域规划面积 940.9 平方千米。城市规模，至 2010 年，规划总人口 127 万人，城市建设用地 164 平方千米。在深圳城市发展中将主要承担流通中心、东部旅游基地、强大的第二产业和东部能源基地四大职能。该次区域规划还就龙岗的城市布局、土地综合利用、城市建设用地、综合交通、工程专项等方面做出了规划。①

（2）《宝安次区域规划》展开了以下五个专题研究：宝安区社会经济发展与城市建设关系、城市建设可持续发展、土地综合利用、空间发展模式及功能分区、基础设施发展等。

（三）深圳市中心区周边城市设计

1998 年，市城市规划设计研究院编制出《深圳市中心区周边城市设计》。② 该设计涉及的地域面积约为 13 平方千米，其内侧边界包括市中心周围的新洲路、彩田路、莲花路和滨河路，外侧边界包括东面的组团隔离绿带、西面的香蜜湖度假村和高尔夫球场、南面的广深高速公路、北面的北环路。

1. 设计目的

一是制定周边地区的整体城市设计策略，明确与市中心以及更大区域空间形态脉络之间的协调关系；二是制定周边地区的局部城市设计导则，为开发控制提供城市设计依据。

设计提供的周边地区设计策略有三：一是高度分区策略，即根据分区规划的高度分区，周边地区的南部和北部作为自然景观敏感地区（如山体、红树林和海岸线）是控制高层发展区（非特殊部位的建筑高度不应超过 50 米），中部则为高度混合区，对景观重要部位（包括视线通廊、市中心门户地标和莲花山的周边地带）实施更为特定的高度控制；二是景观界面策略，即对周边地区的街道景观界面、中心区相邻界面、特定关联界面做出指引；三是空间单元格策略，即根据城市道路格局，将周边地区划分为 34 个空间整合单元，进而形成大小不等的 6 个空间整合地域。

---

① 《深圳房地产年鉴 1999》，海天出版社 1999 年版，第 23 页。

② 深圳市地方志编纂委员会编：《深圳市志·基础建设卷》，方志出版社 2014 年版，第 569—570 页。

2. 设计导则

设计提出的周边地区，主要包括景观界面与空间整合单元两个方面。关于景观界面，考虑到中心区相邻界面的主导影响因素，包括线型景观类型、高度分区中心区的相应界面、道路两侧用地性质道路断面和其他特定因素，将市中心相邻界面分为 8 个控制区段，每个区段的设计准则涉及街道空间、街道界面和街道景观的控制要素。关于空间整合单元，即根据城市道路格局，将周边地区划分为 34 个空间整合单元，每个空间整合单元的城市设计导则包括现状概述和控制准则，包括总体形态、核心、主要开口、主要路径和重点界面 5 项控制要素。

（四）深圳市沿海地区概念规划

深圳市政府对东西长达 260 千米的海岸线保护和规划利用十分重视，于 1998 年组织"深圳市沿海地区概念规划国际咨询"①，1998 年市政府决定从北美洲、欧洲、亚洲各请一家规划设计机构进行国际咨询。经过半年多工作，加拿大克瑞澳公司、英国阿特金斯公司、新加坡 OD205 计公司分别提交了概念规划方案。诸方案大体上将深圳市的海岸线分成三个主要区域：沙头角以东地区的绿色岸线；以深圳河和深圳湾为中心、内陆自然景观和福田红树林为主的门户岸线；蛇口半岛以西地区拥有万亩鱼塘、田园海上风光的棕色岸线。1998 年 7 月至 1999 年 5 月，市政府先后邀请专家评议后，由市规划国土局组织进行国际咨询工作，目的在于借鉴和吸收国际上沿海地区综合开发的先进经验，寻求和拓展综合利用海岸线资源和可持续发展的思路。

（五）福田中心区音乐厅和中心图书馆建筑设计方案国际招标

1998 年 1 月，举行福田中心区音乐厅和中心图书馆建筑设计方案国际招标，日本矶崎新事务所中标。其方案是把音乐厅和中心图书馆两个建筑用一个大平台路街连为一体，大平台同时是一个公共文化广场，平台两侧的入口大厅由巨型的树枝状钢网架支撑，形成一片"文化森林"。国际评委对此方案的评价是："综合构思严密，

---

① 深圳市地方志编纂委员会编：《深圳市志·基础建设卷》，方志出版社 2014 年版，第 572 页。

既科学地解决了复杂的功能与技术问题，又艺术地创造了深邃的文化意境，堪称城市设计中的杰作。"

（六）其他

（1）1998 年 7 月，交通部、广东省政府批复《深圳港总体布局规划》，同意将深圳港分为盐田、下洞、沙鱼涌、蛇口、赤湾、妈湾、大铲湾（含大、小铲岛）、福永、宝安、东宝河、东角头和深圳河等港区。授权深圳市港务管理局监督实施深圳港总体布局规划，并负责港区范围内岸线和水、陆域的管理。

（2）分区规划包括罗湖、福田、南山、盐田、宝安、龙岗六个分区规划。1998 年市规划部门完成了南山分区规划和盐田分区规划的编制工作。1998 年 8 月，市规划部门召开《盐田分区规划》审查会。

（3）城市设计，1998 年完成了特区总体城市设计研究、城市雕塑总体规划、户外广告设置指引，还完成了《深南大道（上海宾馆—红岭路）街景整治方案》的制定，并完成《南山商业文化中心区城市设计》国际招标的评标工作。

（4）深圳市海上田园风光旅游区规划，位于宝安区的沙井、福永镇，总面积约 24 平方千米，是深圳 260 千米海岸线的最西端。发展目标是建设在国际上有较大影响的、国内一流的生态农业生产及生态旅游综合区。1998 年完成了西部海上田园风光旅游区规划设计。

（5）《深圳市罗湖旧城规划》是在 1989 年《深圳市罗湖旧城规划》之后，为适应新形势的需要进行的又一轮旧城改造规划，于 1998 年 12 月中规院深圳分院完成，同年 12 月，市规划部门批复原则同意该规划方案。规划范围为建设路、深南东路、东门中路、晒布路、新园路围合片区，外围道路红线范围内用地面积约 30.12 万平方米。该规划提出七条构思：①建立核心空间，突出旧城特色；②建立步行商业街；③提出交通政策，建立交通体系；④保护文物，展示历史；⑤拓展地下空间，丰富空间内涵，提供土地利用价值；⑥建立防灾疏散体系，满足城市安全功能；⑦完善市政设施配套建设，保证旧城的发展需要。

（6）1998 年 8 月完成《深圳市高新技术产业园区土地利用规划》，高新技术产业园位于南山区大沙河以西，麒麟路以东，广深高速以南、滨海大道以北，园区总占地面积 11.5 平方千米，目前已建成区面积 572 万平方米，接近一半。1998 年 9 月，市政府印发《深圳市高新技术产业园区土地利用规划》。

● 规划实施举例

（1）福田中心区规划建设进展。自 1998 年起，福田区的商品房新开工面积及销售面积均超过了罗湖区，其中办公楼销售面积也超过罗湖区，福田区逐渐成为商品房、办公楼市场供应的主力。说明城市中心的建设逐步从罗湖区转向福田区。

①1998 年 5 月市规划国土局开展征集"市政厅"名称活动，①从此以后，"市政厅"改名为"市民中心"。

②福田中心区六大重点工程奠基，市政府投资的六大重点工程（市民中心、图书馆、音乐厅、少年宫、电视中心、地铁一期水晶岛试验站）1998 年 12 月 28 日同时举行开工奠基仪式，标志着正式拉开了大规模开发建设中心区的序幕。

③社区购物公园建筑设计概念方案招标，福田中心区选择"社区购物公园"作为带建筑设计方案的土地使用权招标的新模式。社区购物公园建筑设计概念方案招标，1998 年 5 月确定中标方案后，同年 9 月，社区购物公园两宗土地使用权公开招标。9 月 22 日，位于市中心区购物公园的两宗土地使用权公开招标。市城建开发集团公司、泰华房地产开发（深圳）有限公司分别中标各一宗地块。这是 1998 年亚洲金融风暴后的首次土地招标。

④1998 年 9 月，中心区首个住宅项目"中海华庭"开工典礼，真正拉开了福田中心区开发建设的序幕。

⑤1998 年作为深圳市政基础设施续建工程的中心区福华路、福兴路等项目，福田中心区福华路由于地铁工程占用而停工；福兴路

---

① 陈一新：《深圳福田中心区（CBD）城市规划建设三十年历史研究（1980—2010）》，东南大学出版社 2015 年版，第 230 页。

因受拆迁影响工程进展。①

（2）深圳地铁一期工程于 1998 年 12 月 28 日动工建设。根据地铁规划，深圳地铁由 6 条干线组成：1 号线（罗湖—深圳机场）、2 号线（罗湖—盐田）、3 号线（罗湖—坪地）、4 号线（皇岗—观澜）、5 号线（蛇口—西丽湖）、6 号线（深圳机场—松岗）。最早确定的地铁一期工程长度 14.8 千米，包括 1 号线（罗湖—香蜜湖段）和 4 号线（皇岗—红荔路段）。

（3）1998 年 10 月 23 日，深圳市政府颁布《关于进一步加强规划国土管理的决定》文件，主要内容：

①坚持政府对规划国土的集中统一管理，宝安、龙岗两区的规划国土工作由市规划国土部门直接管理。

②收回蛇口工业区、南油集团、华侨城、福田保税区、盐田港（包括盐田港保税区）等成片开发区的规划国土管理权，由市规划国土部门实施统一管理。

（4）加快西部规划建设海上田园风光。1998 年 8 月市五套班子领导到宝安区海岸线视察并现场办公时指出，要加快西部海岸沿线规划、开发和建设，建成具有海上田园风光的旅游胜地，使之成为新的旅游景点和经济增长点。

（5）1998 年 12 月，市领导听取了深圳会展中心建筑设计招投标准备工作的汇报。美国海莫特·扬建筑师事务所等 11 家单位为此次招投标的竞标邀请单位。会展中心位于深圳湾填海区，占地面积约 19 万平方米，总建筑面积 20 万平方米。

（6）1998 年，深圳市和福田区两级政府共同投资 4500 万元对华强北进行 12 个项目的改造②，同年 11 月，市规划部门批复"华强北商业街改造工程领导小组"同意华强北商业街改造（首期）城市设计的方案及施工图设计。

（7）1998 年 12 月，市规划部门会议明确重申全市 30 万亩农业

---

① 深圳年鉴编辑委员会主编：《深圳年鉴 1999》，深圳年鉴社 1999 年版，第 412 页。

② 深圳市福田区地方志编纂委员会编：《深圳市福田区志（1979—2003 年）》上册，方志出版社 2012 年版，第 570 页。

保护区用地规划总量保持不变，特别是原已划定的 5 万亩蔬菜基地一定要保证。

第三节　法定图则（1999—2002 年）

一　1999 年首届高交会馆建设

● 背景综述

1999 年，国庆 50 周年，适逢深圳建市二十周年，中国高新技术成果交易会馆落户深圳市。高新技术和物流业成为 90 年代深圳培育的两大支柱产业，1999 年深圳取得中国国际高新技术产业成果（深圳）交易会（简称高交会）的主办权，高交会见证了高新技术产业发展的步履。

深圳城市总体规划 1999 年 6 月获得国际建筑师协会（英文缩写：UIA）颁发的阿伯克隆比奖，UIA 第 20 届大会在北京召开，大会授予深圳市城市总体规划"阿伯克隆比爵士荣誉提名奖"（即 UIA 城市规划奖），这是亚洲国家城市首次获此殊荣。深圳此次获奖，说明深圳规划建设成就已获得国际规划建筑界的认可。国际建协主席给深圳颁奖时说："深圳作为一个新兴的城市，在这么短的时间内发展这么快，城市规划实施得这么好，是在几代规划师的努力下，将自然环境、城市建设和社会经济发展有机地结合起来，既满足了城市人口的经济快速增长的需要，也妥善解决了城市与区域的关系，使深圳保持了良性的持续发展，堪称快速发展城市的典范。"福田中心区首次建成的三维城市仿真系统在 UIA 第 20 届大会上全程演示展出。

1999 年深圳经济尽管仍处于亚洲金融危机的影响下，但由于市政府几年来高度重视防范化解金融风险工作，坚持按经济规律办事，坚持强化法治环境，使深圳经济仍能保持金融稳定。加上深圳积极的财政政策和扩大内需，并加紧调整产业结构，至 1999 年，已有 60 多个国家和地区的投资者在深圳投资，有 10 多家跨国公司，国际知名大企业在深圳投资，其中财富500强企业有76家，深圳成功实现了"三来一补"向"三资"企业的转型。①

1999年4月，深圳市村镇规划建设工作现场会议在龙岗区举行，市领导要求全面提升规划建设管理水平，以崭新城市面貌迈向新世纪。会议提出：规划就是生产力，规划就是经济效益，规划就是社会效益，年底实现城市规划覆盖到全市2020平方千米的目标。

1999年12月，市规划部门、深圳市运输局和深圳市城市交通规划研究中心联合完成的《深圳公共交通总体规划总报告》已经明确深圳公共交通发展需要达到的目标是：建立一个以轨道交通为骨干，以公共大巴为主体，中小巴为补充，出租车为辅助的城市公共系统。1999年3月5日，市人大公布实施《关于坚决查处违法建筑的决定》。到20世纪90年代后期，深圳特区已经建成一个海、陆、空立体交通便捷，投资环境非常优越的城市。

深圳市辖6个行政区，其中特区内4个区，即罗湖区、福田区、南山区、盐田区，特区外2个区，即宝安区和龙岗区。1999年末深圳市常住人口约633万人，全市GDP约1824.6亿元人民币，全市人口、经济稳步增长。

• 重点规划设计

（一）《总规（1996）》定稿

1999年完成《深圳市城市总体规划（1996—2010）》，简称《总规（1996）》的送审稿。根据深圳市社会经济发展策略确定的城市性质、发展目标和发展规模，深圳城市总体规划对城市发展形态、次区域及组团结构划分、城市建设用地布局、交通运输系统及全市性基础设施的布局、农业及环境保护、风景旅游资源的开发利用等进行总体部署，并确定各专项规划的基本框架。《总规（1996）》送审稿规定：②

（1）城市性质：现代产业协调发展的综合经济特区，珠江三角

---

① 深圳市委党史研究室、深圳市史志办公室编著：《深圳改革开放四十年》，中共党史出版社2021年版，第170页。

② 《深圳房地产年鉴1999》，海天出版社1999年版，第20页。

洲地区中心城市之一，现代化的国际性城市。

（2）发展目标：将深圳建设成为区域性金融中心、信息中心、商贸中心、运输中心和旅游胜地，以及我国南方的高新技术产业开发生产基地。

（3）发展规模：至 2010 年，全市总人口控制在 430 万以内，城市建设用地控制在 480 平方千米以内。

（4）发展策略：在经济上，建成以高新技术产业为先导、先进工业为基础、第三产业为支柱、农业发达的现代产业基地；在社会发展上，逐步形成按国际惯例运作的体系环境；在环境发展上，把深圳建设成为珠江三角洲乃至全国的生态环境保护示范城市；在区域协调发展上，充分利用地理位置优势和"经济特区"优势，促进深圳和珠江三角洲地区的经济合作和协调发展。

（5）城市结构布局：以经济特区为中心，以西、中、东三条放射发展轴为骨架，形成轴带结合、三个圈层梯度推进的组团集合结构，并将城市布局结构融入市域土地综合利用的自然生态规划之中。

（二）法定图则编制工作全市展开

1999 年，深圳市城市规划法定图则编制工作全面展开。年内完成了《深圳市法定图则编制的技术规定》和《深圳市规划标准分区划分》2 个法规性文件，这是编制法定图则的依据和指导性文件。1999 年，全市完成编制 69 个片区的法定图则草案，其中莲塘、布心、水贝、园岭、小梅沙等片区的法定图则草案已经第八次深圳市城市规划委员会审议通过。①

（三）福田中心区地下空间规划设计

这是深圳市首次对一个片区进行地下空间系统规划设计。1999年 5 月进行深圳市中心区城市设计及地下空间利用综合规划国际咨询发标会，9 月举行评标会，德国 OBERMEYER 设计公司的方案为优选方案。优选方案对中心区进行"九宫格"式的结构划分，赋予中心区规划以中国传统文化内涵；创新提出金田路、益田路两条南

---

① 深圳年鉴编辑委员会主编：《深圳年鉴 2000》，深圳年鉴社 2000 年版，第 351 页。

北向"双龙起舞"的整体建筑轮廓线，明确控制建筑高度，强化中心区天际线；首次提出中轴线和福华路地下空间"十字轴"以及将中心区地下空间连成网络，并在中轴线上通过顶部天窗及两侧下沉水体为地下空间创造自然采光的宜人环境等内容。[①] 此规划填补了中心区地下空间规划的空白。

（四）高新技术产业园区控规确定

1999年11月，经深圳市政府研究，决定批准深圳市高新技术产业园区中区西区控制性规划。

（1）规划范围：以北环路、科苑大道、深南大道、麒麟路道路中心线的围合区域，总用地面积179.47万平方米。它西靠马家龙工业区，北临高新区北区西片——第五工业区，东接高新区中区东片——科技工业园，南与深圳大学隔深南大道相望。片区地理位置优越，交通方便，随着高新技术企业的入驻，以及深圳高新技术的建设发展，本片区将成为重要的高新区工业基地。

（2）规划定位，目标定位是生态工业园。产业定位是以生物工程、电子信息为主导产业的外向型高新技术产业区。开发定位采用分片开发、集中管理、统筹服务的开发策略。工业用地的开发强度为容积率控制在1.2以下，建筑密度控制在25%以下。

（3）发展规模，片区现有常住人口约1817人。考虑到区内工作人员多为高技术人才，因此本区不再留有单身公寓。规划居住人口1.88万人，规划居住用地面积20万平方米。

（4）规划保留了5.86万平方米的荔枝林、2.14万平方米水塘、23.7万平方米的绿地，以创造21世纪的生态工业园。

（五）上步工业区调整规划

1999年7月，市规划国土局批复《上步工业区调整规划》（以下简称《调整规划》），原则同意《调整规划》对上步工业区所确定的规划原则、功能定位、控制规模、用地调整方案以及土地开发强度。主要内容如下。

（1）功能定位，是融居住、商贸、金融证券和办公为一体的综合

---

① 陈一新：《规划探索：深圳市中心区城市规划实施历程（1980—2010年）》，海天出版社2015年版，第236页。

区；区级商业服务中心；市级家电、电子及通信产品批发销售中心。

（2）规划用地 145 万平方米，其中居住 59 万平方米，商业 38 万平方米，政府/团体/社区用地 8 万平方米，其余为市政、道路广场、绿地等。规划总建筑面积控制在 435 万平方米，居住人口 6 万人以内。

（3）原则同意《调整规划》的交通组织和路网布局。同意在振华路和深南中路之间增加一条东西向支路（暂名振中路），红线宽度为 16 米，双向 2 车道。同意在上步中路、华富路与深南中路的交叉口预留立交用地。

（4）《调整规划》可作为编制法定图则的技术依据，请将《调整规划》的有关内容纳入正在编制的《福田分区规划》中。

（六）宝安、龙岗规划进展

1. 宝安区

1999 年宝安区土地总面积 733 平方千米，其中水域 28 平方千米、水源保护区 145 平方千米、农业保护区 100 平方千米（15 万亩）、山地 50 平方千米，坡度小于六度的可建设用地 410 平方千米。目前全区农村集体土地 507 平方千米，国有土地 226 平方千米，其中尚未建设的国有储备用地约 15 平方千米，分散在各镇（街道办），大部分为毛地。根据《深圳市城市总体规划》，宝安区 2010 年的规划建成区面积为 153 平方千米，目前建成区面积 114 平方千米，即未来十年可建设 40 平方千米。自 1994 年实行规划国土垂直管理以来，宝安区大力推行"五统一"管理模式，先后完成了《宝安区总体规划》《宝安区分区规划》《宝安区市政工程详细规划》《宝安区次区域规划》研究和编制、村镇规划、法定图则等，规划覆盖全区每一寸土地，基本确立了规划的龙头地位和基础作用。城市建设在规划的指导下，初步实现了从过去的布局零乱分散向统一规划、合理布局、紧凑集约的方向转变。①

2. 龙岗区

1999 年 4 月，深圳市政府在龙岗区召开了村镇规划现场会议。

---

① 杜海平：《正视现实，勇于突破，深化改革，再创辉煌——宝安区土地管理存在的问题及对策》，1999 年 11 月。

提出要把特区城市规划管理的成功经验，推向宝安、龙岗两区的村镇建设，实现规划管理的战略性转移和规划"全覆盖"目标。年内，市规划国土局组织力量，加紧进行村镇规划编制工作。至年底，宝安区已全面完成 8 个镇和 2 个街道办事处的区域规划和 50 多个片区规划及若干项详规；龙岗区已全面完成 10 个镇的镇域规划、88 个行政村规划及若干村民住宅区规划方案。至此，深圳市的规划"全覆盖"工作取得了阶段性成果。①

（七）其他

（1）1999 年 8 月召开《罗湖口岸/火车站地区综合规划》国际咨询专家评审会。

（2）1999 年 6 月，市规划国土局批准香蜜湖控制性详细规划，规划总建筑面积控制在 113 万平方米以内，其中居住建筑面积不得超过 64 万平方米，规划居住人口控制在 1.9 万以内。本区原则上严格限制居住用地开发建设，以免造成对旅游区原有特色的破坏。

（3）1999 年完成《深南大道香蜜路—侨城东路地段城市设计》。

（4）1999 年南山商业文化中心区的控规及城市设计，由深规院完成编制并获得批准。

（5）深圳中心公园建设，1999 年初，深圳市政府决定将福田 800 米绿化带改造成为供市民观赏、游览、休闲的自然植物公园，并列入市政府为民办实事项目的第一项。该公园第一期改造工程从红荔路以南至滨河路，面积共 68 万平方米，从 4 月开始施工至 8 月底已基本完工。

（6）1999 年 12 月《深圳市公共交通总体规划》通过专家评审。该规划深圳至 2010 年公交要达到"以轨道交通为骨干、常规交通为主体，方式多样、高效、舒适、便捷，可与个体交通竞争的高水平"。

● 规划实施举例

（一）深圳会议展览中心（深圳湾）设计方案

1999 年 4 月深圳会议展览中心建筑设计方案国际竞标完成，美

---

① 深圳年鉴编辑委员会主编：《深圳年鉴 2000》，深圳年鉴社 2000 年版，第 351 页。

国墨菲·扬建筑事务所联合中国建筑东北设计研究院设计的 2 号方案，以其布局合理、简洁明快等特点中标。

（二）市中心区规划实施进展

（1）高交会馆顺利建成。[①] 1999 年 1 月 14 日中国高新技术成果（深圳）交易会馆临时建筑在福田中心区 32—1 地块动工兴建。4 月，在高交会馆周围筹备建设首届高交会的临时停车场。10 月深圳高交会展馆建成启用，该馆为中国高新技术成果（深圳）交易会馆的临时建筑，占地 54000 平方米，建筑面积 25000 平米。1999 年 10 月，首届高交会在深圳市中心区举行。高交会馆的临时建筑，选址在福田中心区北区的市民中心西侧、广电中心东侧、深南大道北侧的地块，1999 年上半年迅速进行高交会馆工程设计方案投标，确定高交会馆实施方案后的短短几个月内完成该工程施工。使 1999 年 10 月如期举办首届高交会。

（2）1999 年 5 月市中心区又一大型住宅项目深业花园破土动工。10 月市民中心桩基工程完成。

（3）1999 年 5 月召开"深圳文化中心（音乐厅、中心图书馆）初步设计论证会"，音乐厅、中心图书馆建筑工程完成初步设计。

二　2000 年《总规（1996）》获批复

● 背景综述

2000 年，适逢《中华人民共和国城市规划法》颁布实施十周年，深圳经济特区成立二十周年之际，国务院正式批复《深圳市城市总体规划（1996—2010）》，这是深圳城市规划工作的一件大喜事。市领导要求深圳城市规划要瞄准国际一流水平和城市长远发展大计，全面拉开城市布局，拓展城市发展空间。深圳国民经济持续快速健康发展，2000 年深圳全市 GDP 总值 2219 亿元，在 1995 年 842 亿元的基础上翻了一番，居全国大中城市第四位。深圳人口增长也很快，从 1990 年的 166 万人（全国第四次人口普查）猛增到

---

① 陈一新：《深圳福田中心区（CBD）城市规划建设三十年历史研究（1980—2010）》，东南大学出版社 2015 年版，第 233—236 页。

2000年700万人（全国第五次人口普查）。2000年末特区内常住人口已达约205万人，相当于规划人口的2倍。2000年深圳市规划与国土资源局首次组织的全市建筑物普查数据显示：2000年深圳市全市总建筑面积33923万平方米，比1980年增加了300多倍。建筑占地面积约95平方千米，特区内可建设用地已基本建满，而特区外仍呈外延扩张模式，特区内外城市建设呈现的"二元结构"特征明显。

深圳市辖6个行政区，其中特区内4个区，即罗湖区、福田区、南山区、盐田区，特区外2个区，即宝安区和龙岗区。2000年4月，国务院又批准成立深圳出口加工区，即龙岗大工业区。龙岗大工业区首期开发区的西片区，占地面积3平方千米，具有良好的区位优势，能充分利用海、陆、空立体交通网络之便。保税区和出口加工区的建设，大大增创了深圳对外开放的新优势。同年5月，深圳市提出"要加快发展高新技术产业、现代金融业和现代物流业三大战略性支柱产业"，明确将高新技术产业作为深圳的三大战略性支柱产业之首。[1]

根据2000年深圳卫星影像图分析，全市自然条件适于建设的用地中，除去已划定为水源保护区、农业保护区、组团隔离带及其他禁止建设的用地外，可建设用地总量为761平方千米，而2000年全市建成区面积已达467平方千米（占建设用地总量的61%），尚有可建设用地储备仅294平方千米。如延续以往粗放式土地开发模式，只可开发10年。尚存可建设用地80%位于特区外，且大多为建成区边缘的零碎用地，缺乏区位较好、规模较大的连片开发土地，[2] 不利于深圳未来吸引新产业、大型企业的投资选址等。[3]

进入21世纪，深圳高速发展的巨大需求与土地资源紧缺的矛盾日益突出，成为我国第一个遭遇空间资源硬约束的特大城市。城市建设与社会经济环境协调发展的压力进一步加大。因此，必须加快

---

① 深圳市委党史研究室、深圳市史志办公室编著：《深圳改革开放四十年》，中共党史出版社2021年版，第171—172页。

② 《深圳2005：拓展与整合》，"深圳市城市总体规划检讨与对策"主题报告，深圳市规划与国土资源局、深规院，2005年，第38页。

③ 深圳市规划局、中规院：《深圳2030城市发展策略》，2002—2006年。

完善城市功能，发展高新技术产业和第三产业，更增强了深圳加快建设福田中心区（CBD）的紧迫性。2000年，深圳市建立了土地有形市场，将土地使用权出让、转让、租赁等一律进行招标、拍卖和挂牌交易，保证了土地交易的公平、公正和公开性。

2000年1月深圳蛇口工业区、南油集团、华侨城的规划国土管理资料移交完毕，三大成片开发区规划国土管理权的移交工作圆满完成，南山分局全面恢复办理三个成片开发区的业务。

● 重点规划设计

（一）国务院批复同意《总规（1996）》

2000年1月，国务院正式批复，原则同意《深圳市城市总体规划（1996—2010）》，《总规（1996）》的文本包括22章（总则、发展策略、性质与规模、土地利用、布局结构、发展与更新、交通、旅游、环境、水电气、防灾等规划），附表10个；图集包括总规图30张。主要内容如下。

（1）深圳市是我国的经济特区，到2010年，深圳将建成现代化产业协调发展的综合性经济特区，华南地区重要的经济中心，园林式、花园式现代化国际性城市。

（2）同意《总规（1996）》确定的全部行政辖区2020平方千米为城市规划区范围。在城市规划区内，实行城乡统一规划管理。要以特区为中心，以西、中、东三条放射发展轴为基本骨架，形成梯度推进的"带状组团"式城市布局结构。要切实保护好组团间的绿化隔离带，防止连片发展。

（3）要按照有关用地分类的要求，对市域土地利用进行综合控制与引导，尤其对"已推未建设"的234平方千米土地要合理整治和利用。

（4）严格控制城市人口和建设用地规模。到2005年，全市总人口要控制在420万人以内，城镇建设用地控制在425平方千米以内；到2010年，全市总人口要控制在430万人以内，城镇建设用地控制在480平方千米以内。

（5）深圳市的建设与发展要遵循经济、社会、人口、环境和资源相协调的可持续发展战略，大力发展高新技术产业和第三产业，不断完善城市功能，应加强基础设施的规划建设，切实保护和改善生态环境。努力创造鲜明的特区城市特色等内容。逐步把深圳市建设成为经济繁荣、社会文明、布局合理、设施完善、环境优美的现代化城市。

（二）《城市轨道交通规划》

2000 年深圳市制定了《城市轨道交通规划（咨询稿）》。该《规划》提出深圳市城市交通发展的战略目标是，建设以轨道交通为骨干的、可持续发展的城市综合交通体系，为市民提供更为方便、快捷、经济、安全和舒适的交通服务，使全市范围内超过 50%的居民出行使用公共交通工具，轨道交通将占公共交通份额的40%—50%；中心区有方便的轨道交通服务。该《规划》安排全市轨道网共设区域线 3 条、市区干线 4 条和局域线 8 条，线路总长363 千米，其中特区轨道网线路总长为 188 千米，中心城区（罗湖、福田两大组团）轨道网线路总长为 101.9 千米。深圳市轨道交通将用 25 年的时间，逐步形成城市轨道和区域快速铁路并举，建成四通八达的城市轨道交通网络。①

（三）《深圳市现代物流业发展策略研究》

2000 年开展的《深圳市现代物流业发展策略研究》提出了深圳物流业发展的目标：从物流业本身发展的需要出发，建立新的物流管理体制、规范标准以及联合协作机制；提高企业物流管理和技术水平，尽快与国际接轨；搞好物流信息平台建设。从物流业发展与促进地方经济相结合的角度，使深圳港尽快成为全国及亚太地区主要的航运中心；搞好配送中心与批发市场建设；促进深圳机场发展成为华南地区主要的航空货物枢纽港。从城市环境与物流业发展相结合的角度，规划、建设物流园区，使物流业发展与城市环境要求相适应。该《研究》针对物流业发展的目标，提出了一系列相关的发展对策，如法律和政策保障、部门协调、区域协调、口岸过关、人才引进等。该《研究》提出了深圳市物流园区的布局规划意见，

---

① 深圳年鉴编辑委员会主编：《深圳年鉴 2001》，深圳年鉴社 2001 年版，第 374页。

包括西部港区、盐田港区、龙华、平湖、笋岗清水河、南山、龙岗和机场宝安共八大物流园区。

（四）法定图则

2000 年 1 月，深圳市规划委员会法定图则委员会初审通过第二、三批法定图则共 28 项。

1998 年形成的中心区第一版法定图则（FT01－01/01）草案，经过公开展示、修改、审批等程序后，2000 年 1 月《深圳市福田 01—01 号片区（深圳市中心区）法定图则》（第一版）获得市城市规划委员会正式批准，该图则的正式实施使中心区规划实施有了法律保障。由于中心区法定图则（第一版）在修改报审经历的几年过程中发生了城市规划、交通设计、重大项目选址等一系列变更，2000 年 12 月委托进行中心区法定图则（第二版）修编，将莲花山公园纳入中心区法定图则修编范围。

（五）市政规划及专项设计

2000 年深圳市继续加强市政工程规划工作。完善和增补了全市性的交通、供电、给排水、燃气等专项规划，如 1999 年《深圳市综合交通与轨道交通规划》《深圳市电力网规划》和《龙华二线拓展区市政详规》等；针对市政基础设施存在的突出问题和一些涉及市民日常生活亟待解决的问题，做了一些专项规划研究和工程设计，如《罗湖口岸/火车站地区综合规划设计》《皇岗路改造及过境货运通道设计》《近期立体人行过街设施设计研究》和《深圳地铁一期工程与公交接驳换乘设施规划》等。[①]

● 规划实施举例

（1）2000 年深圳市城市设计工作进展较快。2000 年深圳完成了《城市设计编制技术规定》。同年 2 月，市规划部门委托深规院进行《深圳市城市设计体系背景研究》，目的是使深圳的城市设计从编制、管理到实施都更加规范化、系统化和科学化，提高深圳城市设计的水平，进而提高城市规划建设的整体水平和档次。同年 5

---

① 深圳年鉴编辑委员会主编：《深圳年鉴 2001》，深圳年鉴社 2001 年版，第 373 页。

月，市规划部门委托深规院承担《南山区整体城市设计策略研究》工作。该项目应在《深圳特区整体城市设计研究》的指导下，针对南山区自然景观资源和人文景观资源丰富的特点，营造南山区独特的城区景观。要求成果符合《深圳市城市设计编制技术规定》，并有较强的可操作性，能指导下一层次的城市设计。

（2）2000 年 3 月市规划国土局宝安分局召开宝安区新中心区中央绿轴城市设计咨询方案评审会，5 月宝安新中心区规划获得通过。核心区体育馆、中心广场决定下半年动工，正式启动 21 世纪现代化花园式滨海城区的建设。

（3）2000 年 3 月，市规划国土局委托中规院深圳分院进行香蜜湖片区详细蓝图及重点地段城市设计工作。规划用地四围是香梅路、深南大道、香蜜湖路、莲花西路，用地面积 249 万平方米。要求在总规及法定图则的指导下，通过对香蜜湖片区整体的规划定位研究，明确发展方向，创造有环境特色的城市空间，制定相应的城市设计控制管理文件。同年 9 月完成香蜜湖片区详细蓝图的居住区设计。

（4）2000 年 4 月，市规划部门召开《深圳新安古城城市设计》方案汇报会，中规院深圳分院所做的《深圳新安古城城市设计》对古城的抢救性保护具有积极意义。

（5）2000 年 8 月深规院完成《八卦岭工业区改造策略研究》。

（6）《华强北二期商业改造城市设计》是市规划部门委托深规院编制的，于 2000 年 10 月完成，设计范围 76 万平方米。

（7）2000 年 11 月，宝安区召开《深圳市宝安区次区域规划》审查会议。

（8）2000 年 12 月，国土资源部批复，原则同意修订后的《深圳市土地利用总体规划（1997—2010）》。

（9）罗湖区 2000 年开始渔民村旧村改造规划。

（10）2000 年 6 月市民中心西区主体结构封顶。10 月市民中心西区砌筑工程完成。11 月市政府召开市民广场设计专家咨询会。

三 2001 年中心区中轴线、会展中心筹备建设

● 背景综述

2001 年中国正式加入世界贸易组织（WTO），深圳逐渐从亚洲金融风暴的低谷中走出，深圳特区服务业率先全面对外开放，深港合作全面展开，一批本土企业开始崛起走向世界，深圳的对外开放由此跨入新时代。"走出去"战略的实施，让深圳的开放从引进为主，变成引进与输出两条腿走路。① 2001 年也是"十五"计划开端之年，2001 年 7 月，深圳市决定建设高新技术产业带，是继举办"高交会"之后又一重大战略举措。2001 年，深圳城市规划制定《深圳高新技术产业带规划》，前海地区规划划入高新技术产业带，目标是建成与现有高新区配套的软件开发及科技成果孵化基地。

2001 年《深圳市土地交易市场管理规定》出台，深圳市土地房产交易中心成立。至 2001 年深圳市已开发土地面积近 400 平方千米，初步建成配套齐全、功能完善的城市基础设施体系，形成了"海陆空"立体化的交通网络。2001 年共安排地铁一期工程等 93 个市级重大项目，总投资 870.6 亿元。至 2001 年初，深圳已初步建立起以银行、证券、保险为主体，其他各种类型金融机构并存，结构较为合理、功能也较完备的现代金融体系，基本适应了特区社会主义市场经济发展的需要，也促进了深圳金融业的发展壮大，金融业成为深圳的支柱产业。② 2001 年，深圳确立了高新技术、金融业和物流三大支柱产业，其中高新技术产业为第一增长点。深圳高新技术产业、现代物流业、金融业高速发展。

2001 年深圳市辖 6 个行政区，其中特区内 4 个区，即罗湖区、福田区、南山区、盐田区，特区外 2 个区，即宝安区和龙岗区。2001 年末深圳市常住人口约 725 万人，全市 GDP 约 2522.9 亿元人民币，全市人

① 深圳市委党史研究室、深圳市史志办公室编著：《深圳改革开放四十年》，中共党史出版社 2021 年版，第 175—176 页。

② 深圳市委党史研究室、深圳市史志办公室编著：《深圳改革开放四十年》，中共党史出版社 2021 年版，第 168 页。

口、经济稳步增长。

● 重点规划设计

（一）《深圳市城市总体规划检讨与对策研究》（简称《总规检讨》）

1. 《总规检讨》的必要性

《总规（1996）》于1993年开始编制，1996年完成，2000年获国务院批准。《总规（1996）》对深圳90年代后期的城市建设起到了宏观指导作用。鉴于1996年后深圳开始二次创业，1999年高交会后，高新技术产业又上新台阶等新形势发展。其实《总规（1996）》完成后已经出现了许多当时难以预见的新情况。21世纪初中国加入WTO、经济全球化等重大的外部发展机遇，深圳城市发展目标已有所调整，城市化扩展加快，土地储备进入警戒线、特区内外"二元结构"明显。为适应新发展形势，深圳市政府要求充分结合《深圳市国民经济和社会发展"十五"计划》，综合各部门的远景发展设想。因此，《总规检讨》是对深圳城市总体规划的滚动性调校，十分必要。

2. 《总规检讨》的要求

2001年市规划部门根据深圳市政府确定的规划重点工作开展了《总规检讨》。2001年5月，开始征询深圳市各有关单位对《总规检讨》的意见。《总规检讨》应加强与深圳市2030年发展策略编制的协调，相互促进、相互补充。《总规检讨》要求工作重点在近期，针对性要强，应加强对现状问题的研究。在系统工作的基础上，提出重点研究的问题，对建设用地与农用地的矛盾、人口控制、资源综合评价、特区外的发展思路等问题应深入研究。其中一些问题，如撤销"二线"、设立坂田客运站、客技站、确定重点发展地区等，可进行专题研究。《总规检讨》要求成果务实并能解决实际问题。

3. 《总规检讨》审议过程中的修改建议

2001年12月深圳市城市规划委员会第十一次会议审议了《深圳市城市总体规划检讨与对策研究》初步成果，会议认为此次总规检讨的目标合理、思路明确、内容务实，在城市功能结构调整、产业发展、物流园区建设以及环境提升等方面均提出了独特的见解，对城市近期建设计划的安排内容翔实，基本符合本次总规检讨的方向及内容深度。委员们还提出了一些修改建议，例如，应加强与珠江三角洲地区和港澳地区的规划协调与衔接；产业发展应在落实市政府提出的"9+2"个高新技术产业片区和六大物流园区的同时，强化规划在基础设施、环境及土地供给等方面的具体保障措施，并与特区外的城镇建设相协调；规划中提出的取消"二线"、调整特区外行政区划等保障措施，提请市规划委员会进一步研究。

4.《总规检讨》提出的城市发展策略及近期建设重点[①]

例如，《总规检讨》确定了深圳未来5—10年城市发展的建设需求，以城市建设作为推动经济增长的"发动机"，提出未来5年应适当增加城市建设用地，保证重点发展地区（如新市中心、高新技术产业园区）和重大项目（前海物流中心、坂雪岗综合客运站、轨道网络等）的优先供地；城市次中心应成为未来5年建设的重点。南山中心区、宝安中心区、龙岗中心城、龙华新城、沙头角—盐田5个次级中心应加快建设，沙井镇中心和坪山镇中心将留作远期发展。

（二）《深圳市宝安次区域规划（2000—2020）》

《深圳市宝安次区域规划（2000—2020）》于2001年经深圳市城市规划委员会第十次会议审议通过。

1. 发展定位

先进工业与高新技术产业、出口加工贸易、三高创汇农业和生态型旅游基地；深圳市航空运输中心及华南地区航空物流中心，深圳市西部交通枢纽。

2. 策略

通过产业结构的调整和升级、投资空间环境的优化与整合，创造新的投资平台，积极将地理区位优势转化为新兴产业的最佳投资区位；使机场地区成为华南地区重要的航空货运中心和航空产业基地；积极培育消费市场，推动第三产业的快速发展。

---

① 《深圳房地产年鉴2002》，海天出版社2002年版，第12—13页。

3. 规模

次区域总面积 733 平方千米。到 2010 年规划人口 189 万人，城市建设用地 213 平方千米；到 2020 年规划人口 241 万人，城市建设用地 282 平方千米。

4. 土地利用及专项规划

工业用地面积 66 平方千米，居住用地 61 平方千米，公共设施用地 18 平方千米，绿化用地 45 平方千米。此外，该规划还对综合交通、产业发展、生态工程、绿地系统等做了专项规划。

（三）《深圳市轨道交通近中期发展综合规划》

2001 年 8 月，市规划与国土资源局组织编制《深圳市轨道交通近中期发展综合规划》，以期通过轨道交通良性发展机制的建立，推动轨道交通的建设。规划到 2010 年形成八条线，共 246.4 千米长的轨道网。八条线包括 1、2、3、4 号四条地铁线和 6、8、11、12 号四条快速轻轨线。预计新建工程约 224.8 千米。

（四）完成《深圳市现代物流业发展的空间战略与园区规划》初步方案

在原有 8 大物流园区的基础上，又补充增加了两个组团级的配送物流园区，使全市的物流园区总数增加到 10 个，并将物流园划分成一至四级。确立南山前海湾为全市大物流中心及区域物流中心地位。该规划还对一至三级的 6 大物流园区（西部港区物流园区、盐田港区物流园区、平湖物流园区、龙华物流园区、机场航空物流园区、笋岗—清水河物流园区）的建设现状与发展对策提出了建议。

（五）完成了《深圳市高新技术产业带规划纲要（征求意见稿）》

围绕全市产业布局调整，完成了高新技术产业带土地利用规划发展策略研究，该规划纲要目标是经过 10—20 年的时间，把高新技术产业带建成功能完备，交通顺畅，通信发达，高科技产业化，研发和高等教育有机结合，各园区分工合理，各卫星城镇为园区提供优质的产业和生活配套，基本实现深圳建设高科技城的战略目标。该规划纲要划定了高新技术产业带的地域范围与功能发布，即包括"10＋1"个片区，由西向东依次为：南山前海片区、市高新技术产业园区、留仙洞片区、大学片区（大学城、深圳大学、深职院）、宝安石岩片区、宝安光明片区、宝安观澜—龙华及龙岗坂雪岗片区、龙岗宝龙—碧岭片区、大工业区（出口加工区）、龙岗葵涌—大鹏 10 个片区，以及高新技术生态农业片区。

（六）城市规划委员会第十次会议

2001 年 4 月 11 日，深圳市城市规划委员会第十次会议审议通过了《深圳市罗湖区分区规划（1998—2010）》《深圳市福田区分区规划（1998—2010）》《深圳市宝安次区域规划（2000—2020）》《深圳市公共交通总体规划》《深圳市海岸海域地质矿产资源开发利用与地质环境保护规划（2000—2010）》等 11 项已经市规划委员会发展策略委审议的规划项目。

（七）其他

（1）市人大常委会已同意对《深圳市城市规划条例》进行修改，修改后的条例规定，从 2001 年 5 月 1 日起由规划委员会授权法定图则委员会行使对法定图则的审批权。此后，法定图则的审批全部由法定图则委员会具体负责。

（2）开展了深圳湾 15 千米岸线的城市设计研究；组织了滨海大道街景、布吉河沿岸景观、市中心区周边地区和南头古城的城市设计工作；完成了城市设计和详细蓝图编制技术规定。

（3）2001 年 3 月，市规划部门委托的项目《深圳市城市设计控制元素系统》，由深规院和哈尔滨建筑大学完成联合编制。《滨河大道街景城市设计》由深规院完成编制。

（4）2001 年 11 月，市规划部门委托中规院深圳分院编制《深南大道车公庙—竹子林段公建带城市设计》，并结合此设计，调整该片区法定图则。

（5）2001 年 7 月市规划部门已经完成宝安、龙岗两区各镇总体规划编制审批工作。按照组团功能的要求，将宝安、龙岗两区各划分为 4 个分区。每个分区由 2 到 3 个镇组成。例如，龙岗区就有大工业、大流通、大旅游和中心城区四大功能组团。因此各镇总体规划在层次上低于分区规划。

● 规划实施举例

（1）福田中心区建设进展。2001 年 8 月，市领导到市规划国土局详细了解中心区规划设计的深化和建设项目的进展情况，强调必须高度重视中心区的规划建设。至 2001 年底初步统计，中心区已批准出让的土地占可出让用地的 90%，但已竣工和在建（或落实拟建）项目总建筑面积 590 万平方米，占规划总建筑面积 1235 万平方米的 47%，说明中心区建设高潮尚未到来。因此，市中心区办公室一方面积极筹备中心区城市空间的脊梁——中轴线的投资开发及规划实施工作；另一方面加快推进包括市民中心、会展中心在内的中心区建设项目的工程进度。第一代商务办公楼的有些项目于 2000 年已经开工，还有些项目 2001 年进行建筑设计招标等开工准备。中心区 CBD 规划建设的影响力在全国范围逐渐扩大。据初步统计，2001 年市中心区办公室在莲花山顶广场和中心区仿真室共接待全国各省市来访参观考察团体达 250 多次，说明中心区的超前规划和城市设计实施的技术手段（城市仿真）已经引起了国内规划建设行业的广泛关注。

（2）市级重点工程进展 2001 年 1 月市少年宫封顶，成为中心区最早完工的大型基础文化设施。3 月市民中心大屋顶开始施工，8 月市民中心东区大屋顶工程完成主体结构封顶，并完成了全部砌筑工程。此外，位于中心区的深圳地铁一期工程的购物公园站 8 月主体结构封顶，成为已开工车站中第一个完成主体封顶的车站。12 月深圳地铁一期工程的市民中心站完成全部土建工程。

（3）市规划部门委托中规院深圳分院开展了《华侨城南填海区详细蓝图》编制工作，即深圳湾超级总部基地的规划前身。

（4）2001 年 2 月位于宝安中心区的宝安体育馆建设全面展开，标志着宝安新中心区建设启动。

第三阶段（2002—2011 年）
划定生态控制线，新增前海中心

　　第三阶段（2002—2011 年）深圳全面城市化时期，以"深圳创造"建设"效益深圳"。21 世纪伊始，深圳遇到"四个难以为继"，规划须以科学发展观解决开发与生态关系。这十年深圳建成区面积翻番，由 2002 年的 495 平方千米增加到 2011 年的 840 平方千米，该阶段增长的建成区面积几乎都在特区外。城市化进一步在特区外蔓延，为了防止房地产开发的无限扩张，2005 年深圳市公布实施了基本生态控制线。

　　该阶段城市规划能够实施的关键是《深圳 2030 城市发展策略》预测土地空间资源紧缺，2004 年特区外城市化，宝安龙岗两区通过城市化转地实现了全市域集体土地国有化。2010 年深圳城市第三版总规批复，特区全市扩容，新增前海中心等重大战略部署，深圳发展迈进了"大特区"时代。该阶段深圳城市规划创新特点是城市发展策略的远景规划方向准确；基本生态控制线公布及时；轨道交通超前规划并强力实施。

　　深圳大力支持金融和文化产业发展，该阶段深圳城市空间的特点是能够用于城市开发建设的土地已经基本铺满。

　　该阶段罗湖区金融业形成发展高峰，至 2003 年，全区金融 GDP 占全市金融 GDP 的 35%，2006 年以后，罗湖步入服务业经济。2010 年罗湖确立建设国际消费中心的目标，2010 年 11 月京基 100 开业，成为城市中心的新地标。2011 年第三产业比重 91%，2014 年全国首家医养融合老年病科的医院落户罗湖，开启深圳养老新模式。

第一节　基本生态控制线（2003—2005 年）

一　2002 年《深圳 2030 城市发展策略》启动

● 背景综述

随着深圳城市和经济的迅速发展，2002 年 4 月市政府做出"深圳建设和发展卫星新城"决策，提出在全市范围内形成"一市多城，众星拱月"的现代化城市格局，宝安中心城、龙华、沙井、公明、龙岗中心城、布吉、横岗 7 个区域被定为首批卫星城，旨在整合特区内外的城市空间结构、促进特区内外城市一体化发展、提升城市形象、增强深圳市的综合竞争力。随后，全市空间总体布局变为城市组团式网状空间结构，特区外整合为八大组团。

2002 年，中国兴起物流业，深圳市出台《关于加快发展深圳现代物流业的若干意见》，首要的是建设前海湾物流园区 15 平方千米，前海当时能用的土地是南部，中部及北部基本还是海域，市里启动前海地区大规模填海工作，建设了前海湾保税物流园区。市规划部门组织编制了前海物流园区控规。市规划部门和市交委下属的市物流办合作开展物流园区规划工作。推进笋岗物流园区、机场物流园区等六大物流园区建设。

2002 年深圳市辖 6 个行政区，特区内 4 个区，即罗湖区、福田区、南山区、盐田区，特区外 2 个区，即宝安区和龙岗区。2002 年末深圳市常住人口约 747 万人，全市 GDP 约 3017.2 亿元人民币。全市机动车保有量达 40 万辆，并以月均 6000 辆的速度增长。机动车保有量迅速增加，交通拥挤区域迅速扩大，发展轨道交通成为缓解城市交通拥挤和实现可持续发展的重要途径。同时，亟须开展一系列短、平、快的综合交通改善措施，完善道路网络，提高公交服务水平。

● 重点规划设计

（一）启动《深圳 2030 城市发展策略》研究

21 世纪伊始，一方面，深圳所处的大珠三角城市群发展突然出现了新的动向：2000 年广州启动了《广州城市总体发展概念规划》，2001 年香港启动了《香港 2030：规划远景与策略》。另一方面，深圳为应对解决土地空间、能源水资源、人口增长和环境容量难以为继的问题，实现经济、社会、环境的全面协调发展，同时由于深圳城市发展规模已远远突破《总规（1996）》确定的目标，城市发展缺乏宏观指导。特别是深圳城市空间供给不足的矛盾突出，市规划部门 2002 年 3 月正式委托中规院进行《深圳 2030 城市发展策略》研究。作为国内第一个城市长期发展策略研究，将是深圳未来发展的目标定位，为城市新千年的宏伟蓝图做好策略性指引。2002 年 3 月，市规划部门召开《深圳 2030 城市发展策略》专题研讨会。

（二）《总规（1996）》规划实施检讨

（1）2002 年完成《总规（1996）》实施检讨，有利于总结"九五"期间城市发展的经验教训，对《总规（1996）》实施 5 年来全面检讨和评价的基础上，分析深圳今后面临的机遇和挑战，制定了城市近期发展的规划对策与措施。确定了未来 5 年的城市发展目标和建设规模，提出了以卫星新城建设带动特区外城市化；建立应对机动化趋势的交通体系；实施以保护生态和美化环境为主导的绿色战略等指导城市发展的 8 项策略。

（2）《总规（1996）》的缺憾主要在于规划实施[①]上，到 2001 年检讨其实施成效时发现：城市人口规模和用地规模大大突破规划预期，使得管理审批下层次规划以及确定重大基础设施布局时面临尴尬局面。究其原因是由于大量劳动密集型产业对低端劳动力的巨大需求吸引暂住人口的大量涌入，导致了人口急剧膨胀和城市建设用地的迅速扩展。深层次的根源在于特区外的经济发展机制没有发生根本性改变。一村一镇为单位的以土地开发和出让为主的资源利用型发展模式，对土地的过分依赖直接导致特区外经济发展呈粗放型特征。

（3）《总规（1996）》在内容上仍偏重于空间形态的构建及重

---

① 深圳市规划和国土资源委员会编著：《转型规划引领城市转型——深圳市城市总体规划（2010—2020）》，中国建筑工业出版社 2011 年版，第 13 页。

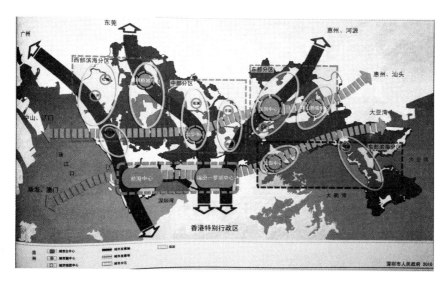

图 3—1　深圳市城市总体规划（2010—2020）

大设施的布局，较少体现公共政策的属性。在市场投资主体多元化的背景下，传统规划内容已难以保障规划对社会经济发展的主导作用，也难以真正统筹各专项规划及城市政策。

（4）《总规（1996）》检讨还制订了 2001—2005 年城市建设的"行动计划"：确定三类重点发展地区（策略增长地区、策略改善地区、生态培育地区）；确定三类重要建设项目（公共设施项目、交通设施项目和市政设施项目）；确定四类重点区域（重点生态功能区、重点产业发展区、重点居住发展区和重点景观建设区）。

（三）《深圳市城市空间发展与卫星新城规划（纲要）》

2002 年 3 月，深圳市提出：要向"一市多城，众星拱月"的发展目标迈进，深圳卫星新城的规划建设正式启动。按 2010 年深圳市 650 万总人口规模进行控制，卫星新城按中等城市规模进行建设。每个卫星新城的人口规模控制在 30 万—50 万人之间（葵涌控制在 10 万人以下），建成区面积控制在 30—50 平方千米之间。据总规确定的特区外 8 个功能组团，综合分析区位条件、建设水平、土地储备等因素，确定 9 个卫星新城：新安新城、沙井新城、光明新城、龙华新城、布吉新城、横岗新城、龙城新城、坪山新城、葵涌新城。

2002 年 4 月深圳市城市规划委员会第十二次会议，审议了《深圳市城市空间发展与卫星新城规划（纲要）》。6 月市规划部门召开《深圳市卫星新城发展规划研究报告（纲要）》初步方案研讨会。8 月市政府常务会审议通过《深圳市卫星新城发展规划》。

（四）福田区分区规划获批复

2002 年 9 月，深圳市政府批复同意《深圳市福田区分区规划（1998—2010）》，主要内容如下。

（1）同意规划确定的福田区在全市发展中的定位为：全市行政文化中心和以现代服务业为主的中心商务区，21 世纪深圳国际性城市形象的集中体现区。

（2）严格控制城区人口、建设用地规模。2010 年区内总人口规模为 88 万人，远景人口规模 105 万人。城市建设用地总规模至 2010 年及远景控制在 59.1 平方千米以内，人均城市建设用地为 67.1 平方米/人。

（3）原则同意区内土地利用规划的各项指标和各片区的发展策略。

（4）在规划实施过程中，要认真研究解决区内原农村私房建设改造策略问题；区内传统工业区的改造方向已基本明确，要进一步研究政府在改造中的角色，充分发挥市场经济的资源配置作用。通过制定相关政策，采取经济措施推进成片改造，避免零星拆建。

（五）罗湖区分区规划获批复

2002 年 8 月，深圳市政府批复同意修订后的《深圳市罗湖区分区规划（1998—2010）》，主要内容如下。

（1）同意规划确定的罗湖区在全市发展中的定位为：全市中心区的重要组成部分、市级金融贸易中心区、文化娱乐旺区、网络服务基地、环境优美的现代化国际性城区。

（2）严格控制城区人口、建设用地规模。2010 年规划人口控制规模为 70 万人，远景人口控制为 80 万人。2010 年及远景建设用地总规模控制在 40 平方千米以内。

（3）原则同意规划确定的城区结构和功能布局，进一步完善区内的居住配套及各项基础设施，引导城市形态及功能更新，强化商贸中心的地位。

（六）城市规划委员会审议项目

2002年4月30日召开深圳市城市规划委员会第十二次会议，审议《深圳市城市规划委员会章程（修订稿）》、《深圳市城市空间发展与卫星新城规划（纲要）》《深圳市城市设计编制技术规定》等6项城市设计项目、13项法定图则修改申请。

2002年11月10日，深圳市城市规划委员会第十三次会议，审议《深圳市东部滨海地区发展概念规划》《深圳市高新技术产业带规划与发展纲要》，审批了15项已批法定图则的修改申请及深圳市光汇油库扩建工程的规划论证意见。

（七）其他

（1）2002年4月，市规划部门同意调校盐田分区规划的申请。

（2）2002年7月，市规划部门召开南山区分区规划方案讨论会。

（3）2002年11月，《深圳光明新城总体规划大纲》由市规划部门和中规院完成编制。光明新城的规划范围154平方千米，其中现状城市建设用地31平方千米，占总面积的20%。

（4）2002年编制完成《深圳市城市轨道交通近中期发展综合规划》。

● 规划实施举例

（一）福田中心区规划实施进展

（1）市民中心工程进展。2002年4月市民中心建设办公室组织市九家具有甲级资质的设计装修单位对西区政府机关办公室开展设计竞赛专家评审会。5月市民中心中区大屋顶结构工程完成。6月市民中心西区完成玻璃幕墙工程。9月市民中心中区完成玻璃幕墙工程。

（2）会展中心工程①。位于福田中心区的会展中心工程是深圳

---

① 深圳年鉴编辑委员会主编：《深圳年鉴2003》，深圳年鉴社2003年版，第354页。

市单项投资最大的工程，项目总投资超过 25 亿元。按照市委、市政府关于会展中心须在 2004 年第六届"高交会"时交付使用的总要求，全面调整了整个工程的建设计划，并通过交叉作业、立体施工、合理安排等措施整体推进工程的建设。2002 年已招标确定施工总承包单位和钢结构施工队伍，现场已形成满足全面施工需要的准备，安排 3000 多人参加施工大会战。

（3）2020 年 10 月中心区 CBD 甲级写字楼中央商务大厦公开发售。

（4）2002 年 12 月，《深圳市中心区城市设计与建筑设计（1996—2002）》系列十本丛书由中国建筑工业出版社出版发行。

（二）南山中心区规划实施

由南山区政府负责组织开发的南山商业文化中心区，经过前几年的招商引资，至 2002 年除核心区（约 26 万平方米）未正式启动外，其他地块都已在开发建设，部分已落成使用。前几年的开发建设项目总体上是按 1999 年已批准的控规及城市设计实施的。核心区的城市设计，采取岛式布局形式，实行人、车上下两层分流，四周是水景绿带，在整体空间结构和人文景观方面有一定创意，但由于核心区不是由一家来整体开发建设，单个项目的开发在建筑消防、交通组织、停车方面都难以与整体设计协调。再加上水景绿化带如何实施以及如何与后海滨路东面填海规划相协调等一系列问题，目前有必要对核心区的城市设计进行调校深化。市规划部门 2002 年 11 月同意由南山分局和南山商业文化中心开发公司具体负责进行核心区城市设计的调校深化工作，使南山商业文化中心尽早发挥次城市中心的集聚带动作用。

二 2003 年前海片区规划

● 背景综述

2003 年，深圳认真落实科学发展观，促进社会经济全面、协调、可持续发展。把率先基本实现现代化与建设国际化城市统一起来。2003 年也是抗击"非典"的关键时刻，国家要求"把深圳规划建设得更美、管理得更好"。深圳抓住了中国"科技＋金融"迅速发展的机遇，开始金融创新飞跃。2003 年底，深圳市把"文化立市"确立为发展战略，这也是深圳进入 21 世纪的一个重要决策。[①]

2003 年 9 月，深圳召开全市规划工作南山现场会议，市领导强调：城市规划必须坚持以人为本的可持续发展道路，必须把规划的前瞻性和实施的现实性结合起来，必须体现产业协调发展要求，必须体现特区内外协调发展，在城市规划建设过程中，要紧紧把握刚性原则、法定性原则、权威性原则、集中性原则和非利益原则；规划一旦按法定程序编制完成，就要保持相对稳定，做到"不为利诱、不为权变"，充分保障规划的法律效力；要进一步加强城市规划和国土管理的统一性。2003 年 9 月国土资源部召开国土规划试点工作专家座谈会，研讨深圳、天津两市试点工作时评价，深圳市国土规划从水资源、土地资源承载力和生态环境容量研究入手，以促进经济、社会、资源环境协调发展为目标，以空间规划作为规划的核心内容，充分体现了"人地和谐"和可持续发展的宗旨，将国土规划定位为"综合战略规划"和在规划编制过程中提出"分区管制"的新概念，是本次试点工作的重要成果。

深圳以实际行动落实了科学发展观，正式开展轨道交通二期的规划编制，开始规划制定"基本生态控制线"，严格控制建设用地范围，全面实行土地出让招、拍、挂制度，加大生态环境的保护力度。严格控制建设用地规模，走内涵式集约化发展道路。

2003 年深圳市辖 6 个行政区，其中特区内 4 个区，即罗湖区、福田区、南山区、盐田区，特区外 2 个区，即宝安区和龙岗区。2003 年末深圳市常住人口约 778 万人，全市 GDP 约 3640.1 亿元人民币，全市经济增速加快。

深圳继 1992 年特区内城市化之后，2003 年深圳踏上城市化新里程。2003 年 10 月深圳市发布加快宝安、龙岗两区城市化进程的通告，并开始试点，加快推进特区外城市化进程。明确 10 项工作重点及政策措施。宝安、龙岗两区的村民转为城市居民，两区的土地管理按市区土地管理政策。深圳城市化发展进入新的历史阶段。

[①]　深圳市委党史研究室、深圳市史志办公室编著：《深圳改革开放四十年》，中共党史出版社 2021 年版，第 208 页。

2003 年全国人大代表联名提交"撤销二线关"的建议之后，深圳市人大、政协也不断收到有关"二线"提案，关注点集中于促进特区一体化及优化交通环境两个方面。

● 重点规划设计

(一)《前海片区规划研究》——规划前海为港口、物流产业为核心的滨海城区

前海片区的区位优越，综合交通条件发达，土地资源较为丰富，随着深港西部通道、西部港群的建设，它将成为港—深—穗经济发展轴上的重要地段。前海的开发建设将提升深圳在区域竞争中的优势地位。深圳市城市总体规划、深圳港总体布局规划、深圳物流园区发展规划、深圳高新技术产业带规划及南山区分区规划等上层次规划都对前海片区提出了相应的规划要求；西部通道及大铲湾集装箱码头等重大项目建设已进入实质运作阶段，规划的前提条件已较为明确。目前各种项目用地的规划选址意向也对该片区的土地资源形成了较大的压力，迫切需要编制前海片区规划。为科学合理编制前海片区规划，保证前海发展取得最优化的综合效益，统筹安排各类设施，2003 年市规划部门已组织开展《前海片区规划研究》，并征求地铁公司等有关部门意见。

2003 年 3 月市规划部门委托深规院开展前海片区规划研究。同年 11 月完成《前海片区规划研究》。前海片区总面积 13.8 平方千米，其中，水面约 4.3 平方千米，非正式填海用地约 7.8 平方千米，区内主要用地基本为填海区。区内有前海客站、南山污水处理厂、南山热电厂、妈湾码头以及南油仓储区等现状。以下为该研究成果主要内容，反映出 2003 年前海片区规划仍以物流仓储产业为主。

1. 目标和定位

在发展港口和现代物流等产业的基础上，促进产城功能相互协调。创造以港口业和物流业为核心的环境优美的现代化滨海城区。

2. 规划原则

产业主导、土地集约利用、空间弹性发展、客货交通分离、功能协调的可持续发展原则。

3. 发展对策

构筑物流发展平台，支持西部港群整体发展；分离客货交通，优化疏港交通系统路网；协调产城功能，提升轨道枢纽站的集聚功能，发挥综合开发潜力。

4. 规划方案

功能结构布局以前海片区—滨海大道为发展轴线，南侧为物流基础产业组团，北侧为物流的城市支持功能组团。土地利用规划中，在前海片区 13.8 平方千米总用地内，港口业用地、物流业用地、交通设施用地各占约 1/4 用地。

历时两年的《前海片区规划研究》成果已纳入《深圳市南山区分区规划（2002—2010）》，按程序进行报批。

（二）宝安区新安旧城发展与改造策略

2003 年 1 月，深圳市规划与国土资源局宝安分局与市宝安规划院共同完成了《深圳市宝安区新安旧城发展与改造策略》成果，在对新安旧城进行现状调查后，提出了新安旧城发展与改造策略研究。规划总用地 9.99 平方千米，新安是宝安区政府所在地，为宝安区政治和文化中心。新安自 1983 年被列为宝安县县城起进入快速建设时期。

1. 1990 年编制的新安总体规划确定的新安性质

1990 年编制的新安总体规划确定的新安性质为：宝安县的政治、经济、文化中心，以劳动密集型、外向型的轻工业为主，金融业、商业、服务业发达的新型的沿海城市。这一定位基本符合新安的发展情况，但新安作为宝安县经济中心的地位逐步下降。本次调研数据，新安旧城内常住人口约 23 万，现状用地 10 平方千米。旧城内人口密度达到 2.3 万人/平方千米，可见，人口与用地的矛盾是旧城核心问题，规划工作应以适当疏散为必要条件。

2. 规划结构调整

由于新安旧城的规划结构存在功能布局不合理，居住用地散乱，生产与生活用地无序穿插等问题，本次规划提出措施：遵循"升二进三"的产业发展原则，将二产集中在新安路以东区域；旧城中心北移，突出裕安路、建安路沿线商业服务设施，建立集中的商业服务空间；让居住区集中化、规模化。

3. 道路发展策略

存在现状主次干道路网密度过高，东西向主干道间距较大，受广深公路的阻隔而不成系统；支路严重缺乏，支路网密度 1.31 千米/平方千米，公共停车场缺乏等问题。因此，调整各道路的功能及等级，加强支路的规划建设，改造道路系统，促进公共停车场、公交场站的落实，是本次交通改造的重点。

（三）《深圳市近期建设规划（2003—2005）》

2003 年市规划与国土资源局完成《深圳市城市近期建设规划（2003—2005）》，该规划制定了深圳近期建设目标、措施，划分了城市建设的控制线和生态控制线，提出了城市建设中的重点和"城中村"改造，设想"工业入园"的思路。6 月向市人大常委会征求《深圳市近期建设规划（2003—2005）》修改意见。6 月市政府常务会议审议通过了市规划与国土资源局提交的《深圳市近期建设规划（2003—2005）》。8 月《深圳市近期建设规划（2003—2005）》公布。

（四）城市规划委员会审议项目

（1）2003 年 1 月召开深圳市城市规划委员会第 14 次会议，审议《大、小铲岛危险品库选址论证综合研究》《深圳市干线道路网规划》《深圳市铁路第二客运站交通规划》等项目。

（2）2003 年 11 月深圳市城市规划委员会第 15 次会议审议《深圳市城市规划标准与准则》（修订版）及 10 项已批法定图则的修改申请。

（五）其他①

（1）2003 年，市规划部门继续推进"2030 城市发展策略"研究。

（2）完成了前海片区、光明新城和东部滨海地区等片区规划。

（3）开展了深圳湾 15 千米岸线景观设计国际咨询。

（4）完成了田贝、大冲等城市更新改造专项规划。

（5）2003 年 9 月市政府常务会议审议通过《深圳市干线道路网规划》，确定了全市一体化的干线道路体系、总体布局方案及近期

---

① 深圳年鉴编辑委员会主编：《深圳年鉴 2004》，深圳年鉴社 2004 年版，第 314 页。

建设计划。并安排了近期"一横八纵"等建设项目的建设单位和投融资工作。会议认为，《规划》的框架结构和网络布局合理，密度适中，较好地体现了深圳建设国际化城市的定位，体现了特区内外的协调发展。

（6）市规划部门 2003 年 10 月批复罗湖区《蔡屋围金融中心区改造规划》，原则同意该规划的原则、改造范围、总平面布局及技术经济指标。改造用地约 4.6 万平方米，规划总建筑面积 33 万平方米。

（7）2003 年 5 月，市规划部门、龙岗规划交通研究中心完成《深圳市龙岗坂雪岗工业区重点地段规划管理策略与实施指引研究》。

（8）市规划部门大工业区分局 2003 年 6 月召开《深圳市大工业区发展策略》研讨会。

（9）2003 年 8 月市规划部门原则同意华侨城盐田生态旅游项目总体规划方案，用地范围 6.9 平方千米，建设规模控制在 22 万平方米以内。功能为度假酒店、度假别墅和度假公寓，景区配套管理和服务用房。

（10）2003 年 10 月市规划部门委托中规院深圳分院开展龙华"二线"扩展区控制性详细规划调整，要求对原控规范围 19.38 平方千米的各项用地布局、道路交通、公共配套和市政设施、开发强度等各项控制指标等方面做出详细控制规定，为开发建设管理提供依据。

● 规划实施举例

（1）福田中心区建设进展。2003 年，中心区的市民中心、市民广场、会展中心及北中轴等重大项目建设进展顺利。但中心广场及南中轴建筑工程与景观环境工程项目遇到重大转折而暂停该项目的设计合同。此外，2003 年，深圳市政府成立了金融发展决策咨询委员会和市金融发展服务办公室等专门机构。市金融发展服务办公室开始负责制定优质金融机构在福田中心区申请金融总部办公用地的"门槛"，并负责把关审核金融机构进入中心区的申请条件，保证中心区真正按照规划建成 CBD。

①会展中心工程，2003 年深圳市会展中心工程进度加快。会展

中心占地面积 22 万平方米，总建筑面积 28 万平方米，总投资超过 30 亿元，是建立深圳特区以来最大的单体建筑，该工程克服了"非典"、建筑材料大幅涨价等因素的严重影响，确保工程进度按计划进行。

②原计划 2003 年开工的，位于福田中心区莲花山东南角的第二工人文化宫工程缓建。

③2003 年 9 月市规划与国土资源局召开了"中心区整体环境概念设计及北片区街道设施设计方案第二次专家评审会"。

④2003 年 9 月 26 日发布《深圳市中心区中心广场及南中轴景观环境工程方案设计招标公告》，11 月 10 日深圳市中心区中心广场及南中轴景观环境工程方案设计招标会召开，7 家著名设计单位参加竞标。

⑤2003 年 12 月完成市民中心巨型大屋顶盖安装。

（2）上步工业区改造规划。2003 年 4 月市规划部门委托深规院尽快开展上步工业区改造规划编制工作。随着特区经济的迅猛发展，上步工业区发生了很大变化，其实际功能已逐步向商业转移，部分用地单位也相继提出改造要求。其改造功能定位和发展方向、整体容量、交通改善、商业定位、配套设施与居住用地的关系等都有待重新研究。要求在原编制的规划基础上，深入对现状地籍、建筑情况进一步核查，从现状情况分析和可实施性入手，结合华改办提供的《华强北商业区二期改造城市设计方案》完善该规划。2003 年 9 月市规划部门召开《上步地区改造策略研究及详细蓝图》初步研究方案研讨会。

（3）2003 年内实施了一批短、平、快的"净畅宁工程"措施和管理措施，深圳市交通综合整治与重点工程建设进展顺利。年内完成了南坪快速路、福龙路、宝安大道、清平快速路和龙华二线拓展区市政工程等项目的勘察设计工作。

三　2004 年新版《深标》施行

● 背景综述

2004 年，深圳实行全面城市化，以科学发展观为新的发展方向。深圳市随着经济规模的扩大，深圳建成区面积已达到 551 平方千米，超过可建设用地的一半，制约经济发展的各种矛盾逐渐凸显出来，深圳提出"四个难以为继"：一是土地、空间有限难以为继；二是能源、水资源短缺难以为继；三是人口不堪重负难以为继；四是环境承载力严重透支难以为继。由于深圳的土地空间资源紧缺，导致深圳房价从缓升进入速涨拐点。2004 年，深圳市提出要调整产业结构，在继续加快高新技术产业发展的基础上，大力发展技术、资本密集型的装备制造业和基础工业。[①] 2004 年 10 月深圳成功举办第六届高交会。2004 年 11 月，首届国际文化产业博览会在深圳会展中心举行。

2004 年，深圳市辖 6 个行政区——罗湖区、福田区、南山区、盐田区、宝安区、龙岗区。2004 年末深圳市常住人口约 801 万人。2004 年深圳 GDP 达 4350.2 亿元人民币，仅次于上海、北京和广州，排在国内第四位。2004 年 5 月，深圳市行政管理机构改革，深圳市规划与国土资源局分设为两个局：深圳市规划局、深圳市国土资源和房产管理局。10 月市政府成立市查处违法建筑和城中村改造工作领导小组，领导小组下设市查处违法建筑工作办公室、市城中村改造工作办公室，分别挂靠市国土资源和房产管理局、市规划局。10 月深圳市召开全市违法建筑清查工作暨城中村改造动员大会。会议发布了《中共深圳市委深圳市人民政府关于坚决查处违法建筑和违法用地的决定》和《深圳市城中村（旧村）改造暂行规定》。

2004 年 6 月宝安、龙岗两区城市化工作全面铺开，将宝安、龙岗两区的 18 个镇全部撤销，改设街道办事处，并实行"村改居"，

---

① 深圳市委党史研究室、深圳市史志办公室编著：《深圳改革开放四十年》，中共党史出版社 2021 年版，第 221 页。

218 个村委会全部转为社区居委会。27 万居民一次性"农转非"。为解决农村城市化中的土地问题，2004 年 6 月，深圳出台《深圳市宝安、龙岗两区城市化土地管理办法》，该办法规定，两区农村集体经济组织全部成员转为城镇居民后，原属于其成员集体所有的土地属于国家所有。还公布了集体土地转为国有土地适当赔偿标准及实施程序，以及土地储备问题的 3 个附件。宝安、龙岗两区土地征收，再次实行特区外土地"统转"，深圳全域实现土地全部国有化。从此以后，深圳市所有土地在理论上、法律上都是国有土地。深圳成为全国第一个没有农村建制的城市。

- 重点规划设计

（一）《深圳市土地利用总体规划（2006—2020）》

2004 年起，深圳市按照国家统一部署，编制《深圳市土地利用总体规划（2006—2020）》。先后经历了前期研究、大纲编制和成果编制三个阶段。

1. 发展目标与规模

加强深港合作及双子城建设，推进国际化发展进程。集约利用土地和水资源，保护生态环境，完善城市设施，美化生活环境，提高城市综合环境优势。至 2020 年，深圳的适度人口规模应该在 900 万人以内，可建设用地面积为 768 万平方千米，占全市总面积的 40%。

2. 土地资源利用

选择"适当控制"的土地开发模式，确定城市建设边界，提高土地利用效率，拓展城市发展空间。深圳市滩涂总面积 69.7 平方千米，主要分布在宝安（52%）和南山（27%）。2020 年已围海造地 26.8 平方千米，2005—2010 年计划填海 11.58 平方千米。西部填海应以不破坏伶仃洋东槽——矾石水道为原则；深圳湾填海应以不破坏红树林及海洋生态为原则；东部填海应尽量保持原有面貌。

（二）《深圳市城市规划标准与准则》（修订版）施行

2004 年 4 月 1 日起实施新的《深圳市城市规划标准与准则》（修订版），这是在 1990、1997 年版《深标》实施经验总结基础上，历经两年的全面修订后提出来的新版本，原《深标》（SZB01—97）废止。深圳市城市规划建设标准全面升级。《深圳市城市规划标准与准则》是指导深圳市城市规划编制、管理和建设的地方性技术规范。新版《深标》统一特区内外规划建设标准，提高文化、卫生、教育、停车、社区管理等公共设施配套标准，控制住宅开发强度，增加城市地下空间利用。新版《深标》主要修订内容如下。①

（1）统一特区内外规划标准。取消了《村庄建设》章节，并相应取消了村庄建设用地类别。

（2）调整了城市用地分类标准。用地分类由原来的 11 大类、65 中类、76 小类，调整为 11 大类、53 中类、80 小类。

（3）提高公共设施配套标准。

（4）提高道路建设和停车位标准。提高全市城市道路网密度和道路面积率指标；提高住宅停车位配建标准；提高学校、医院、公园及其他公共场所的配建停车位标准。

（5）完善优化市政基础设施标准。适当调低污水处理厂、排水泵站、变电站等占地面积。建立综合管道体系，提高市政管网建设水平。

（6）其他还包括提高全市绿化标准、控制住宅开发强度、增加城市地下空间利用的规定等内容。

（三）大鹏所城保护规划

大鹏所城是深圳唯一的全国重点文物保护单位。2004 年 6 月，深圳市规划和文化主管部门联合召开专家讨论会，评审《深圳市大鹏所城保护规划》。该项规划总用地面积约 103.7 万平方米，确定的古城保护范围，原则上是沿古城本体核心范围（古城城墙以内部分，面积 8.77 万平方米）的界限向外扩展 50 米的范围，面积为 35.86 万平方米。该项规划确定的古城建设控制范围，原则上是从古城保护范围向外扩展 100 米的范围，面积为 59.14 万平方米。对大鹏所城保护与利用计划分近、中、远三期逐步实施，近期（2001—2010 年）启动整个保护整治行动，探索改造模式；中远期

---

① 《深圳房地产年鉴2004》，海天出版社 2004 年版，第 20 页。

（2004—2020 年）逐步改造质量较差的风貌建筑，拆除与古城格局、风貌不协调的建筑，全面恢复古城的空间环境。

2005 年市政府批准了市规划局委托编制的《深圳市大鹏所城保护规划》。该规划以保护古城的生态环境、景观环境、风貌格局、空间形态、建筑造型及色彩，维护该地区具有高度多样性的文化生态，以及发掘人文历史资源的价值并进行资源和空间的重组为根本。

（四）其他

（1）2004 年 2 月完成《深圳市城市轨道交通建设规划》，并上报建设部。3 月该规划通过了国家建设部组织的专家评审会的审查。《深圳市城市轨道交通建设规划》提出了深圳城市轨道交通近中期发展的目标与方案，并明确轨道 1 号线、2 号线、3 号线、4 号线及 11 号线等 5 条线路为近期优先发展线路，优先发展线路总长 120.7 千米。

（2）2004 年 3 月，市规划局召开《上步地区规划及发展策略研究》阶段成果审查会。

（3）2004 年 3 月，深圳湾 15 千米海滨休闲带的景观设计方案，在深圳湾滨海休闲带概念性景观设计国际咨询方案评标会上基本确定。深圳湾滨海休闲带景观设计是深圳实现滨海城市的重要项目。

（4）2004 年 8 月，市规划局召开组团规划工作会议，就组团划分调整、生态控制线划定等工作进行了研究。是年完成了《深圳市基本生态控制线管理规定》，成果已报市政府审批。

（5）完成了《深圳市大鹏所城保护规划》《深圳市新安古城保护规划》《深圳市绿地系统规划（2004—2020）》等一批专项规划以及蔡屋围金融区改造等 5 项详细蓝图；并完成了全市 6 大产业集聚基地和坝光精细化工基地的规划选址研究工作。①

（6）2004 年 10 月，市政府常务会议审议通过了《市中心区中心广场及南中轴环境景观设计》修改稿。有"城市大客厅"之誉的市中心区中心广场及南中轴景观环境工程的设计方案最终敲定。

---

① 《深圳房地产年鉴2005》，海天出版社 2005 年版，第 16 页。

● 规划实施举例

福田中心区进展：

（1）至2004年，福田中心区规划建设初显雏形，六大重点工程已全部完成结构封顶和设备安装，2004年5月市民中心启用。

（2）位于福田中心区的会展中心2004年8月完成第一阶段建设任务——钢筋混凝土结构、钢结构、屋面、玻璃幕墙、主要机电系统、展厅装修及室外配套工程如期完工，10月该工程全部完工，第六届"高交会"正式启用会展中心。

（3）自2004年以后，中心区储备了多年的十几块商务办公用地分批出让给十几家金融机构建设金融总部办公。

（4）深圳市政府2004年机构改革，规划与国土管理两局分设，2004年6月"深圳市中心区开发建设办公室"被撤销。

（5）深圳湾口岸工程开始填海造地工作。

（6）2004年12月深圳地铁一期工程通车，由1号线东段和4号线南段组成，1号线和4号线在会展中心站换乘，运营长度21千米。

四　2005年基本生态控制线公布

● 背景综述

2005年，深圳经济特区创立和发展25周年。2005年2月，市政府发布《深圳市融入泛珠三角区域合作实施方案》，提出把深圳打造为香港金融业的后台服务中心和拓展内地市场的主要基地。9月，市政府提出"向香港学习、为香港服务"，粤港城市规划及发展专责小组专家组第一次会议在深圳召开，标志着大珠三角城市规划发展研究工作全面启动。深港合作会议始于2005年9月，双方政府致力于推进两个城市的多项合作。为推动深港边境地区的开发，同年10—11月，深港双方确定就落马洲河套地区的开发进行共同研究，确定了沟通机制、研究内容、工作计划大纲等。下一步可在落马洲河套环境影响评估的基础上，逐步转入开发利用模式的合作研究。

2005 年 11 月 24 日，深圳市委、市政府组织召开了建市 25 年来第一次全市城市规划工作会议，发布了《关于进一步加强城市规划工作的决定》，提出在深圳发展战略转型时期，要深刻认识规划工作在经济社会发展全局中的重要性，要牢固树立规划的"龙头"地位，充分发挥规划的先导、统筹作用，为加快建设国际化城市绘就更加壮丽的蓝图。

2005 年《深圳 2030 城市发展策略》进行公众咨询，提出未来深圳应加强与香港合作，发展现代服务业，规划把前海湾建设成泛珠三角地区的现代服务业中心之一。

深圳市辖 6 个行政区，其中特区内 4 个区，即罗湖区、福田区、南山区、盐田区，特区外 2 个区，即宝安区和龙岗区。深圳市土地总面积 1997 平方千米，其中可建设用地 976 平方千米。2005 年深圳已建设用地 703 平方千米，占可建设用地 72%，土地成为城市发展刚性约束条件，促使深圳从投资推动转向创新推动。2005 年末深圳市常住人口约 828 万人，全市 GDP 约 4950.9 亿元人民币。2005 年，深圳颁布《深圳市文化发展规划纲要（2005—2010）》，明确文化产业成为继高新技术、金融和物流之后的第四大支柱产业。

2005 年 4 月，深圳市政府公布《深圳市宝安龙岗两区城市化转地工作实施方案》《深圳市宝安龙岗两区城市化土地储备管理实施方案》《深圳市宝安龙岗两区城市化非农建设用地划定办法》《深圳市国有农用地及青苗管理暂行办法》《深圳市城市化集体土地转为国有各项补偿管理使用暂行办法》《深圳宝安龙岗两区城市化转地融资方案》。4 月市政府在市民中心召开宝安、龙岗两区城市化转地工作动员大会，要求城市化转地工作年内完成。

2005 年 11 月，市政府颁布《深圳市城中村（旧村）改造总体规划纲要（2005—2010）》拉开了大规模改造城中村的序幕。确定以空间形态改造为重心，以综合整治为突破口，逐步改善城中村生活环境，推动特区内外一体化建设。

● 重点规划设计

（一）完成《深圳 2030 城市发展策略研究》

2002 年市规划部门委托中规院承担《深圳 2030 城市发展策略

研究》（简称《深圳 2030》），对深圳 1989 年首次编制的《深圳市城市发展策略》进行深入检讨。《深圳 2030》的编制、征求意见、修改、汇报等过程历时四年完成，该成果于 2005 年 9 月提交公众咨询，11 月 3 日市政府四届十三次常务会议审议了《深圳 2030 城市发展策略》。

1. 意义作用

以科学发展观为指导，借鉴了国内外城市成功的发展经验，为深圳在未来 25 年中保持全市经济社会的持续、快速、健康发展，从速度规模型向效益质量型的战略转变进行前瞻性部署。该策略以空间发展为主要内容，重点对今后 25 年深圳新的历史使命和目标、增长模式、空间发展对策与途径以及实现全面、协调、可持续发展的策略进行了研究，其主要作用是作为政府决策的参考依据，作为城市总体规划的前期研究，作为城市重大项目确定的指引。

2. 发展目标

总目标设定为——"建设可持续发展的全球先锋城市"。未来 25 年是中国发展的战略机遇期，按照国家中长期发展战略，到 2030 年，中国将成为世界最大的经济体之一，这就要求未来中国要拥有世界级的城市。深圳的地理区位和在国家战略承担的角色，使其注定要承担起这个艰巨的历史使命。分项目标如下。

（1）经济发展目标——繁荣、活力，建立与社会、环境相协调的多元化的产业结构，培育具有核心技术、自主品牌、高附加值的产业竞争力和城市综合竞争力。预测深圳未来 GDP 年均增长率保持在 7% 左右，2030 年经济发展水平达到并适当超过目前发达国家城市的平均水平。

（2）社会发展目标——安全和谐，逐渐缩小社会群体差距，通过增加住房和就业机会，改善人居和就业环境。未来 25 年，深圳要建立新型的社会安全保障体系，让每个人都享有平等的权利。未来深圳城市的适宜人口规模约为 1100 万—1400 万人。

（3）环境发展目标——自然宜居，深圳市 2030 年生态环境发展的总体目标是：按照城市社会经济可持续发展的要求，坚持社会经济和生态环境协调发展、生态环境保护与生态环境建设并举、污染防治与生态环境保护并重，把深圳发展为生态安全、环境优美的国际花园城市。

3．功能定位

功能定位：三大中心、两大枢纽、一大基地。

（1）三大中心：中国生产性服务业中心、东南亚地区最重要物流中心之一、世界科技创新与推广中心。

（2）两大枢纽：中国最重要信息枢纽之一、泛珠三角（9＋2）交通枢纽之一。

（3）一大基地：中国最具创意基地。

4．主要内容①

贯彻科学发展理念，提出从单纯的经济增长转向全面、协调、可持续的科学发展；提出了建设全球先锋城市的战略目标和功能定位；提出了深港合作的城市区域发展基本策略；分析了城市发展模式的转型趋势和相应的空间对策；提出了"南北贯通、西联东拓、中心强化、两翼伸展"的空间结构和差异化的分区发展策略；提出了未来25年深圳城市发展阶段及实施时序。

5．策略与建议

（1）区域发展策略——开展多层次区域合作，扩大城市对外辐射力，深港合作成为深圳城市区域发展的基本策略。

（2）产业发展策略——建立与资源、环境、人口相协调的适度多元化的产业结构，不断提高产业附加值、降低产业资源消耗，提升产业核心和持久竞争力。与香港合作大力发展高端制造业和生产性服务业，鼓励新兴产业的技术研发和推广工作，培育未来优势产业，大力延伸先进的产业链条。

（3）空间发展策略——未来深圳空间拓展方式主要有两种：一是填海造地，二是存量优化。

①填海造地，目的不是为现有发展模式增加供给，而是为将来产业升级提供优质的空间。填海造地就是在不影响水运航道道行的水深，在尽可能减少对生态环境影响的前提下，经过工程技术前期

---

① 深圳年鉴编辑委员会主编：《深圳年鉴2006》，深圳年鉴社2006年版，第368页。

论证后，可以适度地进行填海造地工程，以增加新的城市发展空间。

②存量优化，深圳城市发展必须重视对现有空间资源的存量优化，主要手段指城中村改造、旧工业区改造、地下空间拓展和集约用地等。对盘活城市存量土地，优化城市结构和拓展城市建设的新渠道具有重要的作用。

（4）该策略研究还包括生态发展策略、社会发展策略、基础设施策略、节约型城市策略等内容。

（二）《深圳市基本生态控制线管理规定》

（1）意义和作用。2005 年 6 月，市规划部门组织开展为期半个月的《深圳市基本生态控制线划定方案》公开展示工作。9 月 8 日，在市民中心举行的四届九次市政府常务会议审议并原则通过了《基本生态控制线划定和管理规定》，为期一年多的《基本生态控制线划定和管理规定》制定工作全部完成。深圳成为全国第一个划定基本生态控制线的城市，提出了基本生态控制线作为城市建设的禁区和"高压线"的概念。通过划定基本生态控制线并颁布实施《深圳市基本生态控制线管理规定》，可以对基本生态控制线范围内的土地强制性保护，较好地控制了深圳房地产开发的范围边界，保护了生态环境。深圳市在土地资源有限的约束和生态保护形势严峻的情况下，2005 年以市政府令的形式在全国率先颁布了《深圳市基本生态控制线管理规定》，开创了生态空间保护的先河。这一行动比全国划定生态红线提前了十几年。

（2）主要内容。深圳市基本生态控制线是指 2005 年 11 月 1 日深圳市政府批准公布的全市基本生态控制线的范围为 974 平方千米，约占全市面积的 49%，并按照要素进行分区，包括：一级水源保护区、风景名胜区、自然保护区、集中成片的基本农田保护区、森林及郊野公园；坡度大于 25% 的山地、林地以及特区内海拔超过50 米、特区外海拔超过 80 米的高地；主干河流、水库及湿地；维护生态系统完整性的生态廊道和绿地；岛屿和具有生态保护价值的海滨陆域；其他需要进行基本生态控制的区域。

（3）基本生态控制线作为深圳市空间管制的控制线和安全底线，在促进城市生态安全与可持续发展方面发挥了重要作用。但基本生态控制线不等同于生态保护红线。

（三）《深圳市整体交通规划》和《深圳市公共交通规划》

（1）经过3年多努力，2005年底完成了《深圳市整体交通规划（2005版）》和《深圳市公共交通规划（2005版）》。这两个《规划》针对全市交通供需规模不断扩大、小汽车迅速增长以及轨道交通引入等带来的交通问题日趋复杂、各种交通系统之间急需整合的现状，引进国际先进理念，提出"构筑国际水平的交通体系，提高城市的竞争力，促进经济社会的可持续发展"这一交通发展的总体目标。为实现这一目标，两个《规划》认为，必须构筑以轨道交通为骨干、常规公交为主体、各种交通方式协调发展的一体化的交通体系，并从促进土地利用与交通发展的进一步融合、强化区域交通基础设施、加快轨道交通建设、完善道路体系、构筑一体化的交通枢纽设施、平衡停车设施供应、优先发展公共交通、缓和小汽车交通增长、构筑以人为本的行人交通空间、协调货运交通发展、减少交通污染和广泛应用交通新科技等方面提出了一系列重大政策和措施，为全市未来交通发展目标的实现提供了有力保障。

（2）《深圳市整体交通规划》和《深圳市公共交通规划》于2005年6月3日市政府常务会议审议并原则通过。7月市政府正式公布《深圳市整体交通规划》和《深圳市公共交通规划》。8月市政府出台了建市以来首个《深圳市整体交通规划》，确定交通战略目标为：实施全面的一体化交通发展战略，构筑以轨道交通为骨干、常规交通为主体、各种交通方式协调发展的一体化交通体系，同时确定了4项配套交通发展策略。2005年10月市政府颁布实施《深圳市整体交通规划》。

（3）2005年国家发展和改革委员会正式批准《深圳市城市轨道交通建设规划（2005—2010）》的目标和建设内容。

（四）八大组团规划

2003年至2005年深圳市进行了组团规划。全市共分11个功能组团：特区内3个组团，分别为中心组团（罗湖、福田）、南山组团和盐田组团；特区外8个组团。

（1）深圳组团分区规划须明确深圳未来5—10年城市、产业发展的方向和布局，生态控制线的划定和组团分区规划的制定，对各区各组团的规划建设至关重要。2003 年 8 月市规划部门召开组团规划工作会议，会议明确：组团规划布局结构是深圳城市布局的特点。实施组团规划，将有效整合和完善城市总体布局结构，促进特区内外协调发展，全面提高深圳城市化水平。编制组团规划是落实《深圳市近期建设规划》的有力措施之一。根据全市城市组团式网状空间的结构布局，特区外八大组团及其功能定位如下。

①宝安中心组团（新安、西乡、福永南）——总面积 162.1 平方千米，西部综合服务中心、全市重要的物流基地。重点发展房地产、商贸服务和金融等现代服务业；航空、港口和与之配套的仓储、先进工业、商贸等现代物流业。

②西部工业组团（沙井、松岗、福永北）——总面积 156.5 平方千米，先进制造业基地。

③西部高新组团（公明、光明、石岩）——总面积 221.2 平方千米，全市重要的高新技术产业基地和生态旅游基地。重点发展高新技术产业和先进制造业；发展传统优势产业、高新生态农业和现代休闲观光、生态旅游业。

④中部综合组团（龙华、观澜、坂雪岗）——总面积 203.5 平方千米，市中心区的配套综合服务区。重点发展以华为、富士康等高新技术产业为支柱的制造业、仓储业；以商贸、教育、卫生、文体娱乐为主的配套产业。

⑤中部物流组团（布吉、平湖、横岗）——全市重要的物流基地，重点发展国际物流、货运枢纽、仓储配送、专业市场等物流产业和家电、玻璃、眼镜等优势产业。

⑥龙岗中心组团（龙城、龙岗、坪地）——东部的综合服务中心。重点发展商业、房地产、金融业、先进工业等。

⑦东部工业组团（坪山、坑梓）——总面积 167 平方千米，全市先进制造业基地。重点发展高新技术制造业、石化下游产业以及其他新兴产业。

⑧东部生态组团（葵涌、大鹏、南澳）——总面积 295.3 平方千米，区域性滨海旅游度假区和自然生态保护区。

（2）组团规划编制按分区规划深度，具体内容要求：现状调查资料截止时间为 2002 年底；规划编制年限，近期为 2003—2005 年，远期为 2006—2010 年；人口规模用"控制规模"表述，公共设施和市政基础设施按控制规模的 1.1—1.2 倍配置，按特区内外一体化的要求，以新版《深圳市城市规划标准与准则》为指导编制组团规划。组团规划必须结合《深圳市近期建设规划（2003—2005）》划定基本生态控制线和城市建设控制线。

（五）《深圳市南山区分区规划（2005—2010）》

2005 年 4 月《深圳市南山区分区规划（2005—2010）》获市政府批准，定位南山区是全市重要的高新技术产业、现代物流业、旅游业及教育科研基地；生态良好、环境优美、设施完善、富有特色的生态型海滨城区。南山将构建"山、海、城"相互交融的滨海城市景观。原则同意分区规划的城区布局结构和片区发展策略。规划到 2010 年全区总人口规模控制在 110 万人，建设用地控制在 112 平方千米。

（六）深圳市城市规划委员会发展策略委员会 2005 年第 1—4 次会议议题及主要结论

（1）《深圳市精细化工园区规划选址论证》，会议建议采取多种措施保护生态和环境资源，使坝光成为生态型、节水型的园区。并提出修改意见：论证依据的引用要准确清晰，其中的文字和数据进一步核准；应补充防治地质灾害问题的相关内容；针对发展的可能性提出用地规模的规划意见。

（2）《深圳市电力管网专项规划（2004—2010）》应修改完善后，报市城市规划委员会审议。

（3）原则通过《深圳市城中村（旧村）改造总体规划纲要（2005—2010）》，在修改完善后，报市城市规划委员会审议。

（4）原则通过《深圳市组团分区规划》及公众意见处理情况，在修改完善后，报市城市规划委员会审议。

（5）原则通过《深圳市工业布局规划（2005—2020）》。

● 规划实施举例

（1）深圳市奥体新城规划设计国际招标，2005 年 8 月，由市规划部门和体育局发标，11 月完成评审。奥体新城占地 13.4 平方千米，定位为依托深圳市奥林匹克体育公园，融体育运动、居住、商业文化、旅游休闲为一体的城市复合功能区，并带动龙岗区乃至深圳市的城市发展。

（2）深圳新客站综合规划国际咨询，深圳新客站（现名北站）将成为华南地区重要的区域性铁路客运枢纽，也是深圳市具有口岸功能的特大型综合铁路车站。2005 年 10 月，由深圳市发改局、市规划局和国家铁道部经济规划研究院在深圳联合主持国际咨询会。

（3）2005 年 4 月，市城市规划委员会召开 2005 年度第一次会议。会议审议并通过了《深圳精细化工园区规划选址论证》及南山区大冲村、福田区岗厦河园片区的改造规划，同意深圳精细化工园区选址坝光，大冲村将被改造成深圳高新技术产业园区配套基地以及与深圳整体城市形象及高新园区形象相适应的新型现代化居住社区，岗厦（河园片区）将被改造为市中心区 CBD 的商务配套区。

（4）2005 年重新修订了《深圳现代物流业发展策略与规划》（原 2001 年编制）。2005 年深圳市首宗工业用地挂牌出让。

（5）2005 年 10 月福田中心区的会展中心全面竣工，在第七届高交会上首次全面启用。福田中心区建设数据显示，2005 年福田区办公楼销售面积占据深圳整体办公市场的 50%，福田区已经取代罗湖区，成为深圳市商务办公楼宇市场供应的主要片区。

（6）2005 年 6 月 30 日《深圳市中心区中心广场及南中轴景观环境工程设计方案》在市民中心进行展示。整个项目占地面积约 46.5 万平方米，工程计划 2006 年竣工。

第二节　第三版总规（2006—2008 年）

一　2006 年启动《总规（2010）》

● 背景综述

深圳特区成立 26 年来，依托国家的政策优势和"试验田"的使命，大胆创新，勇于实践，创造了举世闻名的"深圳速度"，为全国改革开放和现代化建设积累了宝贵经验，为香港、澳门的顺利回归和经济稳定发展做出了积极贡献。为全面落实科学发展观，实现建设"和谐深圳、效益深圳"和国际化城市的总体目标，2006年1月，市政府颁布《关于实施自主创新战略建设国家创新型城市的决定》，正式将自主创新战略确定为城市发展的主导战略。[1]

2006年是"十一五"计划的开端之年，深圳市政府公布《关于加快深圳金融业改革创新发展的若干意见》，提出了全面建设金融强市的战略目标，制定了《深圳经济特区金融发展促进条例》等一系列政策措施，金融行业总量和效率迅速提高，2006年深圳四大支柱产业（高新技术、金融、物流、文化）增加值占GDP的比重达54.4%，已经成为深圳名副其实的支柱产业。

深圳市辖6个行政区，其中特区内4个区，即罗湖区、福田区、南山区、盐田区，特区外2个区，即宝安区和龙岗。2006年末深圳常住人口约871万人，全市建成区面积719平方千米，全市GDP约到5920.6亿元，居全国大中城市第四位。深圳26年经济的快速发展，为其产业转型奠定了坚实的基础。

● 重点规划设计

（一）《总规（2010）》启动编制

鉴于《深圳市城市总体规划（1996—2010）》编制时间较早，随着深圳市经济社会的快速发展，城市发展和建设中出现了许多新情况和新问题，"总规96版"已难以适应形势发展的需要。有必要对"总规96版"修订。城市总体规划修编分为前期研究、总规纲要、规划成果三个阶段。前期研究于2006年上半年完成并报经住房和城乡建设部批准。2006年8月，经国家建设部批准，深圳开始对《深圳市城市总体规划（1996—2010）》进行修订。即深圳市政府启动了新一轮《深圳市城市总体规划（2007—2020）》［以下简称《总规（2010）》］修编工作，应对"四个难以为继"，率先探索

---

[1]　深圳市委党史研究室、深圳市史志办公室编著：《深圳改革开放四十年》，中共党史出版社2021年版，第220页。

了严控增量、优化存量的非扩张型城市发展路径。

10 月 23 日"深圳市城市总体规划和土地利用总体规划修编工作领导小组第一次会议暨城市总体规划修编动员大会"在市民中心召开，正式启动市新一轮城市总体规划修编工作。

（二）《深圳 2030 城市发展策略》实现法定化

2006 年 7 月深圳市四届人大常委会第七次会议启动重大事项决定权，对《深圳 2030 城市发展策略》以决议的形式予以表决通过并予以法定化，成为深圳第一个法定化的城市发展策略文件，在中国的城市规划史上还没有先例。

《深圳 2030》提出深圳未来 25 年的发展目标是"建设可持续发展的全球先锋城市"，对深圳未来发展的功能定位是"成为国家高新技术研究和产业化基地"，使深圳发展成为以国际物流为重点、区域物流为基础、城市配送物流为支撑的区域性现代物流中心。《深圳 2030》提出由高速成长模式向高效成长的经济模式转型；提出"本市城市核心区、西部滨海区、中部地区、东部地区、东部滨海区"五个区域在未来城市发展中的差异化战略分区分工；提出了深圳在区域、产业、空间、生态、社会、基础设施、节约型城市方面七大发展战略；全面推进空间优化。

（三）深圳市工业布局规划

2006 年 7 月市规划部门完成了《深圳市工业布局规划》，主要内容如下。

1. 规划思路

以科学发展观，"极核带动、集群引导、高新为本、强化优势"的发展思路，以结构调整升级为主线，以高新技术为支撑，以园区整合和资源集约利用为手段，以促进优势产业集群和适度重型化发展为举措。

2. 产业发展目标

力争到 2010 年，工业增加值在 2005 年基础上翻一番，拥有自主知识产权的高新技术产品产值占工业总产值 60% 以上，逐步实现从"深圳加工"到"深圳制造"、再到"深圳创造"的转变。

3. 用地规模预测

到 2010 年，预测深圳全市工业用地将在现状 208 平方千米基础上新增工业用地 42 平方千米；期间工业用地转变为其他用途约 5 平方千米；预计 2010 年工业用地规模为 245 平方千米。预测到 2015年，再增加 20 平方千米，扣除约 6 平方千米的工业用地转为其他用途，预计 2015 年的工业用地总规模为 259 平方千米。在没有大规模填海造地的前提下，这将是深圳工业用地的极限规模。

4. 工业布局指引

特区内外产业链上下衔接，特区外东、中、西差异化发展。产业空间布局结构为"一核心、三基地、多组团"。"一核心"指深圳特区，是城市产业的综合性服务中心，包括金融、文化、信息、技术、劳动力等方面，是高新技术产业与创新产业的研发设计基地，是小型印刷、品牌服装、黄金珠宝、工艺礼品等都市型工业的设计及制作空间。"三基地"是在特区外组团结构的基础上，形成东部、中部、西部三个先进制造业基地。"多组团"进一步确定了特区外各组团工业发展的主要方向。

此外，2006 年还完成了《深圳市金融业布局规划研究》《深圳市文化立市空间规划研究》等产业规划研究。

（四）《深圳市近期建设规划（2006—2010）》

本规划是落实城市总体规划的重要步骤，是对城市近期发展建设进行控制和指导的法定依据，与《深圳市国民经济和社会发展第十一个五年总体规划》共同承担起对全市经济社会发展与城市建设的综合调控作用。2006 年 4 月 28 日市政府常务会议审议批准了《深圳市近期建设规划（2006—2010）——紧约束条件下的城市和谐发展之路》。

1. 目标

特区内外协调发展，城市功能进一步完善，土地等资源利用效益、社会服务水平、基础设施条件和生态环境质量有明显提高，实现紧约束条件下城市和谐健康发展。严格控制建设用地规模增长，2010 年城市建设用地总量控制在 790 平方千米以内。规划期内，新增建设用地 90 平方千米。其中，新供应建设用地 75 平方千米，消化存量用地 15 平方千米。规划期内，城市更新改造 35—45 平方千米，清退生态控制线内违法建设用地 8 平方千米。

2. 主要策略

（1）深化区域合作，提升区域中心城市的辐射力。推动深港跨境基础设施建设和出入境管理等协调，促进城市功能的互补融合；推进珠江三角洲区域性交通网络的建设，贯通与东莞、惠州等相邻城市的交通设施衔接；参与和融入"泛珠三角"合作框架，拓展城市经济发展腹地。（2）加大特区外建设投入力度，提高特区外建设标准，以轨道交通带动土地的高标准开发。（3）大力推动城市更新改造，积极引导中心城区和重要干道沿线旧工业区的功能置换。

3. 主要建设计划

（1）重点开发四个新城，包括龙华新城、坪山新城、光明新城、大运新城；重点改善五个地区，包括航空城地区、盐田港地区、平湖物流基地、罗湖—上步中心地区（人民南和华强北）、龙岗轨道 3 号线节点地区；重点生态恢复两个地区，指位于基本生态控制线内、现状生态破坏严重、急需进行生态恢复的地区，包括铁岗—西丽—石岩水库地区、沙井—松岗等八条生态绿廊地区；重点储备控制三个地区，包括前海湾地区、沙井西部沿江地区、大鹏半岛旅游控制区。

（2）跨界合作计划，建设铁路"两线两站"。推进沿江高速公路建设，加强与东莞、惠州等地干线路网的对接；强化跨境交通设施和口岸的建设，促进机场、港口与香港的联动发展，完成西部通道口岸、福田口岸的建设。推进跨界土地合作开发。开展水资源、能源方面的区域合作，加强生态环境保护的合作。

（3）工业园区建设与整合计划，近期完成旧工业区升级改造15—20 平方千米、功能置换 10 平方千米。

4. 主要政策与措施

（1）实行"两线三区""五线"管控。划定基本生态控制线和规划建设控制线；将全市域空间划分为基本生态控制区、限制区及规划建设区。近期建设应严格限制在规划建设区范围内；实施"五线"管理，划定绿线、蓝线、紫线、黄线、橙线，加强保护、控制与管理。（2）完善以高效集约利用为目标的建设用地政策，继续扩大工业用地"招、拍、挂"的范围，开展产业用地批后效益评估，完善监管机制。（3）制定以提升城市功能为目的的城市更新政策等。

（五）其他

（1）2006年9月市规划局完成的《深圳市现代物流业布局规划》，9月18日通过市政府常务会审议。现代物流业是深圳重点发展的四大支柱产业之一。2000年深圳率先于全国编制完成了全市整体的物流园区规划，在此基础上市政府出台了《关于加快发展深圳现代物流业的若干意见》。

（2）深圳市现代物流业发展工作领导小组办公室2006年11月完成《笋岗—清水河物流园区功能调整研究》。

（3）深圳市贸易工业局2006年1月完成《深圳市商业网点规划》。

（4）完成《深圳市城中村改造中长期计划（2006—2010）》。

（5）完成《深圳市基础教育设施布局专项规划（2006—2020）》。

（6）完成《深圳市给水系统布局规划修编（2006—2020）》。

（7）《深圳经济特区步行系统规划》9月20日正式公布。该规划提出，要将深圳建设成为一个适宜步行的城市。为此，近期深圳将建设11个约五六千米长的步行通廊，并建设特区内14个重点步行单元。

• 规划实施举例

（1）《深圳市近期建设规划2007年度实施计划》，2007年度计划全年建设用地供应量控制在18平方千米以内，消化存量用地3平方千米，启动城中村和旧城改造面积4.8平方千米，清退基本生态控制线一级水源保护区内工业用地0.73平方千米。

（2）统一空间基础网格划分，深圳市统一空间基础网格划分，是通过制定全市城市空间基础网格划分的统一划分方案和划分原则，把深圳市空间划分为最小空间单元，形成全市统一的基础网格，通过对每个网格进行唯一性编码，形成深圳市统一空间基础网格标准。统一空间基础网格为不同政府部门或行业的专业信息"落地"或者整合提供了统一变换的空间基础，为"数字深圳"和全市空间基础信息平台的建立打下坚实的数据基础。至 2006 年底，深圳已经完成全市 55 个街道、622 个社区的 8799 个基础网格单元的划分和编码，形成了深圳市统一空间基础网格划分标准，在国土、查违、公安、工商、环保、租赁、统计、民政等方面发挥重要作用。深圳成为国内率先对整个城区进行基础网格划分的城市。①

（3）城市交通仿真系统，是深圳市智能交通系统的重要组成部分和基础工程。该系统采用了交通仿真技术、地理信息技术、实时交通数据处理技术和现代通信技术再现复杂的交通现象，可实时发布动态交通信息，定期发布交通报告（月报、年报），仿真各种情况下的交通现象等。该系统在关键技术上有所创新和突破。该系统采用了分区定位技术提高地图匹配精度；在传统城市交通规划中引入实时采集的动态交通信息理念；建立了宏观、中观、微观一体化集成的智能仿真平台；可以提供城市交通实时动态信息服务，交通报表、专业数据在线查询、统计分析，空间数据技术在交通信息服务中的应用等，对国内交通信息服务系统的开发具有示范作用。

（4）福田口岸联检楼工程，总占地面积 1.87 万平方米，总建筑面积 8.42 万平方米，建筑物总高度 24.65 米、东西长 212 米、南北宽 88.5 米，是市政府为改善特区通关环境、提高通关效率、深入落实 CEPA 协议投资兴建的。至 2006 年底，该工程正在进行装修、安装、室外工程等施工。

（5）西部通道深圳侧接线工程，从月亮湾大道至深圳湾口岸，全长 4.48 千米，通过 4 条客货车匝道（总长约 2.1 千米）与深圳湾口岸相连，主线道路按双向 6 车道高速公路标准设计，设计车速 80 千米/小时。至 2006 年底，该工程主体结构已全线贯通。

（5）福田中心区中心广场及南中轴景观工程，是集大型广场、绿地、休闲娱乐、旅游观光、交通集散等功能为一体的新型城市空间，由市民广场、南广场、南中轴等组成，占地面积约 45.6 万平方米。其中，市民广场绿化工程已于 2006 年国庆节前完工并对市

---

① 深圳年鉴编辑委员会主编：《深圳年鉴 2007》，深圳年鉴社 2007 年版，第 318—321 页。

民开放。

二　2007 年四大新城规划

● 背景综述

2007 年，深圳第一个海洋经济规划——《深圳市海洋经济发展"十一五"规划》出台。2007 年深圳全年发明专利申请量位列全国大中城市首位。深圳已发展成为国家创新战略的一个重要节点。2007 年 1 月，深圳市政府颁布《关于加快我市高端服务业发展的若干意见》，提出深圳高端服务业发展策略和发展战略重点，突出发展创新金融、现代物流等行业。4 月，深圳市颁布《深圳经济特区金融发展促进条例》，以立法的形式明确深圳金融产业的战略定位，建立金融发展的制度体系。2007 年，深圳被确定为综合性国家高新技术产业基地和创建国家知识产权示范城市后，还与香港共建"深港创新圈"，2007 年 5 月深港两地政府签署了《关于"深港创新圈"合作协议》。[①] 2007 年深港创新圈合作进入实施阶段，2007 年 12 月，深港两地政府签署了《关于近期开展重要基础设施合作项目协议书》，成立了"港深边界区发展联合专责小组"。此次协议的重点包括两地机场的合作，进一步研究兴建连接两地机场铁路可行性的经济效益，以及探讨河套地区的发展规划等。

为了贯彻实施《深圳市综合配套改革总体方案》提出的全面启动大部制体制改革的精神，创新基层管理体制，2007 年 5 月，光明新区正式成立，是深圳市的第一个功能新区。至此，深圳市辖 6 个行政区（罗湖区、福田区、南山区、盐田区、宝安区、龙岗区）和光明新区。2007 年底，深圳 GDP 达 6925.2 亿元，居全国大中城市第 4 位，全市年末常住人口约 912 万人，人均 GDP 在全国率先突破 1 万美元。截至 2007 年底，深圳市现状工业用地 273 平方千米，占

---

① 深圳市委党史研究室、深圳市史志办公室编著：《深圳改革开放四十年》，中共党史出版社 2021 年版，第 220—221 页。

建设用地的 36.4%，① 大大高于国家和深圳市相关标准和规定，对城市功能的合理均衡发展造成了一定的影响。按国际经验，深圳经济应进入从要素驱动向创新驱动转型，标志着深圳从现代化发展的中级阶段进入高级阶段转型的历史节点。

● 重点规划设计

（一）四大新城规划（2006—2010）

2007年3月15日市政府常务会审议并通过了《深圳近期建设规划之新城规划》（包括光明新城、龙华新城、体育新城、东部新城）。四大新城规划着力于突出每个新城的核心产业功能、城市人文环境，统筹管理、集约高效利用有限土地，完善特区外组团城市结构，提升特区外城市功能；9月市政府正式决定规划建设的四大新城，分别正式命名为"光明新城""龙华新城""大运新城"和"坪山新城"。2007年四大新城的建设均已全面启动。

1. 光明新城

规划控制范围 28.2 平方千米，其中建设用地规模 26.8 平方千米，人口规模约 42 万人。规划定位为生态高新技术产业新城。重点发展电子信息类产业，提倡循环经济理念，促进产业链的形成。突出"绿、河、山、田、园、城"等要素为主题的总体规划布局构思。其中，光明中心区规划面积 7.9 平方千米，城市设计工作已顺利完成，整个城市设计活动分为国际咨询和城市设计深化两个阶段，形成了光明中心区"绿色城市"的规划建设标准。"绿色城市"规划建设将落实为尊重自然，延续文脉，以人为本的交通模式，紧凑的城市形态，宜人的空间尺度，和谐共融的社会环境，功能混合的建设模式等几个方面。深圳市规划局组织编制《光明新城中心区法定图则》，开展《光明新区中央公园概念规划方案》国际咨询活动，并编制《光明新区规划》《光明新区共同沟详细规划》《光明新区生态景观资源调查及利用规划》《光明新区再生水及雨洪利用详细规划》等，在光明新区全面实施《深圳市绿色建筑设计导则》，

_____

① 《2012年深圳城市发展（建设）评估》总体报告，深圳市规划和国土资源委员会，深圳市规划国土发展研究中心，2014年10月。

力争将光明新城打造成"绿色城市"的典范地区。①

2. 龙华新城

总用地面积约 23 平方千米，规划到 2010 年居住人口规模约 31 万人，规划建设用地约 13.5 平方千米。功能定位以大型交通枢纽为依托的城市中心功能拓展区，应充分接受市中心区功能的拓展，建成多种功能混合的地区。龙华新城将成为特区外生态城市建设的标准，通过规划控制和引导措施，建立起以轨道交通为主的绿色交通模式。

3. 大运新城

规划范围 13.95 平方千米，其中建设用地规模 7.3 平方千米，居住人口规模 14.7 万人。规划定位以大型体育、教育设施为主的体育新城，与龙岗中心城共同构建城市东部中心。规划强调大运新城在赛前、赛后的持续生命力，规划策略使体育新城的功能设置和开发成为龙岗中心城的有益补充，并使龙岗的发展获得持续动力。

4. 坪山新城

以大工业区管理范围为规划控制范围，面积 39.67 平方千米，其中建设用地规模 30.38 平方千米，人口规模约 25 万人。规划定位生态型现代化先进制造业新城。以高新技术为主导，并为民营企业发展落实空间，实现产业的可持续升级。

（二）《深圳市城市总体规划（2007—2020）纲要》征求意见

《深圳市城市总体规划（2007—2020）纲要（送审稿）》2007 年 7 月经市政府审查通过，8 月经市委审议通过后，报省建设厅及建设部审议。同年 10 月，《深圳市城市总体规划（2007—2020）纲要》获住房和城乡建设部批准。11 月，深圳市城市总体规划修编办公室发函给各产业单位，征求意见。此次总规编制在规划目标、土地利用、人口规模、空间布局、支撑体系、规划政策保障等方面进行了积极的探索和创新。规划确定了区域协作、经济转型、社会和谐、生态保护四方面的发展目标。主要内容如下。

（1）城市性质：创新型综合经济特区，华南地区重要的中心城

---

① 深圳年鉴编辑委员会编：《深圳年鉴 2008》，深圳市史志办公室，2008 年，第 276 页。

市，与香港共同发展的国际大都会。

（2）城市职能：国家经济特区，自主创新、循环经济的示范城市；国家支持香港繁荣稳定的服务基地，深港共建的国际性金融、贸易和航运中心；国家高新技术产业基地和现代化文化产业基地；国家重要的交通枢纽和边境口岸；具有滨海特色的国际著名旅游地。

（3）城市发展总目标：充分发挥改革开放与自主创新的优势，担当我国落实科学发展观、构建和谐社会的先锋城市；实现经济、社会和环境相协调，建设经济发达、社会和谐、资源节约、环境友好、生态宜居，具有中国特色的国际城市；加强深港合作，共同构建世界级都市区。

（4）城市规模、城市空间发展与总体布局、城市经济社会文化环境支撑体系、城市基础设施支撑体系、规划实施政策支撑体系等内容，在此不一一详列。

（三）《深圳市地下空间利用规划策略研究》

2007 年 4 月，市领导主持召开会议，听取了市规划局关于《深圳市地下空间利用规划策略研究》成果的汇报，会议认为，深圳市土地资源日益紧缺，城市交通拥挤问题凸显，以轨道交通发展和地下空间开发利用市场需求为契机，及时开展地下空间利用规划策略和总体布局是必要的。会议议定：加快地下空间利用配套政策法规的制定，加快重点区域和项目的地下空间实施，抓紧制订全市地下空间利用总体规划。市规划局要利用超声总体规划修编契机，谋划全市地下空间利用规划布局，抓紧制订全市地下空间利用总体规划。要求该项工作于 2008 年 6 月底前完成。

（四）《深圳市中心公园及周边地区景观概念规划》

2007 年 4 月，市领导主持召开会议，听取了市规划局关于《深圳市中心公园及周边地区景观概念规划》成果的汇报，中心公园处于城市核心地带，面积较大，资源极为宝贵，周边居住人口众多，由于可达性、安全性差及配套设施不足，市民利用较少，其应有作用没有充分发挥，必须加以改造。会议议定：规划部门要按照"穷尽思路、不留遗憾，深度规划、抓紧完善，一流环境、形成亮点，提升人气、造福市民"的目标,尽快启动,一次完成,大手笔地将中心公园打造成市民休憩旅游的好去处。

(五)《深圳湾填海区及后海中心区土地功能调整规划》

2007年4月,市领导主持召开会议,听取了市规划局关于《深圳湾填海区及后海中心区土地功能调整规划》成果的汇报,会议认为,深圳湾填海区和后海中心区是特区内极为珍稀的成片土地之一,是特区内营造最具滨海特色的重要湾区,应精心规划、整体开发。会议议定:

(1)同意市规划局提出的将深圳湾填海区打造成最具滨海特色和文化特色的超级总部基地目标,在规划上力求做到"一流规划、凸显特色,打造精品、形成震撼"。

(2)请市规划局尽快深化、完善深圳湾填海区及后海中心区规划,组织向市民公示,完善后提请深圳市委市政府审定。规划方案力争2007年6月底前完成。

(六)《深圳水战略》

《深圳水战略》2007年7月获深圳市城市规划委员会第22次会议审议通过,确定了深圳水战略目标三个步骤:

第一步,至2010年,初步建立深圳市水源保障体系,在保障水源地安全和供水统一管理的基础上,进一步开展水资源的区域合作。

第二步,至2020年,进一步完善深圳市的水源保障体系,通过雨洪利用等措施,使全市降雨径流收集利用率提高到35%以上,非常规水资源的利用占全市用水量的20%以上。特区内基本实现雨污分流,特区外污水处理率超过90%,70%的城市集中建成地区实现雨污分流。

第三步,至2030年,建成结构合理、安全稳定的多渠道水源保障体系。全市雨洪利用设施控制市域面积比例55%以上,非常规水资源的利用占全市用水量的35%以上。全市城市建设集中地区完全实现雨污分流,全市5条主要河流的生态修复基本完成。

《深圳水战略》还制定了包括引水、储水、护水、惜水、净水、补水、治水、亲水、管水九大行动,以保障水战略的实施。

（七）其他

（1）完成《深圳市轨道交通规划 2030 年（2007 版）》。

（2）市规划局城中村改造办公室对关于《深圳市工业区升级改造总体规划纲要（2007—2020）（征求意见稿）》向有关部门征求意见。

（3）2007 年 9 月完成《深圳市金融产业布局规划研究》，8 月市政府常务会审议并通过了《深圳市金融产业布局规划》《深圳市金融产业服务基地规划》。

（4）完成《深圳市基础教育设施布局专项规划（2006—2020）》，规划预测到 2020 年，深圳市的学位需求为 120 万—132 万，按平均每校 36 班、每班 48 人、95％的使用率等参数测算，所需学校数量为 726—803 所。

（5）完成《深圳市地名总体规划（2007—2020）》。

（6）完成《深圳市排水管网规划（2007—2020）》。

（7）完成《深圳市中轴线整体城市设计研究（2007）》。

（8）完成《深圳市地质灾害防治规划（2007—2015）》。

● 规划实施举例

（1）《深圳市近期建设规划 2007 年度实施计划》，2007 年度计划全年建设用地供应量控制在 18 平方千米以内，消化存量用地 3 平方千米，启动城中村和旧城改造面积 4.8 平方千米，清退基本生态控制线一级水源保护区内工业用地 0.73 平方千米。

（2）《深圳市绿色建筑设计导则》。深圳市规划局 2007 年 7 月印发的该《导则》适用于新建、改建、扩建的居住建筑和公共建筑中的办公建筑、商场建筑和旅馆建筑。《深圳市绿色建筑设计导则》强调：深圳市绿色建筑设计应统筹考虑建筑全寿命周期内节水、节地、节能、节材、保护环境与满足建筑功能之间的辩证关系；应体现深圳的地域特点，遵守经济性原则和社会性原则，在实现策略和专业协作上应符合整体性原则。该《导则》从规划、建筑、结构、给排水、通风与空气调节、电气 6 个方面阐述了居住建筑的设计和公共建筑的设计。该《导则》的印发对于做好深圳市建筑节能工作，推进循环经济，提高深圳市建筑节能设计、绿色建筑设计质量和技术水平具有重要意义。①

（3）深圳当代艺术馆与城市规划展览馆（简称"两馆"）建筑设计国际竞赛。2007年由深圳市规划局和市文化局举办"两馆"建筑设计国际竞赛。这是福田中心区最后一个大型公建文化建筑。2007年4月启动竞赛，"两馆"建筑设计竞赛历时6个月，有来自50多个国家的312个机构和个人报名，共收到177个报名方案，有效方案为165个。经过两轮竞赛筛选，于9月28日由专家组成的评审委员会一致认定奥地利蓝天组的方案为优胜方案，② 并进行了设计方案的公开展示。

（4）福田中心区中心广场及南中轴景观环境工程，是深圳市融大型广场、绿地、休闲娱乐、旅游观光、交通集散等功能为一体的新型城市空间工程，南中轴占地8.56万平方米。该工程于2005年10月开工，2007年9月部分工程完工。

（5）2007年位于龙岗大运新城的"大运中心"工程动工建设，新建工程包括大运中心体育场、体育馆、游泳馆以及深圳湾体育中心（春茧）等。

三 2008年《总规（2010）》完成送审稿

● 背景综述

2008年，国家制定的《珠江三角洲地区改革发展规划纲要（2008—2020）》首次从国家层面明确了深圳"一区四市"的战略定位，赋予了深圳特区新的历史使命。并提出建设深圳前海地区等合作区域，作为加强与港澳服务业、高新技术产业等方面合作的载体。2008年定稿的《总规（2010）》将前海定位为深圳市级双中心之一。

---

① 深圳年鉴编辑委员会编：《深圳年鉴2008》，深圳市史志办公室，2008年，第277页。

② 深圳年鉴编辑委员会编：《深圳年鉴2008》，深圳市史志办公室，2008年，第279页。

2008年6月，国家发改委批准将深圳列为国家创新型城市试点。体现了国家对深圳特区28年发展成就的充分肯定和对深圳未来的殷切期望。9月，深圳召开全市自主创新大会，发布《关于加快建设国家创新型城市的若干意见》以及全国第一部自主创新规划《深圳国家创新型城市总体规划（2008—2015）》等政策文件，全面部署建设国家创新型城市的总体规划和各项政策。[①]

深圳建市28年来深圳全市生产总值年均增长约27%，创造了世界城市经济发展史上的奇迹。工业结构成功实现了从传统工业向高新技术产业的转变，深圳四大支柱产业（高新技术产业、物流业、文化产业和金融业）占GDP的比重超过60%，完全具备了区域性金融中心的条件。为落实科学发展观，在空间资源紧约束条件下，加快工业区的升级改造，促进土地的集约利用，2008年12月，深圳市工业区升级改造领导小组办公室印发《深圳市工业区升级改造总体规划纲要（2007—2020年)》的通知，旨在提高土地利用效率，提升产业层次，完善配套设施建设。提倡工业区"重建"与"综合整治"相结合。2008年国际金融危机对实体经济的影响较大，深圳着手谋划布局战略性新兴产业规划作为经济增长的"主引擎"。

深港合作进一步加强，2008年3月，港深边界区发展联合专责小组召开第一次会议，研究商讨深港两地有关边界邻近地区土地规划发展研究工作。为尽快取得落马洲河套地区及莲塘/香园围口岸研究工作的实质性进展，专责小组决定为这2个发展项目成立3个工作小组，提高落马洲河套地区及莲塘/香园围口岸研究工作效率，有助于促进两地共同繁荣。2008年4月，深港2008年度城市规划第一次联席会议审议通过深圳市规划局与香港规划署城市规划联席工作会议规则及其技术人员交流方案，并通报了前海片区发展设想、深圳市轨道建设中长期规划等。深港双方还就深中通道、深港

跨界旅运调查等问题进行了初步沟通。①

深圳市辖 6 个行政区即罗湖区、福田区、南山区、盐田区、宝安区、龙岗区，和光明新区。2008 年深圳全市 GDP 达到 7941.4 亿元（居全国大中城市第 4 位），全市年末常住人口约 954 万人。市规划部门组织的全市建筑物普查数据显示：2008 年深圳市全市总建筑面积 75168 万平方米（比 2000 年又增加了一倍，八年翻了一番），其中居住建筑面积 40366 万平方米，工业建筑面积 21189 万平方米，商业建筑面积 7689 万平方米，商业办公建筑面积 2240 万平方米。建筑总占地面积约 187 平方千米。

- 重点规划设计

（一）《总规（2010）》完成送审稿

1. 总规修编过程

《总规（2010）》经过 2 年多努力完成了送审稿。2008 年 1 月 11 日，深圳市城市规划委员会第 23 次会议审批通过了《总规（2010）》送审稿。1 月 15 日该成果也经深圳市政府审议通过。同年 7 月获广东省政府审查并原则通过，同意总规成果对深圳城市性质的表述为"创新型综合经济特区，华南地区重要的中心城市，与香港共同发展的国际性城市"，并同意以省政府名义按程序上报国家审批。2008 年 8 月由广东省政府正式报住房和城乡建设部。

2. 主要内容

《总规（2010）》作为深圳第三版总规，是以《深圳 2030 城市发展策略》为指导，在开展 20 个专题研究的基础上制定的，为了深圳可持续发展提供有效指引。

（1）确定了"经济特区、全国经济中心城市和国际化城市"的新的城市性质和定位。

（2）城市规模：到 2020 年，全市常住人口约控制在 1100 万人以内，全市建设用地总规模控制在 890 平方千米内。其中，规划确定到 2020 年工业用地规模为 220 平方千米。

---

① 深圳年鉴编辑委员会编：《深圳年鉴 2009》，深圳市史志办公室，2009 年，第 253 页。

（3）制定了引导城市转型的发展目标指标体系和路径。并制定了区域协作、经济转型、社会和谐、生态保护四大策略的分目标。

（4）延续已有的轴带组团空间格局，强化区域空间联系，构筑了"三轴两带多中心"的开放空间结构，与《珠江三角洲城镇群协调发展规划》确定的"一脊三带五轴"总体布局充分对接。

（5）城市中心体系为 2 个市级中心（首次提出前海中心与罗湖、福田形成市级双中心）、5 个城市副中心、8 个组团中心。规划了龙华新城、光明新城、坪山新城、大运新城四大新城，初步形成深圳多中心的城市格局。

（6）实施四区五线的空间管制，划定密度分区。

（7）构筑包括公共服务及由综合交通与市政设施构成的基础设施支撑体系。建成覆盖全市、布局均衡、分级合理、配置完善的公共服务网络；打造高效、畅达、一体化的城市交通体系，形成覆盖各级中心和主要通勤走廊的 425 千米以上的轨道网络，全市机动化客运出行中的公交分担率提高到 70% 以上。

（8）构筑生态与绿地系统在内的城市环境支撑体系，高效利用能源和水资源。

（二）落马洲河套地区规划研究

1. 背景情况

落马洲河套地区原位于深圳河的北侧（深圳界内），主要是农田和鱼塘。1997 年深圳河治理一期工程完成裁弯取直后，落马洲河套地区转移到深圳河的南侧（香港界内），是由新、旧河道在皇岗—落马洲口岸东侧围合形成的一块面积约 87.7 万平方米的土地。该片区地势平坦，处于未开发状态。作为深港紧密合作的项目之一，河套地区的发展备受深港两地政府的重视。

2. 落马洲河套地区应考虑的主要因素①

2008 年 6 月 11 日—7 月 11 日，深港两地政府同步开展了落马洲河套地区未来土地用途的公众咨询。深圳市在全市开展"落马洲河套地区未来土地用途公众咨询活动"，为后续即将开展的落马洲

---

① 《深圳房地产年鉴 2009》，海天出版社 2009 年版，第 50 页。

河套地区环保、规划和工程可行性综合研究工作提供参考。公众建议开发落马洲河套地区应考虑如下主要因素。

（1）开发价值：从区位价值、制度价值分析，深港两个"特区"交界处，是"特区间的特区"，有利于"一国两制"框架下，充分发挥两种制度的优势。

（2）限制性因素：A. 用地规模小；B. 深圳河水质较差、周边地区（如米埔湿地等）生态环境脆弱；C. 在交通方面，深方毗邻河套地区的道路交通系统趋于饱和，河套地区远离香港主城区，道路交通联系弱，深港两方现有的轨道交通站点与河套地区距离较大，如要利用轨道交通设施，则需深入考虑接驳方式。

（3）开发原则：生态优先、合作共赢、体现效益。

（4）开发时机：不能急于求成，应水到渠成。

3. 落马洲河套地区开发土地用途的咨询意见

（1）不适合发展工业、物流、居住、一般性的商务功能、会展、大型综合性医院等用途。

（2）较多赞成的土地用途是高等教育、高新科技、金融、文化创意、医疗设施与生物医药业等。

（3）考虑产业发展的需要，建议几种用途的组合。较多赞成的组合包括：科教园区、文化科普基地、创意产业与教育培训产业结合、中医研究院。

（4）从产业发展的角度看，河套地区除了主导土地用途外，还需要不排斥小型商业、一般性商务、医疗设施、金融设施、文化科普设施、行政设施作为配套。

4. 政策支持及配套建议

落马洲河套地区的开发需要得到中央政府在出入境管理、法律制度、税收制度、开发管理模式等方面的政策的直接授权和支持。

5. 合作研究协议

基于2008年深港两地政府进行未来土地用途公众咨询活动结果，河套地区的用途将以高等教育为主，辅以高新科技研发及文化创意产业用途。2008年11月，深港两地政府签署了《落马洲河套地区综合研究合作协议书》，计划2009年6月深港两地政府共同组织落马洲河套地区综合研究，A 区、B 区研究由港方牵头，C 区研究由深圳牵头聘请研究机构进行。

（三）《深圳市工业区升级改造总体规划纲要（2007—2020）》

2008 年 12 月，深圳市工业区升级改造领导小组办公室、深圳市城中村改造工作办公室印发《深圳市工业区升级改造总体规划纲要（2007—2020）》①，该纲要主要内容如下。

1. 总体目标

充分挖掘工业用地潜力，完善工业生产配套设施，提高工业用地效益。通过改造促进产业结构优化升级，降低资源消耗和环境污染，到 2020 年将深圳建设成为工业结构高端化、工业用地集约高效、生产与居住和谐发展的国际化先锋城市和亚太地区先进制造业基地。

2. 改造规模

2010 年全市工业区升级改造的总规模为 10 平方千米，其中拆除重建约 1.5 平方千米。2015 年全市工业区升级改造的总规模为 50 平方千米，其中拆除重建约 5 平方千米。到 2020 年全市工业区升级改造的总规模为 101 平方千米，其中拆除重建约 12 平方千米，综合整治约 89 平方千米。在空间布局上，特区内升级改造的工业用地规模为 5 平方千米，特区外升级改造的工业用地规模为 96 平方千米。

（四）深圳市总部经济发展空间布局研究

2007 年 10 月委托深规院开展《深圳市总部经济发展空间布局研究》，2008 年基本完成成果。根据《2007—2008 年中国总部经济发展报告》，深圳的总部经济发展能力在全国位居第四位。据初步判断，深圳现有总部企业（不包括成长型总部）119 家；成长型总部企业 605 家，其中，金融业 60 家，现代物流业 25 家，现代文化产业 20 家，高新技术产业 220 家，传统优势产业 280 家。预测深圳未来总部经济发展所需要的建筑空间规模约 456 万—660 万平方米。目前深圳的几个主中心（包括罗湖、福田、后海、前海、宝安中心区）可提供 915 万—935 万平方米的总部办公建筑规模；几个副中

---

① 《深圳房地产年鉴 2009》，海天出版社 2009 年版，第 91 页。

心（包括光明、龙华、龙岗、坪山中心）可提供约 276 万平方米。此外，工业园区、物流园区、航空城以及城市更新片区合计可提供约 774 万平方米的总部办公建筑规模。总之，深圳现有和规划的商务办公空间已经十分充裕，未来可通过合理引导，提高利用率，大力挖掘这些土地资源的潜在经济价值。①

（五）"前海计划"研究

深圳市规划局 2008 年初开始推进"前海计划"研究。2008 年初，深圳市规划局委托中规院深圳分院开展"前海计划"研究，成立前海地区规划编制机构，主要任务是筹备前海规划国际咨询工作。9 月市规划局开会研究"前海中心综合规划国际咨询工作方案"。2008 年 10 月，市规划局发文成立前海地区综合规划国际咨询工作领导小组，下设办公室。顺利完成了前海规划国际咨询的筹备工作。

2008 年 9 月 11 日市领导召开前海工作会议，明确提出前海地区因优越的战略区位，可在实体意义上落实科学发展观、构筑和谐社会，应承担"特别合作区"和"城市中心"的双载体作用，同步推进"前海特别合作区产业发展和制度创新研究"和"前海中心综合规划国际咨询"两个方面的内容。为寻求深港乃至粤港新一轮更高层次的合作模式，探索深圳特区在国家战略层面新的实验意义，分析建立特别合作区的机遇、挑战和风险，研究特别合作区各利益相关方的合作关系和组织框架，合作区行政管理体制以及财政税收等经济制度的可行性选择和示范政策，合作区市场运作主体的选择对象；合作区与深港两地市场经济运行模式和政府管理体制的对接方式等。并研究香港市场经济制度的运行模式，香港高端服务业"水平溢出"的特征和需求，研究合作区产业发展类型、产业引导方法、产业布局的空间需求等。

（六）南山后海中心区城市设计

（1）区位和背景。南山后海中心区位于深圳湾滨海休闲带西侧，深圳湾口岸北侧，南山商业文化中心东侧，高新技术产业园区

① 《深圳房地产年鉴 2009》，海天出版社 2009 年版，第 43—44 页。

南侧；并由滨海大道、沙河西路、东滨路以及后海滨路形成边界。2004 年起伴随着深圳湾口岸工程填海造地工作的开始，位于其北侧 2.3 平方千米崭新的城市土地从地理学角度逐渐出现在深圳城市的版图上。对于 2.3 平方千米填海区城市土地未来的发展判断也逐步明确，《南山分区规划（2002—2010）》明确了该片区将成为未来南山地区的区级中心之一，并侧重以游憩商业服务为特色的游憩商业文化中心（RBD），南山后海中心区也正式成为该地区的名称。2005 年深圳市规划局委托该项城市设计，上层次规划为总规、分区规划、法定图则。希望通过此项城市设计确保南山后海中心区不仅仅在城市空间表达、功能使用、规划控制等方面实现既定的目标，更希望通过多方努力，使之在深圳城市发展建设的进程中形成新的标准。2008 年 6 月，深圳市规划局和中规院深圳分院完成了《南山后海中心区城市设计》，内容包括《总体城市设计》和《街区控制图则》。

（2）《总体城市设计》是在南山后海中心区 2.6 平方千米范围内，为《街区控制图则》的制定提供全面的框架性的系统依据。城市设计总面积 2.6 平方千米，其中包含深圳湾体育中心 0.3 平方千米、内湾公园（含水面）0.7 平方千米；全部由填海造陆形成，没有现状功能。具体内容为：①土地利用；②综合交通组织；③停车组织；④街道空间及地块划分（空间尺度比较）；⑤开放空间与城市景观；⑥人行自行车系统；⑦特种交通观光系统（观光轻轨）；⑧地下空间开发（地铁接驳、地下商业、地下交通）；⑨商业服务业形态及布局；⑩建筑体量高度及群体轮廓；⑪视觉控制设计；⑫基础配套设施布局；⑬环保技术建议；⑭建设管理模式建议；⑮地块使用出让导引（政府和出让、单独及联合、分期开发）；⑯夜景与环境照明要求。具体内容会结合成果表达需要进行增减。

（3）《街区控制图则》在《总体城市设计》前提下制定，内容包含各个地块的图则，直接服务于政府投资地块的详细设计，也服务于单独或联合出让地块的后续建筑及景观详细设计。具体内容为：①开发强度及功能分布；②近地层空间组织；③交通及出入口组织；④建筑界面与后退；⑤建筑形体控制；⑥地下空间开发（地铁接驳与地下交通系统）；⑦建筑设计要素（风格、统一尺度要求、立面、顶部、材料、内外部照明）；⑧环保与高新技术运用；⑨建筑连接设置。具体内容会结合成果表达及地方规划管理需要进行增减。

（七）其他

（1）2008 年 8 月深圳市有关部门审议深圳市总部经济发展空间对策研究成果，该成果客观分析深圳市总部经济发展现状和空间需求规模及供给能力，有利于落实总部经济发展空间，促进总部经济发展。

（2）《深圳市文化产业发展规划纲要（2007—2020）》，规划到2020 年，文化产业增加值达到 2300 亿元左右，占深圳 GDP 的比重达 11% 左右，文化产业对国民经济的贡献率进一步提高。

（3）2008 年完成了《深圳市现代制造业空间整合规划》《深圳市总部经济布局规划》《深圳市城市规划展馆及现代艺术馆（两馆）项目用地城市设计研究》等重要规划项目。2008 年 2 月，市政府研究同意奥地利蓝天组的"两馆"设计方案为实施方案。

（4）2008 年 7 月初步完成龙岗区三大城市设计项目：中规院深圳分院编制《龙岗整体城市设计》总成果，以举办大运会为契机，提升龙岗整体城市环境的目标定位；深规院编制的《深惠路（地铁3 号线）城市设计》；《龙岗中心区城市设计（含龙城广场地下空间利用）》采取国际咨询的优胜方案经深化后交中规院深圳分院解读并编制最终成果。上述三项城市设计成果先后获得市规划部门规划技术委员会审议通过。

• 规划实施举例

（1）《深圳市近期建设规划 2008 年度实施计划》2008 年度计划全年建设用地供应量控制在 15.4 平方千米以内，消化存量用地 3平方千米，启动城中村、工业区升级改造和旧城改造用地面积 3.25平方千米。

（2）福田中心区进展。市政府继续落实《深圳国家创新型城市总体规划实施方案》，推进福田中心区建设。2008 年安排了 12 宗总部办公用地，总部企业入驻速度进一步加快。3 座酒店用地已经落

实，岗厦片区旧改提速，中心区商务环境进一步改善。中心区中轴
线建设加速，深圳当代艺术馆和城市规划展览馆、证券交易所及水
晶岛相继开展前期研究，城市形象和功能进一步提升。福田地下火
车站和轨道 2 号线、3 号线延长线的建设，进一步强化了福田中心
区的交通枢纽地位，增强了中心区的辐射力。

（3）鉴于上步片区面临公共空间拓展、交通改善、市政配套不
足等一系列问题，特别是华强北路人车争道现象严重，交通严重堵
塞。2008 年 11 月市规划部门致函福田区政府，建议联合开展《上
步片区更新改造市政规划研究》项目，分析判断该片区市政设施存
在的问题，结合城市更新、地下空间开发和交通改造，研究片区整
体市政容量需求，评估更新潜力，确定合理的市政规划方案。以解
决该片区公共设施老旧，以及交通更新和地下空间开发带来的新的
负荷。

（4）深圳市规划局与南方科技大学筹建办、深圳市工务署共同
组成了南方科技大学校园规划及首期建筑设计招标人，2008 年 7 月
开始招标首期建筑设计方案。南方科技大学校园占地 197.98 万平
方米，总建筑面积 58 万平方米，周期建筑面积 31.22 万平方米。定
位为高水平研究型大学，学生规模 1.5 万人。

（5）2008 年 10 月，《深圳市城市轨道交通建设规划（2005—
2011）》调整方案获国家批准。与原规划相比，主要变化为将 2 号
线东延段（世界之窗至黄贝岭）和 3 号线西延段（红岭中路至益
田）提前建设，其他线路按原建设规划批复执行。

第三节　前海规划（2009—2011 年）

一　2009 年法定图则"大会战"

● 背景综述

2009 年，虽然国际金融危机严重，深圳经济也面对困难和挑
战，但深圳建市三十年经济发展成就显著。2009 年末常住人口约

995 万人，全市 GDP 约 8514.7 亿元，2009 年在应对国际金融危机
过程中，深圳 GDP 增长依然保持 10% 以上，证明深圳已积蓄了较
强的综合实力，受金融危机影响程度基本可控。2009 年 1 月，深圳
市政府印发了《深圳市支持金融业发展若干规定实施细则》，公布
对在深设立金融总部、一级分支机构或金融配套服务机构的金融机
构高管人员的奖励和补贴办法。6 月深圳出台了《深圳市现代产业
体系总体规划（2009—2015）》，订立了未来五年最重要的发展大
计，打造电子信息八大优势产业链，实施高新技术产业与现代服务
业"双轮驱动"。同年，国家倡导发展生物、互联网、新能源、新
材料、新一代信息技术和文化创意六大战略性新兴产业，深圳开始
六大战略性新兴产业规划和配套政策。

　　2009 年 1 月，《珠江三角洲地区改革发展规划纲要（2008—
2020）》正式公布。该《纲要》确立了珠三角地区的五大战略定
位，即探索科学发展模式试验区、深化改革先行区、扩大开放的重
要国际门户、世界先进制造业和现代服务业基地、全国重要的经济
中心；提出了到 2012 年率先建成全面小康社会、到 2020 年率先基
本实现现代化、基本建立完善的社会主义市场经济体制等发展目
标。5 月国务院批复的《深圳市综合配套改革总体方案》，从国家层
面赋予深圳市"四个先行先试"：一是对国家深化改革、扩大开放
的重大举措先行先试；二是对符合国际惯例和通行规则，符合我国
未来发展方向，需要试点探索的制度设计先行先试；三是对深圳经
济社会发展有重要影响，对全国具有重大示范带动作用的体制创新
先行先试；四是对国家加强内地与香港经济合作的重要事项先行先
试。深圳成为国家综合配套改革试验区。

　　2009 年 6 月，坪山新区在深圳市大工业区正式挂牌成立，原
"深圳市大工业区（广东深圳出口加工区）管理委员会"更名为
"深圳市坪山新区管理委员会"，加挂"广东深圳出口加工区管理委
员会"牌子。① 至此，深圳市辖 6 个行政区和 2 个新区，即罗湖区、
福田区、南山区、盐田区、宝安区、龙岗区和光明新区、坪山新

---

　　① 深圳市委党史研究室、深圳市史志办公室编著：《深圳改革开放四十年》，中共
党史出版社 2021 年版，第 247 页。

区。市规划部门组织的全市建筑物普查数据显示：2009 年深圳市全市总建筑面积 81176 万平方米（比 2008 年增加 6000 万平方米），其中居住建筑面积 43948 万平方米，工业建筑面积 22329 万平方米，商业建筑面积 8794 万平方米，商业办公建筑面积 3044 万平方米。建筑总占地面积约 191 平方千米。

2009 年，深圳市规划局开展了"前海计划"的内部研究，提出由深港合作开发前海。《深圳市综合配套改革总体方案》提出应借助香港优势，在前海高起点、高水平集聚发展现代服务业，推动珠三角及内地现代服务业的跨越式发展，打造世界级的现代服务业基地。

2009 年 3 月通过《深港创新圈三年行动计划（2009—2011）》，确定了 24 个重大项目，打下了深港创新圈未来三年的合作基调。之后，建成一批深港技术创新合作基地，加快建设香港高校深圳产学研基调，吸引香港高校来深合作办学，建立深港高等教育合作与交流的长效机制。这对深港联合应对国际金融危机具有重要意义。

2009 年深港合作会议重点探讨深圳前海合作。双方成立了"前海合作联合专责小组"明确前海项目中各自的角色，深圳市政府将主导及负责开发管理前海地区，欢迎深港企业积极参与前海开发。

2009 年，深圳市政府进行大部制机构改革，目标是减少政府机构部门数量，提高行政效率；实现建设小政府，给市场更多空间。[①] 2009 年 8 月，新成立的深圳市规划和国土资源委员会（简称市规土委），是在市规划局与市国土资源和房管局两局分设五年后又合并为"深圳市规划和国土资源委员会"，并将市城市更新办公室划归该委管理，进一步强化了城市更新的统筹。

2009 年 10 月，市政府颁布《深圳市城市更新办法》（政府令第 211 号）。该办法在城市更新方面采取以下举措：一是明确了原权利人可以作为改造实施的主体，无须由开发商实施，政府鼓励权利人自行改造；二是规定了权利人可以自行改造的项目可协议出让土地，突破了土地必须"招拍挂"出让的政策限制；三是明确了更新

---

① 张思平：《深圳奇迹——深圳与中国改革开放四十年》，中信出版集团 2019 年版，第 29 页。

改造的地价收取标准。标志着深圳正式进入城市更新时代。①

● 重点规划设计

(一) 深港规划合作

2009 年 1 月，深圳市规划部门启动落马洲河套地区（C 区）综合规划研究项目。目的是在深港两地互惠互利的基础上，将此地区打造成为一个可持续发展、环保、节能的宜居宜业的新型社区。2009 年 5 月签署了《落马洲河套地区综合研究合作细节协议书》。2009 年 5 月—6 月，深圳市规划部门开展公开招标，确定了落马洲河套地区邻近范围 C 区的综合规划研究的顾问团队，同时港深规划部门招标确定了落马洲河套地区 A 区的综合规划研究的顾问团队。两项研究于 2009 年 8 月正式启动，同步研究。计划 2010 年 6 月完成。

(二)《总规（2010）（送审稿）》进展

住房和城乡建设部于 2009 年 4 月颁布了《城市总体规划实施评估办法》，该办法对于切实加强总规实施的评估工作有着重要意义。总规评估需形成制度化，评估报告应具有客观性和使用效力。

2009 年 9 月 15 日，住房和城乡建设部在北京召开城市总体规划部际联席会议第三十六次会议，原则通过《总规（2010）（送审稿）》。并要求按部际联席会成员单位的有关意见，进一步完善城市总体规划成果，住建部将尽快完成上报审批程序。

(三) 法定图则"大会战"

法定图则，是在已批准的城市总体规划、分区规划的指导下，对分区内各片区的土地利用性质、开发强度、公共配套设施、道路交通、市政设施及城市设计等方面做出详细控制规定。经过法定程序批准后成为法定文件。法定图则的规划深度相当于控制性详细规划，它是实施建设用地规划管理和建设工程规划管理的主要依据，并指导详细蓝图的制定。

2009 年 2 月 12 日，市规划局召开"法定图则大会战"动员大

---

① 深圳市委党史研究室、深圳市史志办公室编著：《深圳改革开放四十年》，中共党史出版社 2021 年版，第 216 页。

会，力争完成市政府提出的"两年内实现城市规划建设区法定图则
全覆盖"的任务和要求。2009 年深圳市法定图则制定工作高效推
进，取得突破性进展。2009 年深圳市城市规划委员会法定图则专业
委员会审批通过了 37 项法定图则，市规划部门技术会议审议通过
73 项法定图则草案，覆盖面积共约 500 平方千米，完成的工作量创
历史新高。加上往年已审批的法定图则，全市法定图则的覆盖率超
过了 70%，基本覆盖特区内外重点建设片区。① 2009 年 1 月至 2010
年 12 月，市规划部门共完成 109 项法定图则公示，有 71 项法定图
则经法定图则委员会审批通过。

（四）四大新城等重点地区规划

（1）在市政府审议通过的新城规划指导下，市规划部门加快光
明新城、龙华新城、大运新城、坪山新城四大新城法定图则的制定
和审批工作。为推进四大新城建设，按近期建设规划 2009 年度实
施计划的要求，用地供应和项目布局向四大新城倾斜，完善公共服
务设施配套，提升产业发展水平，以新城建设带动特区外城市建
设，促进特区内外一体化发展。

（2）光明新区围绕"绿色新城"的主题，不断完善新区规划体
系。《光明新区规划》《光明新区再生水及雨洪利用规划》《光明新
区共同沟详细规划》以及由深圳市政府新加坡对外合作局共同推动
的《光明新区中心区开发指导规划》等 20 余项规划先后通过审查
并付诸实施。

（3）坪山新区被定位为深圳东部的城市副中心。2009 年积极筹
备召开"坪山新区发展战略国际咨询峰会·2010"和坪山中心区概
念规划国际咨询，以提升新区规划层次和水平。并加快推进《坪山
新区新能源汽车产业发展空间布局规划》的报批实施。

（五）重点片区城市设计方案国际咨询

2009 年度举行的主要城市设计招标有：福田中心区"水晶岛规
划设计方案国际竞赛"、深交所片区金融商务办公楼"4 + 1"重点
工程项目联合招标及"华强北立体街道城市设计方案国际咨询"，

---

① 《深圳房地产年鉴 2010》，海天出版社 2010 年版，第 26 页。

年内重点还包括后海中心区城市设计深化调整、前海地区城市设计国际咨询前期准备、南方科技大学校园规划及首期建筑设计方案国际竞赛方案深化、机场空港枢纽规划、大运中心及景观设计方案深化、光明新城中心区城市设计国际咨询和光明新区中央公园概念规划方案国际咨询等。①

（六）工业区基础调查及改造策略研究

2009年4月至9月，市规划部门开展了全市工业区基础信息普查工作，普查数据②截止时间为2009年9月底，普查范围是深圳全市国有及原集体土地上（包括有产权和无产权）占地面积大于5000平方米的工业区或独立地企业。

1. 工业区数量

深圳全市占地面积大于5000平方米的工业区共有3881个，特区内有253个，特区外有3628个，其中，宝安区1884个、龙岗区1178个、坪山新区267个、光明新区299个。

2. 工业区规模

全市工业区总占地291平方千米，占全市总建设用地773平方千米的37.6%；工业区内总建筑面积2.67亿平方米，占全市总建筑面积7.6亿平方米的35.1%，工业区平均容积率0.91。

3. 工业区经营状况

工业区内企业4.78万家，85%以上是年销售500万以下的小型企业。工业区内职工259万人，占全市制造业社会劳动者344万人的75%，2006—2009年，全市工业区除罗湖、福田外普遍出现租金下降趋势。921个工业区反馈了厂房空置面积信息，全市厂房空置面积877万平方米，2008年国际金融危机以来，工业区内厂房空置规模大幅增加。

4. 改造目标

深圳市工业区现状：数量多，分散布局，规模较小，难以形成

① 深圳年鉴编辑委员会编：《深圳年鉴2010》，深圳市史志办公室，2010年，第203页。

② 《深圳市工业区基础信息调查及改造策略研究报告》，深圳市规划和国土资源委员会、深圳市城市规划发展研究中心，2010年5月。

规模效应；有些工业区建设年代较早、结构较差、用地粗放、以非标准厂房为主，不能适应现代化生产需求。此外，工业区用地权属十分复杂，原集体土地出租年限普遍较长，为工业区改造带来一定困难。改造目标是推动工业发展模式和增长方式的根本转变，促进产业升级，完善配套设施建设，提高土地利用效益。

5. 改造策略

（1）园区整合提升，引导零散工业企业进园发展，促进资源共享和集约利用。（2）针对现状普遍50年的工业用地出让年限，改革建立弹性年期制度，建立产业用地退出机制，加快产业用地流转。（3）根据《深圳市土地利用总体规划（2006—2020）》，对需清退的建设用地内的工业区进行搬迁清退。

（七）其他

（1）《深圳市近期建设规划2009年度实施计划》明确规定工业用地的60%用于高新技术产业，为创新型产业用房安排了专项指标，并加大了人才公寓等配套用地的安排力度。

（2）2009年完成了《深圳高新技术产业园区发展专项规划》等产业规划。

（3）2009年2月，市规划部门委托深规院开展前海湾保税港区围网选址规划，同年10月完成。

（4）2009年3月完成《南方科技大学概念性详细规划》。

（5）2009年5月8日深圳市城市规划委员会第25次会议审议通过了《深圳市紫线规划》《深圳市黄线规划》《深圳市橙线规划》《深圳市蓝线规划》。2009年12月16日深圳市城市规划委员会第26次会议指出，要进一步强化规划在城市建设和发展中的龙头地位和统领作用，努力提高规划水平，推进规划的深度，强化服务意识，确保深圳这座城市在科学发展观的指引下实现新一轮的跨越式发展。

（6）2009年3月，深圳根据新一轮城市总规将前海中心区建设为新城市中心区的重大战略部署，并以落实《珠三角地区改革发展规划纲要》为契机，加强深港合作，推进高端服务业发展。市规划部门2009年组织开展了前海地区规划研究，启动了前海计划制订工作，年内还将启动前海中心综合规划国际咨询工作。

（7）2009年4月，建设部颁布《城市总体规划实施评估办法》。

（8）2009年4月，国土资源部批复《深圳市土地利用总体规划大纲（2006—2020）》。

（9）2009年7月市政府常务会议审议通过了《深圳市海洋产业发展空间布局规划》，本着集约节约利用海岸线空间的基本原则，可持续地利用海洋资源，积极稳健地发展海洋经济的发展战略，结合海岸线空间资源潜力情况，组织编制海洋产业发展空间布局规划，为未来深圳海洋产业的发展提供明确的空间指引，并对规划实施提出保障措施。

（10）2009年9月完成《福田口岸地区改造规划》《深圳市海洋产业发展空间布局规划》《深圳市汕尾特别合作区空间发展概念规划》。

（11）2009年12月，深圳市规划部门向省住建厅提交《珠三角绿道网总体规划纲要（深圳段）》初步方案成果。

（12）2009年12月完成深圳市轨道6号线、7号线、9号线交通详细规划。

• 规划实施举例

（1）福田中心区进展。至2009年11月，已完成京广深港客运专线深圳段及福田站的详细规划研究工作。同年12月开幕的深圳香港双城双年展，深圳的主展场选址在中心区中轴线（北段）和市民广场，其中市民广场地面作为室外展场，其地下一层作为室内展场。这届双年展利用了中轴线市民广场公共空间，首次向市民展示了中轴线"城市客厅"以及它作为深圳城市核心广场的地位和作用。

（2）城市更新与市容提升。2009年12月正式实施《深圳市城市更新办法》是国内首部规范城市更新的地方政府规章，首次设立城市更新单元规划制度，通过整体规划有效解决城市基础设施难以落地等问题。深圳的城中村和工业区升级改造分为综合整治和全面改造两类。其中，综合整治是主要改造模式，相对投资较少，不增加建筑量，能有效消除改造区域的安全隐患、改善人居环境，是一种协调可持续的改造模式，已打造了大芬油画村、观澜版画基地、水围村等一批具有良好示范效应的项目。

（3）深圳市2009年10月通过《深圳市市容环境提升行动计划》，开展以"办赛事、办城市，新大运、新深圳"为主题的市容环境提升行动。对15000多栋临街建筑物进行刷新和改造，全市主要道路和高快速路沿线的建筑景观水平得到全面提升。全市新增绿化面积2622万平方米，全市各类公园总数超过800个，① 实施"穿衣戴帽"工程，市容明显提升。

二　2010年前海概念规划国际咨询

● 背景综述

2010年深圳经济特区成立30周年，国务院2010年8月正式批复了深圳《总规（2010）》，并批复同意《前海深港现代服务业总体发展规划》。深圳特区扩大到全市范围②，确立将前海建设为城市新中心的重大战略部署，深圳发展迈进了"大特区"时代。为提升城市功能，加快现代都市建设提供了空间条件，也标志着深圳经济特区发展跨进新的里程。深圳市辖6个行政区和2个新区，即罗湖区、福田区、南山区、盐田区、宝安区、龙岗和光明新区、坪山新区。2010年7月，市政府公布《深圳经济特区一体化发展总体思路和工作方案》，提出要实现原特区内外法规政策、规划布局、基础设施、城市管理、环境保护以及基本公共服务"六个一体化"的目标，明确"当年初见成效、五年根本改观、十年基本完成"的时间要求。

深圳30年社会经济取得了巨大成就，从一个边陲小镇发展为人口过千万、GDP过万亿元的现代化大都市，创造了世界城市发展史

---

① 深圳市委党史研究室、深圳市史志办公室编著：《深圳改革开放四十年》，中共党史出版社2021年版，第259页。

② 从2010年7月1日起，深圳经济特区范围正式从原特区内的福田、罗湖、南山、盐田四区扩大到全市范围。

上的奇迹。2010 年深圳全市 GDP 约 10069 亿元（居国内第四），年末全市常住人口首次超过 1000 万，达到 1037 万人。市规划部门组织的全市建筑物普查数据显示：2010 年深圳市全市总建筑面积 86683 万平方米（比 2009 年增加 5500 万平方米。"三十岁"的深圳全市总建筑面积是"二十岁"深圳的 2.5 倍），其中居住建筑面积 47555 万平方米，工业建筑面积 23411 万平方米，商业建筑面积 9404 万平方米，商业办公建筑面积 3206 万平方米。建筑总占地面积约 200 平方千米。由于深圳"四个难以为继"，2010 年 10 月，深圳市做出《关于加快转变经济发展方式的决定》，首次提出了要实现从"深圳速度"向"深圳质量"的跨越。

2010 年 4 月，广东省政府和香港特别行政区政府签署了《粤港合作框架协议》，明确粤港合作的具体目标是到 2020 年基本形成先进制造业与现代服务业融合的产业体系、要素便捷流动的现代流通经济圈，建成世界级城市群和新经济区域。粤港合作主要在金融合作、医疗服务合作等八个方面取得政策新突破，在跨界基础设施、国际化营商环境、优质生活圈等五个领域重点合作。

2010 年市规划部门围绕服务创新型城市发展要求，继续落实《深圳国家创新型城市总体规划实施方案》，充分发挥规划国土工作的空间统筹作用，推进福田中心区、四大新城、河套地区等规划设计，确保土地供应，强化存量空间改造，推进城市更新，加快处理闲置土地清理和土地遗留问题，继续推进数字城市建设等各项工作，推进创新型城市建设。另外，2010 年 3 月市政府授予市城市规划委员会建筑与环境艺术委员会审批城市更新单元规划的权职。

• 重点规划设计

（一）《深圳 2040 城市发展策略》

深圳特区 30 周年，处于关键的转型时期。2010 年市规土委启动深圳 2040 城市发展策略研究，展望深圳未来 30 年何去何从，探索深圳未来的国家使命，包括研究可持续发展的新模式、制定未来 30 年深圳发展的纲领性指导意见。该研究同时开展 4 个专题，包括全球化背景下区域合作与空间发展战略研究、新技术革命对城市现代化发展的影响研究、面向未来的民生幸福城市研究、香港对深港合作的战略性框架研究等，作为主题研究的支撑。研究成果包括纲领文件、主报告和专题研究报告。立足于谋划未来 30 年深圳发展的策略，2010 年 8 月 9 日市政府召开《深圳 2040 城市发展策略》启动仪式和以"畅想 2040"为主题的首场公众论坛，召开两场专家研讨会，在网站上设立"2040 网页"收集公众意见，计划在 2011 年底完成综合研究初步成果。据悉，《深圳 2040 城市发展策略》项目工作内容后来有所调整，该项目的成果纳入 2016 年《深圳 2050 城市远景发展策略》研究成果。

（二）前海地区概念规划国际咨询

2010 年初，深圳在全球范围征集前海地区的概念规划国际咨询，本次规划研究范围扩大至 19 平方千米（包括大铲港）。前海的填海工程和基础设施建设也随之如火如荼地展开。

以落实《珠江三角洲地区改革发展规划纲要》为契机，根据《总规（2010）》将前海建设为城市新中心的重大战略部署，市规划局组织开展了前后海地区的规划研究，加强深港合作，推进高端服务业发展，完成前海计划研究，前海地区建设深港现代服务业合作示范区总体方案，启动了前海地区规划设计国际咨询，推进前海有关规划工作。

2010 年 6 月 20 日前海地区概念规划国际咨询公布了评审结果，第一名方案为"前海水城"（美国 FO 事务所），第二名方案为"前海创意滨海城市"（西班牙 BLAU 事务所），第三名方案为"前海城岸"（荷兰 OMA 事务所联合体）。此次国际咨询活动收到的作品代表了国际领先的规划设计水平，设计机构从不同着眼点对低碳与生态设计、城市空间设计、城市功能的混合及布局、水系的利用、园林与景观设计、综合交通和外海开发使用等众多方面进行了积极探索，以国际性视野、前瞻性发展理念确定前海地区的空间发展结构，达到了预期目的。①

---

① 深圳年鉴编辑委员会编：《深圳年鉴 2011》，深圳市史志办公室，2011 年，第 210 页。

（三）前海规划专题研究

2010 年《总规（2010）》明确前海为深圳两个市级中心之一，主要发展区域性的现代服务业与总部经济。2010 年 8 月，国务院正式批复同意《前海深港现代服务业合作区总体发展规划》，将前海开发提升到国家战略的高度，要求广东和深圳利用前海粤港合作平台，建成粤港现代服务业创新合作示范区。该发展规划将前海定位为深港合作先导区、体制机制创新区、现代服务业集聚区和结构调整引领区，标志着合作区的高水平规划建设正式启动。同年 12 月，深圳市印发《关于加快推进前海深港现代服务业合作区开发开放的工作意见》，全面启动前海综合规划编制、土地整备、工程建设等工作。①

（1）前海深港高端服务业合作区管理局成立于 2010 年，准备开展的八个专项规划为：

① 《前海综合交通枢纽规划方案》；

② 《前海合作区水系专项规划研究》；

③ 《前海合作区重大基础设施专题研究》；

④ 《前海湾保税港区发展规划和近期实施计划》；

⑤ 《前海合作区竖向规划设计》；

⑥ 《前海合作区填海工程勘测评估及处理方案设计》；

⑦ 《前海合作区环境综合整治方案》；

⑧ 《前海合作区开发建设时序及行动计划》。

（2）2010 年前后完成的前海规划研究项目有：

①2009 年 12 月完成《前海地区填海工程交通规划专题研究》。

②2010 年 3 月完成《前海开发规划产业研究》。

③2010 年 8 月完成《前海地区填海工程整合规划专题》《前海地区竖向规划研究专题》《前海地区建设期间近期防洪排水研究》。

④2010 年 9 月完成《前海计划研究》。

⑤2010 年 12 月完成《前海地区在建干线道路规划咨询》。

⑥2010 年 12 月完成《前海深港现代服务业合作区空间布局专题研究报告》。

---

① 深圳市委党史研究室、深圳市史志办公室编著：《深圳改革开放四十年》，中共党史出版社 2021 年版，第 254、298 页。

（四）《深圳市土地利用总体规划（2006—2020）》

2010 年，市规土委继续推进《深圳市土地利用总体规划（2006—2020）》修编工作，该规划成果 12 月上报省政府。《深圳市土地利用总体规划（2006—2020）》共有 6 项约束性指标，分别为耕地保有量、基本农田面积、城乡建设用地规模、建设占用耕地规模、整理复垦开发补充耕地义务量和人均城镇工矿用地。至 2020 年，深圳市耕地保有量目标 4288 万平方米（含易地保护面积），基本农田保护面积不少于 2000 万平方米；建设用地总规模控制在 9.76 亿平方米以内，其中城乡建设用地规模控制在 8.37 亿平方米以内，建设占用耕地规模不超过 1164 万平方米，整理复垦开发补充耕地义务量不低于 1164 万平方米；全市域的人均城镇工矿用地不高于 76.09 平方米/人。为提高规划实施的自主性和灵活性，降低行政成本，深圳市明确了下层级规划的编制形式。[①]

（五）启动《深标》修编

《深圳市城市规划标准与准则》（以下简称《深标》）是规范和指引深圳市规划建设行为的重要技术性依据。《深标》从 1990 年颁布试行后经历了 1997 年和 2004 年两次修订，内容不断扩充完善，形成了一部具有深圳特色的规划标准，成为城市规划编制不可或缺的工具手册。主要内容包括城市用地、城市设计与建筑控制、道路交通与市政设施、其他设施四部分。[②] 一方面，由于深圳 2004 年后"四个难以为继"，用地紧缺成为城市建设的突出矛盾。城市规划为了适应深圳紧凑发展、集约用地的新形势需要，解决空间资源紧约束问题，必须尽快修订《深标》，以切实满足深圳规划建设的实际需要。另一方面，2009 年规划国土委的成立将对规划与土地管理模式进行深度整合，也将对作为建设用地管理技术依据的《深标》产生影响。2010 年启动《深标》修编，以承上启下、拾漏补缺为原则，兼顾《深标》版本的连续性和创新性。以国际化先进城市为目标，突出集约节约用地，促进公共设施的均等化配置，并对基本成

---

① 深圳年鉴编辑委员会编：《深圳年鉴 2011》，深圳市史志办公室，2011 年，第 213 页。

② 《深圳市规划和国土资源委员会·年报》，2009—2010 年，第 158 页。

熟的《深标》局部内容及时发布，试行建立《深标》的动态修订机制，全面修订形成 2011 年版《深标》。

（六）法定图则大会战结束

2010 年是法定图则大会战的收官之年，市规划国土委管理在编图则 123 项，公示法定图则草案 29 项；法定图则委员会审批通过了 35 项法定图则，覆盖面积约 146 平方千米。深圳法定图则覆盖率已达 90%，剩余 10% 地区多数已形成方案，基本实现了法定图则对城市规划建设用地的全覆盖。此外，为了进一步完善法定图则相关配套政策和技术指引，加强法定图则的可操作性，2010 年 8 月发布了《深圳市法定图则土地混合使用指引》，鼓励合理的土地混合使用，如产业用地可兼容一定比例的办公、宿舍、使用服务等配套功能，更好地适应了市场的需求。

（七）《深圳市绿道网专项规划》

为落实珠三角城镇群协调发展规划，促进宜居宜业环境建设，2010 年 1 月，广东省部署开展珠三角区域绿道网规划建设工作。深圳市规划国土委在《珠三角绿道网总体规划纲要》的基础上，结合深圳基本生态控制线、绿道系统等相关规划，组织完成了《深圳市绿道网专项规划》的编制。同年 6 月，《深圳市绿道网专项规划》及《珠三角 2.5 号区域绿道深圳段详细规划》通过市政府和省建设厅的审查。深圳市绿道网由区域、城市和社区三级绿道组成，形成由 2 条区域绿道、3 条滨海风情线、1 条城市活力线、5 条滨河休闲线和 16 条山海风光线组成的"四横八纵"组团—网络总体结构，串联全市 1000 多个"兴趣点"（包括自然保护区、公园、水库、旅游景区、滨海区、历史文化资源等），总长度约 2000 千米（区域级绿道 300 千米，城市级绿道 500 千米，社区级绿道 1200 千米），实现市域每平方千米土地有 1 千米绿道、5 分钟可达社区级绿道、15 分钟可达城市级绿道、30—45 分钟可达区域级绿道的目标。

（八）坪山中心区概念规划国际咨询

2010 年，市规土委根据坪山新区的发展战略，会同坪山新区管委会组织开展了《坪山中心区概念规划》国际咨询活动。该活动分为国际咨询、专题研究、方案深化以及规划实施四个环节，自 2009

年12月起历时一年完成。

（九）2010年度完成的其他专项规划还包括：《深圳市公众移动通信基站站址专项规划》《深圳市城市更新专项规划（2009—2015）》《深圳市应急避难场所专项规划》《深圳市蓝线规划（2007—2020）》《深圳市黄线规划（2007—2020）》《深圳市宝安区公共设施专项规划》《深圳市现状道路桥梁名称梳理规划》；完成的片区规划和城市设计包括：《坪山环境园详细规划》《深圳邮轮游艇产业布局规划》《大学城片区规划整合》《深圳市光明中心区开发指导规划》《大运新城及周边区域路桥名称规划》《深圳市宝安大道城市设计》等。

● 规划实施举例

（1）2010年深圳机动车保有量达到170万辆，深圳64千米地铁线路投入运营，另外，深圳地铁三期工程（6、7、8、9、11号线，共170千米长）项目成果的征求意见和报批工作进展顺利，2010年，道路、供水等一批基础设施项目建设加快推进，光明、坪山等功能区和龙华、大运等新城建设明显加快。

（2）2010年深圳市政府决定治理"插花地"，完成《罗湖"二线"插花地综合治理策略（修改稿）》，同年8月提请市政府审议。罗湖"二线"插花地位于罗湖区北部、罗湖与龙岗行政区边界和深圳特区铁丝网之间，西起银湖，东至大望村，长约22千米，面积约14平方千米。行政上隶属罗湖区，2010年有居住人口约13.7万，人口密度每平方千米最高达4.5万人。插花地建成区主要以村民自建私房，外来流动人口租住的形式存在，公共配套设施不足，存在严重安全隐患。

（3）2010年，深圳市明确制定了将盐田港建设为深圳"两翼齐飞"中的重要一翼的战略决策，扶持盐田港做大做强。

三　2011年城市绿道网规划建设

● 背景综述

2011年是"十二五"开局之年，深圳30年来创造了工业化、城市化的奇迹,但城市化相对滞后于工业化,城市发展方式粗放,难以适应经济、社会、文化转型发展的需要,迫切要求深圳大大提升城市发展质量。会议提出了以城市发展引领各项事业发展的新理念;提出了"以人为本、绿色低碳、集约发展、彰显特色、打造精品"的主要思路;提出了组团化、现代化、国际化、一体化的城市发展目标;提出了探索建立以城市发展单元作为提升城市功能、加快建设国际化城市的重要手段,完善规划实施机制,推动权力下放、重心下移,充分发挥区政府在规划实施中的作用,提高规划执行力。① 深圳开始布局建设智慧城市,制定了中长期发展规划《智慧深圳规划纲要(2011—2020)》。

2011 年 1 月市政府召开 2011 年全市规划国土资源工作暨全市查违工作会议。会议提出力争到 2015 年释放潜力用地 150 平方千米。3 月,市政府召开了全市城市发展工作会议,总结了深圳 30 年城市发展成就,提出要以转变城市发展方式提升城市发展质量,以城市发展支撑和推动经济社会发展,把提升城市发展质量转化为一系列具体行动,加快建设现代化国际化先进城市。会议印发了《关于提升城市发展质量的决定》。

2011 年深圳成功举办第 26 届世界大学生运动会,国家正式将深圳前海开发纳入"十二五"规划纲要。深圳提出了新时期深化改革目标,要建设市场化、法治化、国际化、前海战略平台的"三化一平台",率先营造法治化、国际化营商环境,建设全国经济中心城市。2011 年 3 月深圳市委市政府出台《关于提升城市发展质量的决定》,6 月,深圳轨道交通二期 1—5 号线全线开通试运营,运营总里程 178 千米,公共交通分担率大幅提升,标志着深圳轨道步入网络化时代。确保 8 月大运会期间的深圳交通、"大运蓝"几乎达到了理想状态,更增强了深圳治理雾霾的信心。借助大运会的"东风",深圳在轨道交通建设、市容市貌提升、体育场馆设计、新城规划建设、地质灾害预防等方面全面提升,为塑造深圳国际化城市形象奠定了基础。

---

① 摘自《深圳市委　深圳市人民政府　关于提升城市发展质量的决定》,2011 年 3 月 25 日。

2011 年 2 月，广东省批复设立深汕特别合作区，委托深圳、汕尾两市管理，深圳市主导经济管理和建设，汕尾市负责征地拆迁和社会事务。

2011 年 10 月，《国务院关于加强环境保护重点工作的意见》明确提出"在重要生态功能区、陆地和海洋生态环境敏感区/脆弱区等区域划定生态红线"，这是首次在国家层面提出"生态红线"的概念。

2011 年 12 月，龙华新区、大鹏新区正式挂牌成立。从此以后，深圳市辖 6 个行政区和 4 个新区，即罗湖区、福田区、南山区、盐田区、宝安区、龙岗区和光明新区、坪山新区、龙华新区、大鹏新区。2011 年末深圳市常住人口约 1046 万人，全市 GDP 约 11922.8 亿元人民币。市规划部门组织的全市建筑物普查数据显示：2011 年深圳市全市总建筑面积 89912 万平方米（比 2010 年增加 3200 万平方米），其中居住建筑面积 48849 万平方米，工业建筑面积 23981 万平方米，商业建筑面积 9619 万平方米，商业办公建筑面积 3445 万平方米。建筑总占地面积约 205 平方千米。

• 重点规划设计

（一）《深圳市近期建设与土地利用规划（2011—2015）》①

1. 城市发展总体目标

以科学发展观为指导，以特区一体化和区域一体化为重点，以加强和改善民生福利，全面提升城市发展质量，强化全国性经济中心城市的功能，奠定建设现代化国际化先进城市的坚实基础。

2. 发展规模

加强人口规模和结构调控，至 2015 年，城市常住人口约控制在 1100 万以内。基础设施配置和基本公共服务能力方面预留一定弹性。

3. 十五个重点发展地区

（1）前海深港现代服务业合作区，加快前海合作区综合规划，积极开展土地整备和围填海工程，打造"前海水城"。（2）沙井新城。（3）大空港地区。（4）龙华新城（含深圳北站枢纽区）。（5）大运

---

① 《深圳市近期建设与土地利用规划（2011—2015）》，深圳市人民政府，2012 年 4 月。

新城及龙岗中心区。（6）坪山中心区（含深圳东站枢纽区）。（7）坪山国家生物产业基地核心区。（8）坝光片区。（9）光明中心区。（10）光明门户区。（11）深圳湾超级总部基地。（12）后海中心区，市级滨海商务及生活服务中心。（13）留仙洞片区。（14）市高新区深圳湾园区。（15）平湖现代服务业基地。

（二）交通专项规划

2011年4月《深圳市城市轨道交通近期建设规划（2011—2016）》获得国家发展和改革委员会批准。本次规划建设以下线路：11号线由福田中心区至松岗，线路全长51.7千米；9号线从向西村至深圳湾，全长25.3千米；7号线自太安至动物园，全长30.3千米；6号线自深圳北站至松岗，全长37.9千米。根据前期工作进展情况，适时建设8号线，自国贸至小梅沙，线路长26.4千米。上述线路合计总长度约169.6千米，新增车站数量95个。规划实施后，深圳市轨道交通线路将达到10条，通车里程约348千米。

2011年11月，市规划和国土资源委员会完成了《深圳市综合交通"十二五"规划》，这是《深圳市近期建设和土地利用规划（2011—2015）》专题研究。重点针对2007年编制完成的《深圳市轨道交通规划》进行总结和检讨，结合开展的深圳2040城市发展策略等研究，从规划层面提出轨道交通网络空间结构。

1. 回顾总结

深圳"十一五"期间城市交通得到快速发展，交通基础设施保持高强度建设，深圳综合交通规划建设取得巨大成就，主要体现在以下五个方面。

（1）强化枢纽规划建设，深圳对外交通建设取得重大突破，大大增强了区域交通枢纽的地位。

（2）轨道快速建设，轨道二期工程1、4号线延长段及2、3、5号线建设快速顺利推进。轨道三期部分线路（6、7、9、10、11号线）完成详细规划编制工作。至2011年大运会前，深圳轨道交通运营里程达到178千米。

（3）干线路网建设不断完善。深圳对外、过境、疏港、原特区内外联系通道基本贯通。深圳"一横八纵"骨干路网基本建成，规划的"七横十三纵"高快速路网体系正加速形成。

（4）公交基础设施有所改善，公交运营机制获重大突破，确立了公交区域专营模式，原38家公交企业整合为巴士集团、东部公交、西部公汽三家特许经营企业。形成了"快线—干线—支线"三层次公交线网体系。

（5）慢行交通系统有所改善。结合绿道网建设自行车专用道。

2. 深圳综合交通"十二五"规划的主要内容

（1）强化区域交通枢纽地位。为保证深圳实现全国性经济中心城市的定位，"十二五"将持续推进海、陆、空、铁四大对外交通设施的建设，扩大深圳城市的辐射力。

（2）特区一体化。2010年深圳特区扩大至全市，"十二五"将以原特区内外道路交通一体化为重点，连通原特区内外道路设施建设。

（3）公交优先。"十二五"交通规划仍将坚持公交优先的原则，继续加大轨道交通建设力度。

（4）支持重点地区土地开发与城市功能提升，优先建设重点地区交通设施。"十二五"将加快前海、大空港地区、光明新城、龙华新城、大运新城及龙岗中心区、坪山新城、大鹏半岛等重点地区的发展。

（5）交通系统软环境亟待提升。"十二五"将积极落实低碳、绿色交通发展理念，大力发展步行和自行车交通，优化交通出行环境。

（三）深圳市城市绿道网规划建设

按照《2011年深圳市绿道网建设实施方案》的总体部署，2011年拟形成总长度约800千米的城市绿道和社区绿道。该规划设计的25条城市绿道，总长度达747千米，由滨海风情绿道、滨河休闲绿道、山海风光绿道、都市活力绿道四种类型组成。城市绿道不仅连接了区域绿道与社区绿道，还连接了城市功能组团及组团内主要自然景观资源和公共空间，连接了城市公共交通设施，大大提高了宜居宜业的环境质量。2011年8月，市规划国土委已组织编制《深圳城市步行和自行车交通系统示范项目建议书》，11月报市政府审定。

至 2011 年底，深圳特区内已建成自行车专用道约 262 千米，全市主次干道、重要支路人行道布设率达 100%，已建设立体人行过街设施 382 座。

（四）城市发展单元规划编制

城市发展单元规划是深圳落实总体规划实施的创新手段，是依据城市总体规划、土地利用总体规划等相关规划和各级政府重大项目建设计划，选择具有战略意义的城市重点地区，由各区政府等单位主体组织实施开发建设的制度。

2011 年 3 月召开的全市城市发展工作会议将 9 个地区城市发展单元规划和建设列入深圳市"十二五"重大领域工作。4 月市规土委印发《深圳市城市发展单元规划试点工作方案》，首批开展 9 个试点，由管理局负责组织发展单元规划的编制、初审、公示、报批等工作；地区规划处负责业务指导和统筹。发展单元规划经批准后，涉及已批法定图则修改的、由地区规划处组织系统修改，并纳入"一张图"管理。批准的发展单元规划可作为规划许可的依据。

2011 年，市规土委全力推进首批 9 个试点的城市发展单元规划编制：坪山中心区、坪山河碧岭—沙湖地区、光明门户区、光明平板显示产业园、光明中心区、蛇口沿山地区、笋岗—清水河地区、龙岗华为科技城、大浪石凹共 9 个地区（总面积 63.4 平方千米）。市规土委全年共组织召开 23 次城市发展单元规划工作例会，先后审议了各发展单元的规划方案或工作思路。至年底，已经通过审议的 5 个发展单元规划大纲方案是坪山中心区（用地面积 121 万平方米）、坪山河流域碧岭—沙湖片区（用地面积 11 万平方米）、光明门户区、光明平板显示园（用地面积 138 万平方米）、龙岗华为科技城片区（用地面积 158 万平方米），各试点大纲正陆续公示。坪山中心区和光明门户区发展单元作为第一批成果报市政府审批。①

（五）城市设计

2011 年，市规土委围绕提升城市发展质量要求，高起点开展前海、后海及深圳湾等总部基地及重点地区的城市设计工作，以前海

---

① 参见《深圳房地产年鉴 2012》，海天出版社 2012 年版，第 32 页。

水城为核心理念的《前海深港现代服务业合作区综合规划》最终成果于 2011 年 10 月已完成，并上报市政府原则通过。这年完成及推进的重点项目还包括：前海启动区城市设计，前海轨道交通枢纽站综合规划，后海中心区城市设计，水晶岛规划设计方案深化及实施，大运新城核心区城市设计，留仙洞总部基地城市设计，华润、百度、阿里巴巴总部基地规划研究等。

（六）其他

（1）《深圳湾超级总部基地控制性详细规划》工作于 2011 年启动。

（2）2011 年完成的专项规划还包括：《深圳市城市总体规划实施方案》《深圳市产业空间布局规划》《深圳现代制造业空间整合规划》《光明新区规划》《光明新区产业发展实施规划》《港深机场轨道联络线前期研究》《莲塘口岸（交通）详细规划》《深圳市绿道网专项规划》《深港跨境交通信息服务体系规划》《深圳市共同沟系统布局规划》《珠三角城际轨道交通深圳地区布局规划》《笋岗—清水河片区交通综合改善规划》《原特区外各组团道路交通详细规划》《深圳市雨洪利用系统布局规划》等。

● 规划实施举例

（1）《总规（2010）》实施方案，2011 年 5 月，深圳市印发关于实施《深圳市城市总体规划（2010—2020）》的意见。深圳是我国的经济特区、全国性经济中心城市和国际化城市，实施《总规（2010）》是新时期国家对深圳发展的战略要求。同年 6 月，市规划部门完成了《深圳市城市总体规划（2010—2020）实施纲要》及《深圳市城市总体规划实施方案》。

（2）规划实施深圳湾 15 千米滨海休闲带，于 2011 年 6 月建成并向市民开放。

（3）大运中心工程，2011 年 3 月，大运中心工程完工。该中心是深圳举办第二十六届世界大学生夏季运动会的主场馆，位于龙岗区大运新城核心地段。该工程于 2007 年 8 月开工，总用地面积 52

万平方米，总建筑面积 29 万平方米。①

（4）深圳湾公园工程，2011 年 8 月，深圳湾公园工程完工。根据规划，由东至西南共分 A、B、C 三个区域，岸线长 9.6 千米，是深圳市建设生态城市、强化滨海城市特色、完善城市功能的重要项目。该工程于 2008 年 7 月开工，规划总面积 108 万平方米。

（5）深圳人才园工程，2011 年 12 月，深圳人才园工程土方开挖、基坑支护及桩基工程完工。该工程位于福田区竹子林片区，于 2011 年 4 月开工，用地面积 4.7 万平方米，建筑面积 8.95 万平方米。

（6）深圳高新区自 1996 年成立 15 年来建设十分成功，2011 年高新区全年实现工业总产值 4054 亿元，是 1996 年高新区建立之初的 40 倍。按照高新区规划面积 11.5 平方千米计算，每平方千米创造工业总产值 352 亿元。但原特区内外土地效益差距很大，特区内建设用地的地均工业产值为 320 亿元/平方千米，而宝安区不到 50 亿元/平方千米，龙岗区为 32 亿元/平方千米。原特区内外建设水平发展的不平衡还表现在用地结构及城市面貌方面，原特区内用地结构基本合理，组团内职住比例较平衡，文教体卫等配套基本合理。已经初步建成现代化城区；特区外居住用地和工业用地比例过高，政府社团用地和公共绿地比例偏低。原特区外仍是城市形态与农村形态混杂。

---

① 深圳年鉴编辑委员会编：《深圳年鉴 2012》，深圳市史志办公室，第 295—301 页。

第四阶段（2012—2020 年）
城市更新主导，重点片区规划提升品质

2012—2020 年是深圳全面城市化时期，也是深圳大特区时代，全市域范围划为特区。该阶段深圳市全面落实科学发展观，率先转变发展模式，深圳产业由大规模自动化向信息化转型，并向自主创新生产方式过渡，实现了城市的全面转型和可持续发展。该阶段深圳提出自主创新发展，在土地紧约束下城市更新，重点规划建设以前海蛇口自贸区、深圳湾超级总部基地、大空港新城、光明科学城等十几个重点片区，并规划建设了十几所大学，提高公共服务配套，进一步减少特区内外"二元化"结构。提升城市建设质量，创建先行示范区。

虽然这十几年深圳以城市更新为主，但建成区面积增长也接近翻番，由 2002 年的 495 平方千米增加到 2020 年的 974 平方千米，而且各片区的容积率增长较快，从平面城市向立体城市发展的趋势明显。该阶段城市规划建设的特征是优质的土地供应、选择性的产业发展、高质量的公共服务设施、精细化的功能安排、以人为尺度的公共空间城市设计、传承历史文化的精神场所、适应虚拟网络发展的空间布局等。

第一节　城市更新（2012—2014 年）

一　2012 年前海综合规划

●背景综述

2012 年，党的十八大关于城市化工作精神强调以人为核心，尊重自然生态环境，传承历史文化脉络。应提高城镇建设用地利用效率，盘活存量土地，不能再无节制扩大建设用地。从此，深圳城市规划的主旋律就是优化规划布局和形态，让城市融入大自然，让居民望得见山，看得见水，记得住乡愁。

2012 年 5 月，广东省政府批复同意省住建厅上报的《广东省绿道网建设总体规划（2011—2015 年）》，全省各市按规划要求开展绿道建设工作，确保到 2015 年全省建成总长约 8770 千米的省立绿道，构建全省互联互通、配套成熟完善的绿道网。

2012 年《深圳市土地管理制度改革总体方案》获得国土资源部、广东省政府联合批复，标志着深圳新一轮的土地管理制度改革全面启动。《深圳市土地利用总体规划（2006—2020）》获国务院批复，成为指导深圳土地利用和管理的纲领性文件。2012 年深圳特区一体化建设三年实施计划全面完成，城市规划建设进入了以深圳质量、陆海统筹的新阶段。

2012 年，市政府出台《深圳市鼓励总部企业发展暂行办法的通知》《深圳市城市更新办法实施细则》和《关于加强和改进城市更新实施工作的暂行措施》等，城市规划加大对总部经济的空间保障，有效推动全市城市更新项目实施。这年深圳城市更新用地首次超过新增用地。

2012 年 2 月，深圳市规划和国土资源委员会加挂"市海洋局"牌子，海洋规划管理职能划入市规划国土委，为深圳实施陆海一体化战略提供了体制机制保障。

深圳市辖 6 个行政区和 4 个新区，即罗湖区、福田区、南山区、盐田区、宝安区、龙岗区和光明新区、坪山新区、龙华新区、大鹏新区。2012 年末深圳市常住人口约 1054 万人，全市 GDP 约13496.2 亿元人民币。市规划部门组织的全市建筑物普查数据显示：2012 年深圳市全市总建筑面积 94433 万平方米（比 2011 年增加4500 万平方米），其中居住建筑面积 52136 万平方米，工业建筑面积 24368 万平方米，商业建筑面积 10388 万平方米，商业办公建筑面积 3996 万平方米。建筑总占地面积约 208 平方千米。

● 重点规划设计

（一）土地利用总体规划获得批复

按照国家和省的统一部署，《深圳市土地利用总体规划（2006—2020）》① 修编工作于 2004 年启动，2012 年获得国务院批复，成为指导深圳市土地利用和管理的纲领性文件。该规划是落实土地宏观调控和土地用途管制、城乡规划建设的重要依据，是严格实行土地管理制度的基本手段。

1. 规划思路

探索建设用地减量增长的土地利用规划新模式，通过规划实施以促进土地利用模式、管理理念、管理机制的转型。建设用地减量增长是深圳市未来城市建设的必然选择，规划至 2020 年实现建设用地"微增长"，在 2030 年实现建设用地总量的"零增长"。

2. 建设用地控制总目标

规划至 2020 年，建设用地比例控制在市域面积的 50% 以内，建设用地总规模控制在 976 平方千米以内（其中城乡建设用地 837 平方千米，交通水利及其他土地 139 平方千米）。

3. 实施途径

建设用地减量增长实现途径有三方面：（1）严格控制新增建设用地供应；（2）大力推进城市更新改造；（3）积极开展建设用地清退。

作为《深圳市土地利用总体规划（2006—2020）》的近期分步建设管控，2012 年 4 月深圳市政府发布实施《深圳市近期建设与土地利用规划（2011—2015）》，该规划统筹"十二五"期间城市空间发展及土地资源利用，是支撑深圳经济、社会、资源和环境的协调发展以及民生福利的提高的基础保障。

（二）完成《前海综合规划》

以前海地区概念规划国际咨询中标方案为基础开展编制的《前海深港现代服务业合作区综合规划》（简称《前海综合规划》）

---

① 参见《深圳房地产年鉴 2012》，海天出版社 2012 年版，第 26—28 页。

2012 年 2 月、4 月分别通过了市政府常务会议、市委常委会的审议。规划确定了前海产城融合、特色都市、绿色低碳三大规划策略，将着重发展金融业、现代物流业、信息服务业、科技服务和其他专业服务。重点构建"三区两带"（"三区"指桂湾、铲湾、妈湾三个片区；"两带"指滨海休闲带和综合功能发展带）的城市规划结构，塑造标志性极强的深圳滨海水城形象。

2012 年 6 月，市规土委顺利完成了前海合作区规划和土地管理职能交接仪式，之后，前海合作区范围内的规划编制和土地管理等均由前海管理局负责。7 月，国务院正式批复关于支持深圳前海深港现代服务业合作区开发开放有关政策。

（三）南头古城保护规划

至 2012 年 8 月，《深圳市南头古城保护规划》提请市政府常委会议审议，南山区政府认为，就地保护应该只是针对南头古城的文物和历史建筑，而古城内大量存在的是违法建筑（900 多栋，面积 26 万平方米），严重影响了古城风貌，不解决这部分房屋的产权转移，就无法实现规划目标。鉴于南头古城范围内居住人口约 24800 余人，其中原住民 800 余人，户籍 2500 余人，外来人口 22300 余人。异地安置对南头古城范围内居住的人口结构影响甚微，也不存在破坏传统文化传承问题。

（四）《深圳市经济特区"二线"沿线地区发展策略研究》

自 2003 年"撤销二线关"提案以来，深圳市人大、政协每年均会收到有关"二线"的提案，"二线"的撤留始终是近十年的热门话题。2012 年 12 月完成了《深圳市经济特区"二线"沿线地区发展策略研究》，研究评估"二线"两侧的 168.8 平方千米用地范围内的现状及规划情况，从土地、交通、生态人文、城市安全等方面提出发展策略及行动计划，为法定规划编制和实施提供依据，为市政府"撤销二线关"物理设施等工作提供技术支撑。

（五）其他

（1）2012 年完成了《龙华新区综合发展规划》，描绘中轴新城美好蓝图；高起点编制《大鹏新区综合保护与发展综合规划》，引导大鹏新区走上保护与发展综合平衡的空间路径。

（2）2012 年 8 月市规土委会议肯定了《深圳湾超级总部基地城市设计研究》的基本思路和定位，提出以下修改意见：该片区是特区内仅存的成片未出让土地，必须更深入研究城市设计及其开发模式，在城市设计成果未稳定前，该片区土地暂缓出让，法定图则暂缓编制；该片区交通条件优越，有 3 条轨道经过，建筑增量可以以空间形态反推，建筑总量应留有弹性空间；在用地性质上可适度增加功能混合型，将办公、商业、文化艺术生态休闲有机结合；城市设计应提出开发模式的实施方案，可考虑采用大地块联合开发方式，打造有活力的滨海商务"不夜城"。

（3）《留仙洞总部基地城市设计》已经列入深圳市"十二五"规划，该基地的核心区用地面积约 135 万平方米，是深圳五大总部基地之一。留仙洞总部基地将汇聚战略性新兴产业总部、带动产学研一体发展的创新平台。

（4）2012 年完成《趣城·城市设计地图》，这年推进的城市设计还有后海中心区、龙华核心区等重点地区城市设计，为城市战略性空间发展及重大项目落地和实施提供空间保障和规划依据；重点开展推进水晶岛、华强北改造、华润后海总部、大冲村以及轨道三期综合上盖的城市设计实施工作；组织华润大冲旧改项目专家咨询会、华润后海项目专家工作坊等。

（5）城市发展单元规划，2012 年，市规土委城市发展单元规划工作例会，将松岗沙埔片区、机场周边地区、宝安尖岗山片区、观澜樟坑径片区、深圳北站片区、西丽中心区、南湾丹竹头片区、大运新城地区、小梅沙片区、金沙片区、坝光片区等地区纳入 2012 年深圳市城市发展单元规划编制计划。

（6）完成了《深圳市步行和自行车交通发展规划及设计导则》的编制，2012 年 12 月，该规划成果通过了市规划和国土资源委员会第 82 次综合技术会议审查。

（7）《深圳市干线道路网规划》（修编），这是在 2003 年版《深圳市干线道路网规划》上的延续和完善，更是对城市空间规划的进一步衔接。深圳市城市规划委员会策略委员会 2012 年第 1 次会议审议该项目并提出修改意见，待该项目修改后，按程序报市规划委员会审批。

• 规划实施举例

（1）前海填海区工程，2012 年 12 月基本完成前海陆域软基处理。形成及软基处理等市政基础设施项目稳步推进，该工程于 2006 年 9 月开工，总占地面积 15 平方千米。[①]

（2）福田中心区两馆项目建设运营管理权公开招标，深圳市土地房产交易中心受深圳市规划和国土资源委员会与深圳市文体旅游局委托，定于 2012 年 11 月 28 日，采用综合评标法公开招标出让宝安尖岗山 A122—0341 宗地土地使用权及深圳当代艺术馆与城市规划展览馆（以下简称"两馆"）项目建设运营管理权。A122—0341 宗地位于宝安西乡街道尖岗山地区，土地面积为 151787.21 平方米，土地用途为居住用地，使用年期为 70 年，容积率≤1.2，总建筑面积 182100 平方米。"两馆"是深圳市"十二五"期间 60 个标志性重大建设项目之一，其建筑功能主要包括当代艺术馆、城市规划展览馆、公共服务区等其他配套设施，用地面积 29688.42 平方米，拟建总面积 88184 平方米，其中，计容积率的地上建筑面积 59970 平方米，不计容积率的地下建筑面积 28214 平方米。目前，两馆用地已完成土地使用权出让工作，建筑方案设计和初步设计审批已完成，前期桩基础已具备开工条件。中标人应按照相关合同及协议要求，同时负责两馆的建设、二次装修及布展并运营管理 20 年，期满后将两馆无偿移交市政府或视情况优先考虑由其继续运营管理。[②]

（3）2012 年 10 月华润集团总部大厦"春笋"为核心的华润深圳湾综合发展项目在南山后海正式奠基。

---

① 深圳年鉴编辑委员会编：《深圳年鉴 2013》，深圳市史志办公室，2013 年，第 263—265 页。
② 《深圳市宝安尖岗山居住用地土地使用权出让及两馆项目建设运营管理权招标文件》，深圳市土地房产交易中心，2012 年 11 月。

二 2013 年深圳湾超总基地城市设计

● 背景综述

2013 年是中国改革开放 35 周年，是落实党的十八大战略部署的开局之年。2013 年，深圳市出台了《深圳市全面深化改革总体方案（2013—2015）》和《深圳市 2013 年改革计划》，首次提出在"三化一平台"（市场化、法治化、国际化和前海战略平台）上实施重点攻坚，牵引和带动全局改革。[①]

2013 年，国家层面要求县市建立统一的空间规划体系、限定城市发展边界、划定生态红线。要求"划定生产、生活、生态空间开发管制界限，落实用途管制"。12 月，中央城镇化工作会议提出建立空间规划体系，以人为本、保护耕地和自然生态环境的新型城镇化，避免"大拆大建"，将从以空间效率为主转向空间安全为主，要兼顾经济发展与环境保护、历史文化三个维度。

2013 年，深圳城市规划认真组织实施《深圳市城市总体规划 (2010—2020)》，通过实施《深圳市近期建设与土地利用规划（2011—2015)》，有序推进了城市的建设发展和土地资源高效、集约利用。2013 年，深圳市土地管理制度改革取得突破，深圳颁布实施《深圳市人民政府关于优化空间资源配置促进产业转型升级的意见》"1 + 6"文件，对产业规划、用地用房供给、土地二次开发利用和产业监管服务等方面提出了纲领性要求。同年 11 月启动深圳市产业用地供需服务平台，首批位于龙岗、坪山的 26 宗产业用地通过平台出让。12 月，深圳宝安区福永街道凤凰社区，首宗原农村集体经济组织的工业用地正式挂牌出让，为实现不同权利主体土地的同价同权开辟了新路，工业用地等一系列弹性灵活的土地制度，成为深圳的活力之源。对建立全国城乡统一的建设用地市场具有借鉴作用。

深圳市辖 6 个行政区和 4 个新区，即罗湖区、福田区、南山区、盐田区、宝安区、龙岗区和光明新区、坪山新区、龙华新区、大鹏

---

① 深圳市委党史研究室、深圳市史志办公室编著：《深圳改革开放四十年》，中共党史出版社 2021 年版，第 293 页。

新区。2013 年末深圳市常住人口约 1062 万人，全市 GDP 约 15234.2 亿元人民币。市规划部门组织的全市建筑物普查数据显示：2013 年深圳市全市总建筑面积 97624 万平方米（比 2012 年增加 3100 万平方米）其中居住建筑面积 53658 万平方米，工业建筑面积 24634 万平方米，商业建筑面积 10785 万平方米，商业办公建筑面积 4280 万平方米。建筑总占地面积约 208 平方千米。

• 重点规划设计

（一）龙华新区综合发展规划

2013 年 4 月《龙华新区综合发展总体规划（2013—2020）》正式通过市政府审议并印发实施。龙华新区综合发展规划描绘了中轴新城未来的美好蓝图。以提升城市发展质量为使命、为加快城市转型升级为路径，朝着"产业强区、宜居新城、人文家园、幸福龙华"的目标，夯实城市发展基础，努力打造产业高端、环境优美、人文丰富、绿色低碳的龙华新区，使之成为特区一体化的示范区。在发展总目标的指引下，确立经济转型、社会和谐、城市建设、可持续发展四个方面的指标体系，指导新区城市转型与发展。

（二）深圳湾超级总部基地城市设计

深圳湾超级总部基地规划总占地面积约 117 万平方米，该片区以其得天独厚的资源禀赋成为环深圳湾地区未来的价值高地。通过城市设计国际竞赛，秉持"深圳湾云城市"核心理念，打造基于智慧城市和立体城市，虚拟空间与实体空间高度合一的未来城市典范。2013 年 9 月，由中规院编制的《深圳湾超级总部基地控制性详细规划》通过市政府审议并正式公布，填海区变成了"超级总部基地"①。

规划以"1 个立体城市中心 + 2 个特色顶级街区 + N 个立体城市组团"为整体结构；以大型城市综合体组群为主要特征形成生态、活力的区域中心；以轨道枢纽区为核心，建立圈层式跌落的强度模型；以立体城市理念，提供更多的交往空间与互动场所。通过地

---

① 深圳市建设设计研究总院有限公司主编：《深圳四十年：产业与城市》，中国建筑工业出版社 2019 年版，第 47 页。

面、地下与二层步行系统等多维度交通模式串联各功能组团，以超小尺度的建筑形态与特色趣味街道空间为主要特征，优化公共空间尺度，满足超级总部未来发展的特殊需求。

（三）《宝安综合规划》

宝安作为西部城市中心，深圳市双中心的重要组成部分，与前海并肩，共同打造创新型和智慧型城区。2013年《宝安综合规划》编制完成，该规划重新审视新宝安的定位，编制融合经济、社会、空间、产业和环境等规划要素，提出空间布局为"三带两心一谷"，"三带"指南北向三条轴线，即东边"生态休闲带"、中间"黄金发展带"、西边"活力海岸带"；"两心"指空港新城、宝安中心；"一谷"指石岩科技健康绿谷。对宝安的海岸线进行重新规划提升，打造集生产、生活、生态于一身的城市海岸线。2013年6月两次召开宝安中心区规划品质提升专家咨询会，将宝安中心区（CBD）功能拓展为中央商务区、科研服务区和中央活力区（CAZ）；协调推进大铲湾港城融合发展，提出将大铲湾东侧打造成中心区的创智功能联动区，将新安南片区打造成中心区的商贸功能拓展区；成功协调中南民航局将中心区核心区原153米航空限高调整为230米，为塑造标志性建筑群和丰富的城市空间形态提供条件[1]。

经过30多年改革开放发展的宝安，是深圳未来中心转移发展的焦点地带。此次《宝安综合规划》重新定位宝安处于香港、广州、深圳的核心位置，又处于横琴、南沙、前海的核心位置，区位优势明显。规划认识宝安和前海、深圳乃至珠三角的发展关系。在微观层面上，规划应充分考虑土地、空间、产业、交通等规划要素和人口容量、聚集密度、公共资源配置等方面的协调。该规划介于法定图则和深圳市整体规划之间，对法定图则有指导作用。

（四）2013年深圳城市规划确定市级重点片区

共有17个，包括深圳湾超级总部基地、大空港新城、宝安中心区、光明凤凰城、留仙洞总部基地、高新北、北站商务中心区、梅林彩田、福田保税区、坂田科技城、笋岗—清水河片区、平湖金融

---

[1] 黄敏主编：《从渔村到滨海新城——宝安改革开放三十年》，载《深圳改革创新丛书》第3辑，中国社会科学出版社2016年版，第272—274页。

与现代服务业基地、大运新城、盐田河临港产业带、深圳国际低碳城、坪山中心区、深圳国际生物谷坝光核心启动区。开始进行重点片区规划设计和城市设计。

（五）其他①

（1）市规土委组织编制了《深圳市养老设施专项规划（2011—2020）》，并经市政府审批通过。科学合理安排布局养老设施，构建适应深圳特色的养老设施规划体系，预控设施用地，引导和推进全市养老设施建设。

（2）市规划部门开展编制《深圳市公共基础设施规划实施台账》，对教育、医疗卫生、环卫、交通等民生工程设施开展研究，编制文体设施、社会福利设施民生热点类公共基础设施实施台账。并发给相关部门参考。

（3）深圳市步行和自行车交通系统规划设计导则，该规划已通过审批，指导全市率先建成若干个具有一定规模的示范段或区域。

（4）完成了《深圳市坝光片区规划》编制，成果得到了市政府的充分肯定。该规划内容充分考虑了空间布局与产业需求的结合，并提出项目实施、开发模式等，对该片区的规划建设起到指导作用。

（5）撤销"二线"是全市 2013 年的重点工作。市规土委会同市土地整备局负责全市撤销"二线"关涉及的用地整合和空间规划，编制工作，并形成相关用地整合方案。该方案得到市政府的肯定。

（6）完成了《深圳大空港综合规划》，已上报市政府。

（7）《落马洲河套地区规划》完成第二阶段公众咨询活动和报告。

（8）完成《前海水系统专项规划》《前海市政工程详细规划》。

● 规划实施举例

（1）位于福田中心区的"两馆"用地面积 2.97 万平方米，建筑面积 8 万平方米，总投资 16 亿元。自 2007 年举行方案设计国际

---

① 参见《深圳房地产年鉴 2014》，深圳报业集团出版社 2014 年版，第 28 页。

竞赛后，至 2013 年底，已完成土石方及支护工程、抗浮锚杆等承台施工，进入地下室底板施工。①

（2）《深圳湾超级总部基地控制性详细规划》2013 年进行了方案公示。

（3）深圳湾滨海休闲带补充完善工程，于 2013 年 6 月 1 日开工，12 月完工。

（4）后海填海区项目，于 2006 年 12 月开工建设，截至 2013 年底，除 F 地块软基处理工程处于恒载期之外，其他工程项目已竣工并投入使用。②

三　2014 年重点区域规划建设

● 背景综述

2014 年，深圳以"三化一平台"为主攻方向全面深化改革，主要改革举措有：以发挥市场决定性作用为核心推进"市场化"改革；以建设一流法治城市为目标推进"法治化"改革；以建设现代化先进城市为目标推进"国际化"改革。③ 深圳从国家战略高度精心打造前海改革创新标杆。12 月，全国人大决定将深圳前海合作区与蛇口片区共同纳入广东自贸区。深圳前海蛇口片区作为中国（广东）自由贸易试验区的重要部分开启了新征程，片区分为前海区块（15 平方千米，含前海湾保税港区 3.71 平方千米）和蛇口区块（13.2 平方千米）。

2014 年国家首次将生态保护红线写入法律，修订后的《中华人民共和国环境保护法》规定"国家在重点生态功能区、生态环境敏感区和脆弱区等区域划定生态保护红线，实行严格保护"，明确了生态保护红线的法律地位。2014 年深圳市在《关于推进生态文明建

---

① 参见《深圳房地产年鉴 2014》，深圳报业集团出版社 2014 年版，第 39 页。

② 深圳年鉴编辑委员会编：《深圳年鉴 2014》，深圳市史志办公室，2014 年，第 234 页。

③ 深圳市委党史研究室、深圳市史志办公室编著：《深圳改革开放四十年》，中共党史出版社 2021 年版，第 294 页。

设美丽深圳的决定》及其实施方案中明确要求"严格实施生态红线管控制度,在基本生态控制线基础上划定生态红线"。

2014 年国家公布《国家新型城镇化规划(2014—2020)》,描绘了我国新型城镇化发展蓝图,进一步明确了新型城镇化的发展路径、主要目标和战略任务。深圳 2004 年全面实现农村城市化,成为全国第一个没有农村建制、没有本市户籍农业人口的城市,但仍存在着"特区内城市包围农村,特区外农村包围城市"现象;还有大量原农村集体土地的权属尚未厘清;原特区外的市政交通等基础设施建设滞后、政府公共产品供应不足等不完全城市化特征。深圳已完成了传统意义上的城镇化任务,未来将要进入真正意义上的新型城镇化之路。

2014 年,住建部发出《关于开展县(市)城乡总体规划暨"三规合一"试点工作的通知》,要求编制县(市)城乡总体规划时,实现经济社会发展、城乡总体规划、土地利用规划的"三规合一"或"多规合一",逐步形成统一衔接、功能互补的规划体系。2014 年深圳市规划国土建设工作聚焦于"两规合一"、生态体系构建,扩大了"农地"入市范围;创新了"整村统筹"利益共享机制。推动了深圳城市规划条例修订;加快推进重点片区规划建设,加大城市更新、土地整备力度,拓展城市空间,保障了一批重大项目和民生工程落地建设。

深圳市辖 6 个行政区和 4 个新区,即罗湖区、福田区、南山区、盐田区、宝安区、龙岗区和光明新区、坪山新区、龙华新区、大鹏新区。2014 年末深圳市常住人口约 1077 万人,全市 GDP 约 16795.3 亿元人民币。市规划部门组织的全市建筑物普查数据显示:2014 年深圳市全市总建筑面积 101520 万平方米(比 2013 年增加 3800 万平方米,相比 2000 年全市总建筑面积增加了近 3 倍),其中居住建筑面积 55931 万平方米,工业建筑面积 24925 万平方米,商业建筑面积 11779 万平方米,商业办公建筑面积 5076 万平方米。建筑总占地面积约 210 平方千米。

- 重点规划设计

（一）13个重点区域规划进展情况

2014年深圳发布《关于加快重点区域开发建设的实施意见》，初次划定了笋岗—清水河片区、华为科技城等13个重点区域，作为经济发展的新增长区进行重点打造。2014年完成了13个重点片区规划修编工作。至2014年8月，已有8个片区完成了控制性详细规划或法定图则审批，4个片区完成了发展单元规划编制，1个片区完成了综合规划并已上报市政府审批。按照深圳市重点区域开发建设总指挥部的要求，市规土委于10月前完成了华为科技城、深圳国际生物谷坝光核心启动区、深圳北站商务中心区、光明凤凰城、坪山中心区、国际低碳城6个重点区域的片区法定图则审批工作。另外，平湖金融与现代服务业基地、大运新城、宝安中心区、笋岗—清水河片区4个重点区域已有生效的法定图则，可指导相关区域建设项目的规划许可工作。

（1）笋岗—清水河片区的城市发展单元规划大纲已完成市规土委内部技术审查及公示。

（2）深圳湾超级总部基地内已有建设项目完成用地规划许可，深圳湾超级总部基地控制性详细规划已作为规划许可依据。

（3）留仙洞战略性新兴产业总部基地详细规划编制工作已完成，可作为规划许可依据。

（4）宝安中心区法定图则已通过审批，可作为规划许可的依据。

（5）大空港新城，市规土委已完成对大空港地区综合规划审查，并已报市政府。相关法定图则正在加紧审查中。

（6）光明凤凰城，光明门户区城市发展单元规划大纲已完成市规土委内部技术审查及公示。

（7）深圳北站商务中心区，龙华新城核心区法定图则正在局部修编，计划于2014年10月1日前完成审批。

（8）坝光国际生物谷片区法定图则已完成审批。

（9）平湖金融与现代服务业基地综合发展规划已按法定图则深度完成了该片区空间规划的编制。

（10）国际低碳城1平方千米启动区控制性详细规划已完成市规土委内部技术审查及公示，国际低碳城总体规划对原法定图则有较大的调整，其5平方千米拓展区法定图则（修编）正按计划加紧推进中。

（11）华为科技城，华为基地综合发展规划和华为发展单元规划都按法定图则编制深度完成了空间规划的编制。

（12）大运新城范围内的大运新城地区、爱联地区法定图则及大运新城核心区规划调整均已完成审批，可按法定图则要求开展后续规划许可工作。

（13）坪山中心区发展单元规划大纲已完成市规土委内部规划审查及公示。

（二）深圳湾超级总部基地

2014年3月，《深圳湾超级总部基地控制性详细规划》经市政府五届105次常务会审议通过。2014年，由规划国土委组织开展深圳湾"超级城市"国际竞赛活动，征集超级总部核心区概念方案，共有311家国内外设计机构参与报名，最终提交了124个高水准的设计方案参与竞标，提出了具有丰富想象力及创造性的未来城市建设概念，也使得本片区的公众关注度及国际知名度进一步提升。活动成果形成《深圳湾云城市——国际竞赛作品集》出版。

（三）国际低碳城规划

2014年《深圳国际低碳城拓展区控制性详细规划》完成了编制，并通过了市政府审议。国际低碳城作为深圳市13个全市重点片区之一，规划占地面积约53平方千米，建筑面积约180万平方米，未来将发展以新能源、生命健康、航空航天和低碳服务业为主导的低碳产业，同时适当融合科技研发、会展交流、教育培训、文化创意、居住配套等功能。

（四）《深圳市城市规划条例》修订

深圳特区成立30多年来，始终坚持规划先行、规划创新，在借鉴香港经验的基础上，1998年出台了首部特区规划法《深圳市城市规划条例》。该条例是在我国首次把详细规划的审批权交给了社会精英——城市规划委员会，形成了深圳近二十年来超前的规划管理体系，也在一定程度上保证了规划编制和规划管理的公正和廉洁。但条例经过了深圳规划16年的检验，被证明是先进的、理性的规划管理办法。随着深圳城市化程度的提高，深圳进入以存量土地利用为主的新阶段，现行规划管理制度难以有效支撑城市发展，迫切需要修订条例。2014年有待修订的条例将在简化规划体系、优化法定图则管理、调整规划决策机制、创新优化规划许可、加大处罚力度等方面进行优化和调整。

2014年实施新修订的《深圳市城市规划标准与准则》，新增新型产业用地（MO）和物流用地（WO）两种用地分类，为进一步规范规划土地管理，正草拟《关于进一步规范新型产业用地、物流用地规划土地管理的通知》。

（五）坪山创新建立"整村统筹"规划

由于近几年数量越来越多的城市更新项目，遇到许多合法外土地、违法建筑等问题长期难以解决，市规划部门2014年创新建立了"整村统筹"利益共享机制，把城市更新与土地整备结合起来。例如，坪山新区的沙湖"整村统筹"土地整备项目，以片区统筹土地整备项目为对象，以原农村集体经济掌控的建设用地（历史遗留用地）处置为突破口，开展了片区统筹利益共享机制设计，成功试点土地整备单元规划，实现多方利益互融发展，成功探索了建立土地整备单元规划的新机制。

（1）"整村统筹"土地整备，是指以政府为主导、社区为主体，以农村城市化社区行政辖区为整备范围，综合运用土地、规划、产权等相关政策，全面解决土地历史遗留问题，优化整合城市空间、促进社区转型发展的土地整备。

（2）"整村统筹"缘起。2011年坪山新区提出了"整村统筹"土地整备的新思路，之后，坪山新区土地整备会议中决定将金沙、南布、沙湖三个社区列为"整村统筹"试点社区，并将三个试点社区列入《深圳市2012年土地整备计划》。2012年《深圳市土地管理制度改革总体方案》获得批准，"整村统筹"作为改革前沿在全市土地管理制度改革的大平台上强化推进，希望通过总结与提炼形成"整村统筹"土地整备路径，以实现原农村土地根本确权的办法，解决原农村地区土地产权、违法建筑等历史遗留问题，破解城市化进程中土地、产权、集体经济转型等核心问题，加快社区转型发展和片区城市建设。

（3）与城市更新相比，土地整备政策明显构建不足。"整村统筹"土地整备不仅是为了解决城市更新政策无法解决的问题，也需要设置一定的准入条件，以保障其土地整备后能实现政府初衷和目标，真正使城市更新做到"三个有利于"。因此进行现状调研后，应对社区做"整村统筹"土地整备适宜性评价，包括土地利用、土地构成、人口组成、社区经济构成、相关规划对社区的影响等各方面因素进行取舍、分配权重值，采用一定技术方法进行建模，形成"整村统筹"土地整备适宜性评价指标体系。

（六）其他

（1）完成《2012年深圳城市发展（建设）评估》总体报告。

（2）2014年市政府审议通过大空港空间规划，并明确深圳国际会展中心选址和建设规模。

（3）2014年开展了《全市公共基础设施规划实施台账》（二期）编制工作，内容涉及文体设施、社会福利设施、消防站等民生热点类公共基础设施。

（4）从2014年开始市规划部门组织编制《撤销"二线"涉及的用地整合和空间规划》专项研究，同年7月，深圳特区检查站的所有官兵被分流到其他边防单位，深圳"二线"这道特区管理线只留下关口的建筑和车检通道等设施。深圳特区内外在物理空间上已实现一体化。2014年根据深圳市统一部署，市规划部门全面梳理了"二线"撤销涉及的相关用地现状建设情况，并建立了相关用地台账。同时，结合广东边防机动支队的设立提出了其用地的空间整合方案，并根据城市一体发展要求提出"二线"相关用地的空间规划方案。

（5）完成《前海滨海岸线综合利用规划》《前海区域集中供冷专项规划》《前海深港现代服务业合作区绿色建筑专项规划》。

（6）2014年1月市规划部门和市城管局共同完成《深圳市公园建设发展专项规划（2012—2020）》，规划到2020年公园总量达到

1300 个，规划公园总面积达 600 平方千米。

● 规划实施举例

（1）基本生态控制线管理。2014 年，深圳市规划和国土资源委员会（市海洋局）着力推进基本生态控制线精细化、差异化管理，开展保护标识布点规划研究和保护标识设立工作，对控制线内的生态资源、土地、建筑物、产业等信息进行调查。深化《基本生态控制线分级分类管理框架》研究成果，形成以公园体系为核心的基本生态控制线分级分类管理体系。以光明新区为试点，开展线内土地分级分类管理，建立线内建设活动管理规范，探索生态线内建设用地清退、生态空间权益保障以及市场化手段推进原农村建设用地腾退机制。完善生态线联席会议制度，起草基本生态控制线内新增建设活动管理和生态线优化调整规范性文件。[①]

（2）2014 年 7 月 7 日市规划和国土资源委员会印发《城市规划"一张图"管理规定（试行）的通知》。"一张图"内容包括"三层一库"，即核心层（规划整合成果、控制线和地籍信息）、管理层、基础层和规划成果库。其中，规划整合成果是指以法定图则为核心，整合城市更新单元规划、其他法定规划成果及规划审批信息的集成。

第二节　深圳湾超级总部基地规划
（2015—2018 年）

一　2015 年新型城镇化规划

● 背景综述

2015 年是"十二五"收官之年，国家首次提出打造"粤港澳大湾区"，再次强调要深化与港澳合作。2015 年 4 月，深圳前海蛇口

---

① 深圳年鉴编辑委员会编：《深圳年鉴 2015》，深圳市史志办公室，第 246 页。

自贸试验区片区管委会挂牌成立，前海拥有"自贸试验区、深港合作、保税港区"三区叠加的特殊优势，实行比"比经济特区更特"的先行先试政策。① 7月深圳市提出要做好深汕特别合作区土地规划利用，市规划部门高度重视，先后三次对合作区的规划土地管理等展开调研，深入了解合作区发展面临的困境、合作区发展需求，并形成调研报告。8月与深汕特别合作区管委会双方签订了《合作共建协议》。

2015年中国城市规划工作进入新时期，中央城市工作会议要求城市转变发展思路，统筹规划、建设、管理三大环节，促进城市规划从编制到实施管理工作转型。提倡城市修补、文化传承、城市有机更新。坚持集约发展，框定总量、限定容量、盘活存量、优化增量，尽力提高城市发展持续性。在建成区要注重城市设计，打破"千城一面"，加强城市整体风貌设计，使城市公共空间富有特色、充满活力。自2015年起，城市设计的重要性受到空前重视。

2015年，深圳提出未来五年的目标是率先全面建成小康社会，努力建成现代化国际化创新型城市，其中包括未来5年要全面落实《深圳国家自主创新示范区发展规划纲要（2015—2020）》，率先形成符合创新驱动发展要求的体制机制，建成一批具有国际先进水平的重大科技基础设施，成为具有世界影响力的一流科技创新中心。深圳市辖6个行政区和4个新区，即罗湖区、福田区、南山区、盐田区、宝安区、龙岗区和光明新区、坪山新区、龙华新区、大鹏新区。2015年末深圳市常住人口约1137万人，全市GDP约18436.8亿元人民币。2015年深圳城市建设用地现状统计合计910平方千米，占市域面积45.6%，建设用地现状指标已逼近规划建设用地指标极限，城市更新已取代新增建设用地成为土地供应的主要来源。市规划部门组织的全市建筑物普查数据显示：2015年深圳市全市总建筑面积104941万平方米，其中居住建筑面积57642万平方米，工业建筑面积25169万平方米，商业建筑面积12347万平方米，商业办公建筑面积5469万平方米。建筑总占地面积约212平方千米。

① 深圳市委党史研究室、深圳市史志办公室编著：《深圳改革开放四十年》，中共党史出版社2021年版，第268、284页。

深圳市城市规划建设通过积极推进"两规合一"、围填海工程规划研究及论证、深汕合作区规划建设、土地二次开发等工作，拓增量、挖存量。2015 年深圳再次提出"强化生态红线管理，实施更具约束力的管控制度，牢牢守住城市可持续发展的生命线"。

2015 年市政府为简政放权、权责对等，决定在罗湖区开展城市更新工作改革试点的决定，原由市规划国土委及其派出机构行使的城市更新项目的行政审批等事项及相关职权，调整由罗湖区行使。

● 重点规划设计

（一）《深圳市新型城镇化规划》（2015—2020）

深圳用 30 多年时间，依靠特区政策优势及吸引力，以大规模、高密度的城镇人口迁移和集聚方式，在有限的空间范围和自然资源条件下，在全国率先实现了全面城镇化。但从总体上看，深圳城镇化仍相对滞后于工业化，城镇化的质量不够高，深度仍不足，尚不能完全适应经济、社会、文化转型发展的需要。深圳城镇化历程①如下。

第一阶段（1980—1992 年）。1979 年前，深圳的产业结构基本是单一的农业经济结构。改革开放之后，以接受香港制造业的转移为契机，深圳开始大力发展"三来一补"为主的劳动密集型加工制造业。从 1979 年到 1992 年深圳三次产业比重从 37.0∶20.5∶42.5 演化为 3.3∶48.0∶48.7，第一产业比重大幅度下降，第二产业急剧攀升，初步实现了从传统农业到工业化的转变。深圳常住人口也从 1979 年的约 31 万人发展到 268 万人，翻了 8.6 倍，1990 年深圳城镇化率攀升至 62%，在《深圳经济特区社会经济发展规划大纲》和《深圳特区城市总体规划》的指导下，深圳市开展了以市政建设为中心的大规模基础设施建设。

第二阶段（1992—2003 年）。从 20 世纪 80 年代开始，以香港制造业为主的劳动密集型企业凭借着其与珠三角的地缘和人文优势快速地向珠江三角洲转移，形成了"前店后厂"的地域劳动分工模

---

① 深圳市规划和国土资源委员会：《深圳市新型城镇化规划（2015—2020）》专题 1：新型城镇化历程检讨与对策研究，2015 年 10 月。

式。到 20 世纪 90 年代中期，约 80% 的香港厂商已经在珠江三角洲设厂，香港塑胶业的 80%—90%、电子业的 85%、钟表业和玩具业的 90% 都迁到珠江三角洲地区。1993 年，"三来一补"企业不再受深圳特区内欢迎，便迅速向外转移。80 年代的工业区转变成商业区、办公区。1992 年特区内农村土地统一实现国有化，城市化率在 1995 年就达到 75.4%，1992 年特区城市化统征工作，为特区经济发展奠定了基础，但城市化统转模式仍然不彻底，也造成了"城中村"这种特殊的建筑群体和村落体制的形成。

第三阶段（2004—2015 年）。2004 年深圳市开始第二次农村城市化，宝安、龙岗两区农村集体经济组织全部成员转为城镇居民后，原属于其成员集体所有的土地属于国家所有。至此，深圳全域农村用地全部转为国有。深圳市率先全面实现农村城市化，成为全国第一个没有农村建制、没有农业户籍人口的城市。

由于 2005 年以后特区外集体土地征转未能成功，大量违章建筑不断"生长"，历史遗留问题增多，造成深圳继续前行的重大难题。2015 年深圳市全面打响了治理违法建筑、违法占地的攻坚战，出台查违"1+2"系列文件，实施了深圳 35 年历史上最严厉的违建考核问责制度，查人与查事相结合，2015 年基本实现违建零增长。

（二）地铁规划建设及综合交通策略

（1）地铁规划建设。《深圳市城市轨道交通第三期建设规划（2011—2020 年）调整》于 2015 年 9 月获得国家发展和改革委员会批准。本次规划建设以下线路：2 号线三期工程由新秀至莲塘，线路全长 3.8 千米；3 号线三期（东延）工程由双龙至六联，线路全长 9.4 千米；3 号线三期（南延）工程由益田至保税区，线路全长 1.5 千米；4 号线三期工程由清湖至牛湖，线路全长 10.6 千米；5 号线二期工程由前海湾至赤湾，线路全长 7.7 千米；6 号线二期工程由深圳北至科学馆，线路全长 11.5 千米；9 号线二期工程由红树湾至航海路，线路全长 10.8 千米；10 号线工程由福田口岸至平湖，线路全长 29.2 千米。上述线路合计总长度 254.1 千米，新增车站数量 161 座。规划实施后，深圳市轨道交通线路将达到 11 条，通车里程约 433 千米。①

（2）《深圳市综合交通 2030 发展策略》。2015 年 9 月，市政府批复原则同意《深圳市综合交通 2030 发展策略》，要求认真实施策略提出的"具有全球竞争力的区域交通、高品质可持续的公共交通、高效公平的道路交通、城市交通与用地一体发展"的交通发展战略，构建集约高效、以人为本的综合交通体系。

（三）福田保税区转型升级空间规划研究

福田保税区是 20 世纪 90 年代国家设立的第一批 15 个保税区（其中深圳 3 个）之一，在深圳市实现快速城市化、工业化、国际化进程中做出了突出贡献。早期入驻的各类保税仓储为主的企业纷纷要求向保税展示、交易、研发、金融等方面升级转型。在国家"一带一路"的发展新背景下，为优化福田保税区产业结构、提高园区土地利用率、改善配套设施、提升发展水平，市政府将福田保税区列入了十五个重点发展区域之一。

2015 年 6 月完成《福田保税区转型升级空间规划研究》，并经市重点区域开发建设总指挥部第六次会议审议通过。该成果可作为该片区内开展市政和交通基础设施规划建设、城市更新、法定图则局部调整、城市设计，以及详细蓝图编制的依据。

（四）《深圳湾超级总部基地开发模式研究》

2015 年 2 月，市规土委和中规院完成了《深圳湾超级总部基地开发模式研究》，经深圳市政府审议通过，为基地量身定做更为精细化、弹性化、组合化的土地开发机制提供依据。

1. 目的和定位

超级总部是深圳走向全球城市的核心地区，因此，我们需要创新土地开发模式，建立更为精细化、弹性化、组合化的土地开发机制。

2. 用地现状及研究前提

超级总部片区总面积 131.25 万平方米，其中已开发用地 14.25 万平方米，未开发用地 117 万平方米：包含近期已明确开发意向

---

① 参见《深圳房地产年鉴 2017》，深圳报业集团出版社 2017 年版，第 34 页。

（三片）用地面积为 19.51 万平方米，规划建筑面积 81 万—96 万平方米；待开发用地面积约 63.85 万平方米（扣除部分绿地及公用设施、道路面积），规划建筑面积 369 万—454 万平方米。根据《深圳湾超级总部基地控制性详细规划》，本区域功能分区包括"1 个云城市中心""2 个顶级街区"以及"N 个立体城市组团"。

3. 开发原则

开发原则：高起点定位、高门槛准入（超级综合运营能力、超级经济规模、超级处长性）、高标准建设。

4. 开发策略

（1）分区分级的精细化开发，将超级总部分为三类区域：

A 区——云中心：体现的是超级城市形象，也包含超级经济功能，未来要建成能代表深圳城市形象的区域；A 区开发建设用地 17.74 万平方米，建筑面积 105 万—125 万平方米。

B 区——云岸线：占据了优越滨海景观资源，其重点是体现超级经济形象与相对自由的发展形态，需要一些全球标杆性的企业入驻，滨海展现深圳湾的超级经济形象；B 区开发建设用地 22.06 万平方米，建筑面积 121 万—139 万平方米。

C 区——云组团：景观及交通条件比较均衡，将作为培育新一代成长型企业总部的孵化中心，体现本区域的超级成长性；C 区开发建设用地 20.34 万平方米，建筑面积 143 万—190 万平方米。

（2）分区分级的组合模式，"云中心"是世界级城市形象的典型代表与最具创新性与想象力的城市空间，其中包括三座超高层建筑与一个大型的立体城市公园，一座国际会议中心与一座顶级文化中心。大量的公共活动空间与公共建筑的存在，对整体建设形象的把控显得十分重要，超大规模办公招商及运营也具有很大挑战。因此建议引入具有成熟策划、设计、开发、招商及运营经验的综合运营商，统筹开发，有利于整体形象控制，以及后期运营管理，促进楼宇内总部企业按产业链条集聚，将楼宇经济价值最大化。企业入驻的级别不低于乙级，即 200 亿元以上行业标杆企业。

（五）其他

（1）2015 年，市规土委与福田区政府共同完成市级重点调研课题"加快推进河套及周边地区开发的规划"调研和成果编制工作。

（2）2015 年 5 月完成了《留仙洞总部基地控制性详细规划》。

（3）2015 年 8 月完成了《深圳市土地整备计划与城市更新计划联动机制构建研究报告》。

（4）2015 年 2 月举行深圳北站商务中心区城市绿谷景观规划设计国际咨询评审会。

（5）2015 年完成《深圳国家自主创新示范区空间布局规划》。

（6）2015 年 7 月，市规划部门联合龙岗区低碳办组织开展了《深圳国际低碳城节能环保产业园空间规划研究》，根据上层次规划及《深圳国际低碳城空间总体规划研究》等相关规划研究成果，在产业需求、空间规划、生态保护及社区发展之间寻求平衡，探索《环保产业园》项目规划实施的有效路径。此外，经过两年研究，组织完成了《深圳国际低碳城空间总体规划研究》项目编制工作。

（7）2015 年完成《前海深港现代服务业合作区景观与绿化专项规划及设计导则》。

● 规划实施举例

（1）福田中心区进展：①位于福田中心区"两馆"项目工程主体已封顶，正开展室内装修和景观工程施工。至 2015 年底，"两馆"土建整体完成约 92%，地下室地坪施工完成 80%，机电工程完成 88%，幕墙完成 92%，精装整体完成 70%。②坐落于市民中心 B 区 3 层的深圳市城市规划展厅，2015 年完成装修和布展后开馆，展厅面积达 2500 平方米。③2015 年市规土委完成中心区水晶岛建设项目规划设计和挂牌条件研究并上报市政府。

（2）创新宗地容积率确定机制。为建立适应性强的密度分区管理体系，规范宗地容积率确定机制，编制完成了《深圳市密度分区修订及地块容积率测算》，为城市中心区、产业区、生态区、新城等各类空间开发强度提供指引，以提高规划管理效率，降低容积率管理中的人为因素影响，降低行政风险。

（3）推进"多规合一"，2015 年发布试行了《深圳市法定图则编制技术指引（试行）》《法定图则制定及局部调整操作规程（试行)》两项技术制度。同时完成了《2014 年度城市规划一张图动态维护规划技术服务》《规划一张图综合管理系统升级改造》两项成果。

（4）2015 年 11 月深圳国际会展中心建筑工程设计招标发布，报名联合体团队达 40 家。

（5）2015 年 6 月，罗湖区召开"二线""插花地"改造策略研究方案会议，会议认为，"二线""插花地"改造范围广，实施难度大，应统筹考虑用地问题，先易后难，逐步推进"二线""插花地"改造。会议原则同意结合城市更新和棚户区改造优惠政策，并进一步论证捆绑国有储备地共同开发的方式，对地质灾害隐患突出的木棉岭片区进行改造。同时，力争收取的土地出让金返还区政府，用于加强玉龙新村、布心山庄片区的综合整治。后来政府划清了龙岗和罗湖的边界，大部分划给罗湖区了。政府还花了几百亿元拆了三个有危险的居民集聚点，收回了一些土地——玉龙新村等，人安置到其他新村。根据市委、市政府的统一部署，撤销"二线"作为深圳市 2015 年度重点工作。2015 年深圳"二线"关口全面拆除，全面推进了特区一体化发展。

二　2016 年启动新版总规编制

● 背景综述

2016 年是"十三五"（2016—2020）开局之年，粤港澳大湾区被纳入国家"十三五"规划，强调要携手粤港澳共同打造粤港澳大湾区，建造世界级城市群。国家"十三五"规划纲要首次将深圳确立为国际科技、产业创新中心。全国海洋经济发展"十三五"规划提出将深圳建设为全球海洋中心城市。国家自主创新示范区和前海—蛇口自贸区在深圳的设立，也体现出国家赋予深圳的重大使命。

自 2016 年 3 月起，启动"拓展空间、保障发展"十大专项行动，集中开展违法建筑整治、土地整备、重大产业项目用地保障、政府储备土地清理、建设用地清退、城市更新、地籍调查和土地总登记等十大专项行动。在释放空间和空间高效利用上攻坚突破，对存量土地提质增效。4 月，深圳市通过国家财政部、住建部、水利部三部门联合评审，正式入选国家第二批海绵城市建设试点城市，将分 3 年获得国家共计 15 亿元的财政补助支持。随后，深圳市已组建市海绵城市建设工作领导小组，组建领导小组办公室（海绵办）统筹协调有关事项，系统推进全市海绵城市建设。

2016 年初出台《中共中央国务院关于进一步加强城市规划建设管理工作的若干意见》。2016 年 12 月，深圳市提出要坚持"一张蓝图"绘到底，加快把深圳建成现代化国际化创新型城市和国际科技、产业创新中心的新任务，要以打造"深圳质量"推进创新驱动，以"深圳质量"和"深圳标准"巩固"城市管理治理年"成果。

2016 年 1 月，深圳制定《文化创新发展 2020（实施方案）》，提出要在未来五年内，将深圳打造成为精神气质鲜明突出的国际文化创意城市，努力建设与现代化创新型城市相匹配的文化强市。9 月，深圳制定《文化发展"十三五"规划》，明确"十三五"期间深圳文化发展主要指标：到 2020 年全市公共文化设施面积总面积达 300 万平方米，文化创意产业增加值年均增长 10％以上。①

深圳市进行新一轮行政区划调整。2016 年 10 月，国务院批复同意设立深圳市龙华区和坪山区。深圳市行政区划又增设了坪山、龙华行政区，至此，深圳市共有罗湖、福田、南山、盐田、宝安、龙岗、龙华、坪山八个行政区和光明、大鹏两个新区。2016 年全市建成区面积 923 平方千米，2016 年末深圳市常住人口约 1190 万人，全市 GDP 约 20685.7 亿元人民币，全市经济增长较快。

市规划部门组织的全市建筑物普查数据显示：2016 年深圳市全市总建筑面积 108019 万平方米，其中居住建筑面积 59034 万平方米，工业建筑面积 24996 万平方米，商业建筑面积 13563 万平方米，商业办公建筑面积 6461 万平方米。建筑总占地面积约 213 平方千米。

2016 年深圳强力推进"强区放权"，作为落实"放管服"改革

---

① 深圳市委党史研究室、深圳市史志办公室编著：《深圳改革开放四十年》，中共党史出版社 2021 年版，第 289、369 页。

的措施，深圳实施《全面深化规划国土体制机制改革方案》，在全市各区推广罗湖区城市更新试点模式，并要求市规划国土委进一步加大"强区放权"力度，确保城市更新、土地整备、产业用地、民生工程、储备土地、临时用地、规划土地监察执法、矿产资源管理八项重点领域职权调整改革工作落地实施。

● 重点规划设计

（一）《总规（2010）》实施评估

为深圳市《新版总规》的编制做准备，2016 年 4 月，市规土委启动《深圳市城市总体规划（2010—2020）实施评估》工作，以 2015—2017 年的城市发展实际情况，对《总规（2010）》的实施成效进行评估，这也是《新版总规》的配套成果。2016 年 11 月，住建部会议要求市规土委完善修改该评估，并上报市政府。2017 年 3 月，该评估已获得广东省政府审批通过。审批意见认为，该评估内容充实、分析论证合理，思路较为清晰，可以作为深圳市《新版总规》编制的基础。

（1）《总规（2010）》制定的区域协作、经济转型、社会和谐、生态保护四个分目标和城市发展的 31 个目标指标（其中 19 个控制性刚性指标，12 个引导性弹性指标），作为量化规划实施效果的评价依据。至 2015 年现状情况看，已经有 10 项指标提前达到或超过 2020 年规划指标（包括万元 GDP 用水量、人均建设用地面积、绿化覆盖率、污水垃圾处理率、九年义务教育学位供给量、高等教育机构在校人数等）；14 项指标按照规划目标的方向正在有序推进中。①。总体情况良好。

（2）城市规模，2017 年深圳市常住人口规模约 1252 万人，按照市"十三五"规划预测，到 2020 年深圳常住人口规模将达到约 1480 万人，将大大超过《总规（2010）》设定的 1100 万人的控制指标。2017 年深圳市城市建设用地约 996 平方千米，已经大大超出《总规（2010）》设定的 2020 年全市城市建设用地规模控制在 890

---

① 参见《〈深圳市城市总体规划（2010—2020）〉实施评估报告》，深圳市人民政府，2017 年 6 月。

平方千米的目标。

（3）深圳经济转型成效显著，产业结构持续优化，经济保持快速增长。2017 年全市 GDP 约 2.24 万亿元，全国第三。深圳以其发展速度、发展质量和发展前景成为中国经济增长的亮点。创新成为深圳发展的新动力，至 2017 年深圳 PCT 国际专利申请量突破 2 万件，连续 14 年居全国大中城市第一名；深圳国内专利申请量居全国大中城市第二名。说明深圳创新能力迅速上升，几次城市化转型成功。

（4）城市空间结构日趋完善，《总规（2010）》提出的城市双中心格局正在形成。2010 年 8 月，国务院批复同意《前海深港现代服务业合作区总体发展规划》。2011 年 1 月 10 日，深圳市政府举办前海管理局揭牌仪式，"前海深港现代服务业合作区管理局"和"前海湾保税区管理局"正式挂牌。开发建设前海合作区，是新时期国家战略，也是深圳落实《珠江三角洲地区改革发展规划纲要》和《深圳市综合配套改革总体方案》，进一步密切深港合作，加快转变经济发展方式，推进产业转型升级的主要实践。[①] 2015 年 4 月，"中国（广东）自由贸易试验区深圳前海蛇口片区管理委员会"挂牌成立。前海蛇口自贸区将把自贸区体制机制创新、前海国家服务业开放发展平台功能和蛇口发达的港口航运产业基础更好结合起来，形成区位、政策、体制和产业的叠加优势，进一步发挥新时期深圳经济特区先行先试作用，更好服务国家"一带一路"建设。

（5）落实了基本生态控制线的实施管理，生态城市建设成效显著，但也面临较大挑战。自 2005 年实施基本生态控制线管理以来，全市公园、绿道网、绿化覆盖率等建设虽在国内处于领先水平，但生态用地缩减的形势依然严峻，控制线内生态用地不断受到生产生活用地不同程度的侵蚀，自然生态空间逐年缩小，资源环境面临较大压力。

（6）《总规（2010）》提出深圳综合交通发展目标是建设成为国家重要的综合交通枢纽，构筑便捷、安全、环保的城市综合交通

---

① 陶一桃主编：《深圳经济特区年谱》（1978 年 3 月—2015 年 3 月修订版），中国经济出版社 2015 年版，第 917 页。

体系，遵循公交优先原则，构筑以轨道交通为主干、常规公交为主体、各种交通方式协调发展的城市客运交通体系，2020 年全市机动化公交客运出行中的公交分担率提高到 70% 以上。2010 年特区扩容，深圳交通逐步进入全市规划、建设、管理一体化时代。绿色公交都市建设成绩斐然。至 2015 年，深圳公交在机动化出行中的分担率达到 56%，小汽车的分担率降为 38%，2015 年底，位于福田中心区的福田火车站开通，该交通枢纽站以广深港客运专线深圳福田站为中心，汇集地铁 1、2、3、4、11 号线等城市轨道交通线路，以及公交首末站、小汽车及出租车接驳场站等常规交通设施及配套，定位为国内大型地下铁路车站、珠三角重要的城际交通枢纽。至 2017 年深圳已建成运行的轨道交通里程达到 286 千米，已经规划的轨道交通线总长 1142 千米。深圳已基本建成全国性交通枢纽城市。

（7）《总规（2010）》实施以来，深圳市大型市政设施建设进展顺利，提高了城市资源能源保障能力，水资源和能源供应规模基本满足要求，且利用效率较高，但布局和结构仍有待优化，市政设施规划有一定缺口，落地困难。城市防灾过程建设稳步推进但系统化建设亟待加强。

（二）启动《新版总规》

按照深圳市工作部署，2016 年 2 月市规土委启动了《深圳市城市总体规划（2016—2030）》（简称《新版总规》）编制工作，报市政府审议通过。5 月深圳市成立深圳市城市总体规划编制工作领导小组，6 月制定了总规编制方案。

1. 指导思想

全面贯彻党的十八大会议精神，按照深圳市第六次党代会和市委六届二次全会总体部署，精心组织、科学编制《深圳市城市总体规划（2016—2030）》，使城市总体规划成为凝聚社会共识、指引城市发展的行动纲领，推动加快建成现代化国际化创新型城市。

2. 工作目标

（1）明确城市定位，通过《新版总规》明确深圳未来的城市性质、发展目标以及在国家和区域中的定位和职能。

（2）建立城市空间保障体系，面对土地空间紧缺的现实，提出通过区域合作、资源空间挖潜、节约集约用地等多种路径，扩大城市容量，满足可持续发展需求。

（3）优化空间布局，应对区域协调发展、重大基础设施布局等要求。

（4）完善城市功能。完善基础设施建设，提升公共服务水平。

（5）统筹陆海资源。拓展蓝色经济空间，提升海洋资源配置保障能力，落实建设海洋强国的国家战略。

（6）提升治理能力。构建创新引领宜居城市的发展指标体系，建立可量化的指标监测、考核、评估机制。

（7）创新规划模式。结合深圳实际，探索城市总体规划与土地利用总体规划高度统一、与其他各项规划"多规融合"的规划编制新方法。

3. 工作机制

加强组织领导和技术咨询，密切部门合作，加强区域协调，注重公众参与。2016 年 5 月成立了总规编制工作的领导小组和总规编制专家顾问委员会。

4.《新版总规》第二次专家咨询会

2016 年 9 月召开《新版总规》编制工作第一次专家咨询会，专家们探讨了本次总规需要解决的重点问题和思路，包括全方位的创新空间利用方式、建立深圳产业发展的低成本空间保障机制、深圳部分职能外溢和深圳大都市圈的规划建设，以及如何在总规编制中体现深圳特色等。专家们从规划、土地、产业、经济、交通、海洋、城市安全等多个角度提出了极具前瞻性的建议，为总规编制拓宽思路提供有力支撑。

（三）《海洋强国战略下的陆海统筹研究》

2016 年 12 月，市规划国土委召开城市总体规划专题汇报会，听取《海洋强国战略下的陆海统筹研究》，主要内容如下。

1. 海陆统筹中的生态建设

绿色生态，构建全域生态系统。立足陆海生态安全格局，充分发挥区域绿地和河流水系对陆海生态系统的联络支撑作用，将陆域基本生态控制线与海洋生态红线进行无缝对接,突出陆海生态空间的融合共生,构建全域生态系统。修复提升自然岸线比例,将全市自然岸线占总岸线长度比例提升到40%。

2.构建韧性减灾体系,保障城市安全

加强公共安全风险评估,重点加强赤湾、妈湾、大鹏LNG接收站和大亚湾核电站等对海洋环境有重大影响的危险品风险点排查,设立准入制度,准入项目需进行严格的环境风险评估。

(四)城市更新"十三五"规划

2016年11月,深圳市印发实施《深圳市城市更新"十三五"规划》作为指导全市城市更新工作的纲领性文件和各区五年规划编制、更新单元计划制订的重要依据。该规划的总体目标是以创新、协调、绿色、开放、共享为理念,加快建设宜居宜业的现代化国际化创新型城市,提高城市发展质量和提升土地利用水平。

(1)鼓励各类旧区综合整治,推进以城中村、旧工业区为主的拆除重建,探索历史文化地区保护活化,优化空间布局、升级产业转型、改善环境,提升公共配套水平,提高基础系统支撑能力与城市安全保障能力,实现城市有机更新,促进城市可持续发展。

(2)"十三五"规划期内,深圳全市争取完成各类更新用地规模30平方千米,其中:拆除重建类,更新用地12.5平方千米;非拆除重建类(综合整治、功能改变等),更新用地17.5平方千米。

(3)提倡有机更新,"十三五"期间力争完成:100个旧工业区项目(复合式更新:拆建为主、整治为辅;或综合整治:融合功能改变、加建扩建、局部拆建),100个旧居住区项目(综合整治,包括城中村、旧商业区)。

(4)规划期内力争通过更新配建人才住房和保障性住房约650万平方米,配建创新型产业用房约100万平方米,另外实现违法建筑存量减少1000万—1200万平方米的目标。

(五)其他

(1)《大空港启动区城市设计》,位于深圳机场以北的大空港启动区,用地面积约15.5平方千米,基地内部河涌丰富,桑基鱼塘肌理显现,生态资源良好。启动区作为海绵城市建设的示范区,要布局深圳国际会展中心等重点项目，为宝安提供产业升级平台。城市设计提出"复合联动＋多维城区＋海绵绿岛"的发展策略。

（2）《深圳国际会展中心及配套用地城市设计》，深圳国际会展中心选址空港新城，位于珠三角湾区的顶部、穗港深经济走廊的核心部位。区位优势明显，交通便利，距 T3 航站楼 7 千米、距 T4 枢纽 3 千米，深茂铁路、穗莞深城际线、深中通道均在周边经过，规划与地铁 20 号线、12 号线，以及沿江高速、广深高速接驳。该片区呈岛状空间，会展与会展休闲带采用立体复合的形式，既是公交换乘区，又是过渡空间。①

（3）2016 年 4 月，市规划国土委召开会议听取《深圳市 2050 城市远景发展策略研究》总体构思初步成果。

（4）2016 年 11 月完成《深圳市海绵城市建设专项规划及实施方案（文本）》，市规土委印发《深圳市海绵城市规划要点和审查细则》，12 月印发《深圳市海绵城市建设专项规划及实施方案》。

（5）2016 年完成《前海合作区公共交通系统专项规划》《前海合作区地下空间规划及重要节点周边地下空间概念方案设计》《前海医疗设施专项规划研究报告》《前海合作区公共文化定位及空间布局研究》《前海教育设施创新发展专项规划（2015—2030）》。

• 规划实施举例

（1）深圳市土地房产交易中心受市规土委和市经济贸易和信息化委员会委托，于 2016 年 8 月 26 日以邀请招标方式出让深圳国际会展中心（一期）的建设运营权及其配套商业用地的土地使用权，所有用地都位于宝安区大空港范围内。会展中心（一期）用地面积约 125 万平方米，计入容积率总建筑面积 91 万平方米，土地使用权归政府，由市经贸信委代表政府持有。其配套商业用地包括十一宗地，土地用途为商业用地，出让宗地总面积共计 52 万平方米，规定总建筑面积 154 万平方米，包括商业、办公、酒店和商务公寓等分项功能建筑，土地使用年期 40 年。要求中标人签署《深圳国际

① 参见《深圳房地产年鉴 2017》，深圳报业集团出版社 2017 年版，第 33 页。

会展中心项目建设运营监管协议书》，代为建设深圳国际会展中心（一期）项目；建成后按协议规定负责会展中心（一期）二十年运营。为加快会展中心建设，根据深圳市政府授权，深圳市投资控股有限公司作为项目的初期承载主体开展了该项目规划建设前期工作。其中，会展中心项目的建筑工程设计经公开招标，已确定中标方案。在中标方案基础上，经会展中心指挥部研究并多轮修改形成现阶段设计成果，供投标人参考。中标人须在现阶段设计成果的基础上深化设计，深化设计过程中涉及重大调整的，须取得市经贸信息委同意，并报规划部门审批。最终方案以规划部门审批通过方案为准。①

（2）2016年11月，市规土委分别召开了《深圳"互联网＋"未来科技城控制性详细规划》的城市设计和市政交通及工程建设的专家论证会，之后召开了市规土委业务会议，审议该规划。

（3）2016年11月，国家海洋局原则同意《深圳市海洋综合管理示范区建设实施方案（2016—2020）》，深圳市要充分发挥经济特区和综合配套改革试验区的政策优势，重点就海洋工作中难以落地、难以推进的事项进行先行先试，大力推进河湾联治、生态修复、海洋产业、科学用海、智慧海洋、生态文明示范区建设六大领域的重点工程和项目建设，确保示范区建设工作达到预期目标。

（4）2016年12月完成《深圳市海洋环境保护规划（2016—2025）》。

（5）2016年，深圳市规土委与市发改委组织编制《深圳市城市轨道交通第四期建设规划（2017—2022）》，将城市轨道6号线支线、12号线、13号线、14号线、16号线共计5条（段）总长约148.9千米线路纳入轨道交通第四期建设申报方案，并上报国家发改委、住房和城乡建设部。

（6）2016年8月29日，深圳市政府与招商蛇口、华侨城投标联合体签署了深圳国际会展中心项目运营监管协议，这标志着深圳国际会展中心通过公开招标正式确定了建设运营主体。深圳国际会

---

① 《深圳国际会展中心（一期）配套商业用地的土地使用权和国际会展中心（一期）的建设运营权出让投标文件》，深圳市土地房产交易中心，2016年8月。

展中心项目选址空港新城，用地面积 148 万平方米。

三　2017 年《深圳市 2050 城市远景发展策略》

● 背景综述

2017 年 7 月，粤港澳三地共同签署了《深化粤港澳合作推进大湾区建设框架协议》，标志着粤港澳大湾区建设正式上升为国家战略。打造世界级城市群，深圳力争在大湾区发挥核心作用。2017 年深港合作会议在香港召开，两地签署《关于港深推进落马洲河套地区共同发展的合作备忘录》，将在落马洲河套地区合作建设"港深创新及科技园"，共同建设具有国际竞争力的"深港创新圈"。

2017 年确定为"城市质量提升年"。深圳要在"十个重点方向"上下功夫：包括抢抓新一轮科技和产业变革战略机遇，实施新一轮创新发展战略布局，加大知识产权保护力度；持续在城市管理治理上攻坚突破，坚决守住公共安全红线，继续严查严控违法建筑；加强生态环境保护，落实绿色发展理念，继续实施治水提质、大气环境质量提升等行动；全面提高城市规划建设水平，编制好新一轮城市总体规划，[1] 2017 年 9 月深圳被列入全国首批 15 个城市总体规划编制试点城市之一。深圳继续发挥城市规划对城市发展的引领作用，坚守生态底线，全面落实"多规合一、一张蓝图"的要求。以生态、创新和文化为引领，打造深圳质量和深圳标准，提升深圳的宜居水平。

2017 年 1 月，深圳市龙华区和坪山区正式挂牌成立。至此，深圳市辖 8 个行政区和 2 个新区，即罗湖区、福田区、南山区、盐田区、宝安区、龙岗区、龙华区、坪山区和光明新区、大鹏新区。2017 年末深圳市常住人口约 1252 万人，全市 GDP 约 23280.2 亿元人民币，深圳经济规模继续居内地大中城市第三位。

市规划部门组织的全市建筑物普查数据显示：2017 年深圳市全市总建筑面积 110358 万平方米，其中居住建筑面积 60749 万平方

---

[1]　深圳市委党史研究室、深圳市史志办公室编著：《深圳改革开放四十年》，中共党史出版社 2021 年版，第 290 页。

米，工业建筑面积 25348 万平方米，商业建筑面积 15115 万平方米，商业办公建筑面积 7787 万平方米。建筑总占地面积约 213 平方千米。

此外，深圳还有了一块"飞地"深汕特别合作区，面积 468 平方千米，该合作区距离深圳中心区 120 千米。2017 年 9 月，广东省印发《关于深汕特别合作区体制机制调整方案的批复》，标志着合作区将纳入深圳市全面管理。

• 重点规划设计

（一）深圳市 2050 城市发展策略

2016 年 7 月启动编制《深圳市 2050 城市远景发展策略》①（简称《深圳 2050》），2017 年 9 月结题。

《深圳 2050》解读了城市存在的门槛和危机。深圳已经快速建设了 30 多年，城市仍处于剧烈变化发展中，城市更新与新区建设此起彼伏，城市人口与城市建设用地仍有大幅度变化。面对世界的复杂性和未来的不确定性，城市规划试图预测深圳 30 多年后的城市发展显然极难。鉴于城市是一个巨大的开放系统，它始终处于人类社会与自然界两大系统相互作用的进程中，气候变暖、生态危机、极端灾害、科技进步、城市发展模式与政策的选择等都将影响城市的发展，都需要城市规划及时做出响应。《深圳 2050》主要包括以下五方面内容。

1. 未来趋势

未来城市的成功标准，将从经济发展程度向文化的先进性、环境的宜居性等方向转换，唯有文化生活品质的塑造，才更吸引人。未来科技发展日新月异，深圳的竞争力将用"内生创新"替代"外来引进"，深圳应为科技变革预留足够的城市空间和发展弹性。

2. 发展目标

《深圳 2050》提出三个维度的深圳目标：

（1）世界的深圳——全球创新城市，发展的核心价值观是平衡

---

① 深圳市规划和国土资源委员会、中规院深圳分院、深圳市规划国土发展研究中心：《深圳市 2050 城市远景发展策略》，2017 年 9 月。

"竞争力提升"和"可持续发展"两个方向。

（2）中国的深圳——中国先锋城市，可持续发展的典范城市。

（3）"深圳人"的深圳——深圳城市要从以生产为主导转向以人为本，保持移民城市的活力。

3. 危机预警

《深圳 2050》提示深圳发展潜伏着以下 6 项危机：

（1）全球化转型，城市竞争加剧。

（2）科技创新与经济转型的挑战，深圳"智造"转型拥有最好的基础，但面临空间不足、成本上升的考验。

（3）城市老化和人口增长不确定性的挑战。

（4）生态系统退化和城市环境恶化的危险，深圳建成区面积即将超过行政区面积的 50% 的警戒线，且深圳已步入存量发展阶段，随着城市更新上升的建筑增量，人口也快速增长，城市负荷不断加剧。若生态用地占市域面积达到 33% 的临界值，则深圳将进入低安全生态格局。至 2050 年，深圳仍面临生态用地被逼近安全底线的危险。

（5）多重城市安全风险的威胁。气候变化对人类和环境的威胁持续存在。城市安全隐患导致事故灾难风险加剧。不完全城镇化所造成的社会分化问题，例如，深圳原村民仅 31 万人，但人均一栋楼；深圳户籍人口中约 70% 有住房，人均居住面积近 30 平方米；900 万人住在城中村，部分居住面积不足 10 平方米。公共服务的短缺增加社会不稳定因素。

（6）本土文化衰退及城市特色消亡。人们对于深圳 30 多年建城史价值的历史与文化价值尚未形成共识。

4. 发展策略

《深圳 2050》提出以下 6 项发展策略：

（1）开放创新的城市，强化湾区核心优势。

（2）绿色低碳的城市，自然持续延展，织补生态蓝绿空间，城市集约收缩。

（3）宜居包容的城市，未来深圳步入"后置业时代"，房地产的需求可能不再呈现刚性，而环境、健康、教育、休闲、旅游、娱乐等非基本需求成为刚性。

（4）高效可达的城市，深圳未来交通的目标是建立多层次、可持续、综合平衡、高效可达、绿色交通体系。

（5）文化繁荣的城市，深圳城中村见证了深圳移民城市的生长，也是深圳文化生态多样性的重要载体。未来深圳城市规划建设，应最大限度留存城中村文化价值发挥的可能性。

（6）安全韧性的城市，这是制约城市更远期可持续发展的关键环节。未来的深圳，每一项基础设施（水、电、能源、网络等）将做好应对气候变化和21世纪其他威胁的准备。每一个社区将更安全，拥有更强的社会和经济韧性，并创新科技治理模式的智慧城市。

5. 多情景模式下的城市空间结构规划方案

《深圳2050》预测深圳在未来30多年的时间和空间发展路径为以下三个情景的嵌套关系。

情景一（未来深圳大都市圈设想）：2016—2025年，"母城＋飞地"模式。强辐射能力的中心城区，跨行政区的外围飞地新城。例如，深汕特别合作区，利用深圳的资金、技术、产业优势和汕尾的资源、生态、劳动力优势，实现区域互利共赢、协调发展的新模式。

情景二（建设链接全球的城市功能体系）：2025—2035年，集合城市群模式。区域治理体系整合，城市边界弱化重组形成跨界集合城市群。例如，在珠三角"城市区域化"背景下，城市行政边界逐步弱化，更加依托城市内的功能组团，并在区域性快速轨道交通发展的作用下，促使具有枢纽功能的组团成长为"新区"。

情景三（深港合作共建全球城市）：2035—2050年，区域一体化模式。区域要素联系网络化，形成协调有序的多中心体系。

（二）《新版总规》大纲初稿

2017年继续编制《深圳市城市总体规划（2016—2035）》（简称《新版总规》）。2017年9月，住建部下发《关于城市总体规划编制试点的指导意见》，深圳市被列为城市总体规划编制15个试点城市之一，原则是应在2017年底前初步完成《新版总规》编制成果。10 月 31 日《深圳市城市总体规划（2016—2035）》编制试点工作新闻发布会。新总规以全球化和区域化为主线，遵循"推进精明增长，引导城市转型"的基本思路，以创新、生态和文化为引领，实现区域、生态、创新、空间、治理五方面转型。坚持以人民为中心，将深圳打造成一个儿童友好、人才友好、老年友好、国际友好的全民友好型城市。12 月 25 日，市政府召开总规编制工作领导小组会议，审议并原则通过了《深圳市城市总体规划（2016—2035）》初步成果。

1.《新版总规》的编制思路：推进精明增长，引导城市转型

（1）区域：从功能外溢转向协同共建。

（2）生态：从底线管控转向生态引领。

（3）创新：从创新产业转向创新生态。

（4）空间：从规模拓展转向品质提升。

（5）治理：从经济引导转向人文关怀。

2.《新版总规》第二次专家咨询会及征求意见初稿

（1）2017 年 3 月召开了《新版总规》编制工作第二次专家咨询会，专家们认为：应从粤港澳大湾区、深圳大都市圈、城市内部等层次切入研究深圳的定位、功能和空间，深入分析深圳与广州、香港、珠海、澳门等城市的关系，研究深圳在深莞穗、3＋2 层面的作用，进一步优化城市内部中心体系。城市性质和职能定位需要进一步加强论证，适度取舍，突出核心。全球创新城市是国家赋予深圳参与全球竞争的核心使命。深圳应创新交通发展理念和建设模式，加强深圳基本生态控制线与国家生态红线的衔接，加强构建城市安全和防灾体系，将陆海统筹落到实处。进一步树立总结深圳面临的核心问题，发挥引领城市发展思路转变的作用，探索总规编制方法和实施机制创新。

（2）《建设可持续发展的全球创新城市——深圳市城市总体规划（2016—2030）大纲总报告（初稿）》于 2017 年 7 月 26 日—8 月 4 日向市各有关单位、各区政府征求意见。

（3）2017 年 11 月召开了《新版总规》编制工作第三次专家咨询会，与会专家重点就城市战略定位、城市规模、产业发展、综合

交通、城市安全和区域协作等方面进行了探讨，并结合党的十九大报告和习近平新时代中国特色社会主义思想，分别从用地、产业、交通、海洋、安全等方面提出了极具前瞻性的意见和建议，为进一步完善《新版总规》初步成果提供了强有力的支持。

（三）《深圳 2030 总体城市设计和特色风貌保护策略研究》

作为《新版总规》的子课题，深规院编制的《深圳 2030 总体城市设计和特色风貌保护策略研究》初步成果于 2017 年 6 月进行专家咨询会。深圳已经从追求速度增量转到城市价值增长时代。该项目本着传承与进取的原则，正在从"建构型"蓝图设计走向"策略型"价值营造，在深圳城市生长进化中系统升级、修补提升、传导实现。

（四）《2017 年度深圳市城市总体规划实施评估》

（1）依据《中华人民共和国城乡规划法》《城市总体规划实施评估办法》，应对城市总体规划实施情况进行定期评估工作，原则上应当每 2 年进行一次。本次评估报告以 2016 年为时间节点，包括 5 个研究专题报告。

（2）研究内容。

①城市运行环境。从国家形势、区域态势、城市经济社会发展概况等方面评价城市运行的环境；跟踪核心监测指标，为趋势分析提供基础。

②城市空间格局评估。从空间扩展、功能结构、空间效益、中心体系等方面对城市空间格局进行系统评估；跟踪年度土地供应、规划建设、城市更新、土地整备的进展，评估年度空间保障情况。

③重点专项空间评估。设置必选模块和可选模块，从核心指标监测、用地与分布变化、年度建设进展等方面，对产业发展、住房发展、公共服务、生态保护、公园建设等重点专项的发展现状和年度进展进行综合评估。

④综合评估与工作展望。总结城市土地利用和空间演变的主要特征与问题，对下步城市规划建设管理工作提出建议；并对年度评估工作进行展望。

（3）主要结论：

①三维垂向空间拓展成为重要特征，应探索存量地区的空间精明增长路径，加强对用地和用房空间的协同规划引导。

②多中心空间结构已基本形成，未来有待结合各级中心的发育情况，进一步优化城市中心体系。

③工业空间进入以提效为主阶段，以优质空间提升创新效率成为主要方向。

④住房结构性问题突出，亟待优化住房供给结构。

⑤公服领域压力持续加大，有待加强民生保障力度。

⑥生态线管理卓有成效，有待结合生态空间实际情况，促进精细化管理。

（4）下一步的年度评估工作有待完善的方面：①有待结合空间规划体系改革的新要求，健全年度评估机制；②有待建立常态化数据收集和更新机制，完善空间数据库；③有待结合规划管理的实际需求，逐步推进总规评估信息平台建设。

（五）前海规划

2017年完成《前海户外广告设置专项规划》《前海合作区消防工程专项规划》；9月完成《前海合作区综合管廊详细规划》。

● 规划实施举例

（1）《深圳市城市轨道交通第四期建设规划（2017—2022）》于2017年7月7日获国家发展和改革委员会批准，完成轨道8号线东延段，15、16、17号线交通详细规划编制工作。市规土委编制的《深圳市轨道交通线网规划（2016—2035）》已于9月20日通过城市规划委员会策略委审议，已提请市规划委员会审议。

（2）2017年8月，深圳市永久基本农田保护红线经原国土资源部审查备案通过。

（3）截至2017年底，广深港客运专线深圳福田站至深港连接内地段所有工程已全部完成。

（4）2017年全年共拆除消化存量违建约2378万平方米，通过土地整备盘活建设用地约9.8平方千米，通过城市更新供应土地约2.6平方千米，保障了一大批产业、总部项目和重大基础设施的落地建设，为城市高质量可持续发展提供了空间支撑。

（5）从 2017 年起，深圳市政府提出全力创建国家森林城市、打造世界著名花城。提高森林质量；着力推动"千园之城"建设，让市民更多地享受到绿色福祉，深圳蓝、深圳绿成为城市的亮丽名片。同时深圳市将"城市质量提升年"作为开展工作的常态，聚焦优化城市品质和现代化功能以及保障、改善民生等重要内容。

（6）成功建成了深圳湾创业广场、深圳湾科技生态园，由国企投资建设和营运，在土地紧缺的条件下，可以让更多中小型创新企业在此孵化孕育。

第三节　国土空间规划（2018—2020 年）

一　2018 年海洋总体规划

● 背景综述

2018 年，适逢中国改革开放 40 周年，国家赋予深圳新的历史使命，要求深圳"朝着建设中国特色社会主义先行示范区的方向前行，努力创建社会主义现代化强国的城市范例"。国家自然资源部要求全国启动国土空间规划编制，根据统一部署，深圳市 2018 年暂停了《深圳市城市总体规划（2017—2035）》编制工作，相关成果作为国土空间规划的工作基础，深圳新版总规将探索新模式。2018 年深圳规划了"新时代十大文化设施"①，公布了《深圳市新型智慧城市建设总体方案》《深圳市海绵城市建设管理暂行办法》和《深圳市重点地区总设计师制试行办法》。由于"强区放权"，2018 年深圳市政府与各区政府签订《2018 年深圳市"拓展空间保障发展"十大专项行动及城市建设与土地利用实施计划责任书》，建立常态化监督工作机制。深圳开始加速迈向国际化城市。

---

① 深圳"新时代十大文化设施"指：深圳改革开放展览馆、歌剧院、创意设计馆、中国国家博物馆·深圳馆、科学技术馆、海洋博物馆、自然博物馆、美术馆新馆、创新创意设计学院、音乐学院。

2018年1月，国务院同意撤销深圳经济特区管理线。多年来，深圳城市规划致力于打破城市"二元化"结构，实现特区内外公共设施均等化配置的目标。

2018年2月，深圳市公布《关于深圳市组织实施深汕特别合作区体制机制调整的工作方案》，标志着深汕特别合作区开始纳入深圳市全面负责建设管理，肩负着创新区域合作模式的特殊使命。同年5月，国务院同意设立深圳市光明区，9月光明区正式挂牌。至此，深圳市共设福田、罗湖、南山、盐田、宝安、龙岗、龙华、坪山、光明9个行政区和大鹏新区，另加深汕特别合作区，深圳形成了"10＋1"行政管理格局。2018年末深圳市常住人口约1302万人，全市GDP约25266亿元人民币，全市人口、经济稳步增长。

市规划部门组织的全市建筑物普查数据显示：2018年深圳市全市总建筑面积113815万平方米，其中居住建筑面积61194万平方米，工业建筑面积25383万平方米，商业建筑面积15398万平方米，商业办公建筑面积8031万平方米。建筑总占地面积约213平方千米。

● 重点规划设计

（一）海洋总体规划

2018年深圳市海洋生产总值2327亿元，占全市GDP比重9.6%，低于天津、上海、青岛等城市，也低于广东省的平均水平（19.8%）。对标新加坡等国际城市，海洋产业的规模和占比均存在较大差距。

（1）海洋经济发展"十三五"规划。全国开展海洋战略顶层设计，《全国海洋经济发展"十三五"规划》提出，推进深圳、上海建设全球海洋中心城市。这是新时代国家赋予深圳的重大历史使命，更是深圳提升城市定位、实现跨越发展的重大机遇。2018年3月，深圳市规土委（市海洋局）完成了《深圳市海洋事业发展"十三五"规划》，围绕海洋强国战略，坚持海陆统筹、依法治海、生态管海、科学用海，提升海洋资源开发利用水平，打造海洋产业"深圳质量"，提升海洋产业国际竞争力，增强海洋综合管理与公共服务能力，全面支持深圳"十三五"经济社会与生态全面发展，有力推进深圳市全球海洋中心城市建设。2018年9月，深圳市委深圳市人民政府出台《关于勇当海洋强国尖兵 加快建设全球海洋中心城市的决定》和配套实施方案，提出到2035年，基本建成陆海融合、经济发达、科技创新、生态优美、文化繁荣、保障有力，具有国际竞争力的全球海洋中心城市。

（2）《深圳市海洋强国示范区总体规划（2018—2035）》。深圳市海洋局2015年开始组织编制《深圳市海洋强国示范区总体规划（2018—2035）》（简称：《海洋总规》），历时三年，2018年11月，市海洋局业务会议审议并原则通过了《海洋总规》项目成果。《海洋总规》系统构建了深圳建设全球海洋中心城市的总体框架，明确了发展目标、实施路径和发展策略，可有效支撑市政府相关政策文件的制定。

①规划范围为深圳市辖区范围，包括1145平方千米海域及1996平方千米陆域。规划期限2018—2035年，展望2050年。

②发展目标：围绕海洋强国战略，"一带一路"倡议和粤港澳大湾区规划建设，充分发挥特区、湾区叠加优势。坚持海陆统筹，为加快建设海洋强国战略目标做出积极贡献。到2020年，提升深圳在全国海洋领域的影响力，实现海洋经济高质量增长，为全球海洋中心城市建设奠定坚实基础。到2035年，基本建成陆海融合、经济发达、科技创新、生态优美，具有国际吸引力和竞争力的全球海洋中心城市。到21世纪末，实现深圳海洋发展达到全球一流水平，全面建成全球海洋中心城市，成为彰显海洋综合实力和全球影响力的先锋。

③实施路径：A. 通过推动海工装备产业转型升级与智能化、促进海洋电子信息产业快速发展、实现海洋生物医药产业重点突破、加强海洋新能源产业技术储备等路径实现海洋经济跨越发展；B. 通过发展海洋教育研究机构、集聚海洋专业人才等措施提升海洋企业自主创新能力；C. 通过建立陆海联动污染治理机制、实施海岛及岸线生态修复推动海洋环境综合整治；D. 通过构建世界级绿色活力海岸带、建设海滨旅游城市，凸显海洋城市文化特色。

④发展策略：加强智慧海洋规划研究及建设，构建海洋防灾安全体系，健全海域监督执法管理机制，打造南海综合开发服务基地，助力 21 世纪海上丝绸之路建设，提升深圳参与全球海洋治理的能力。

（3）海洋新城城市设计国际咨询。海洋新城位于深圳市西部大空港地区，是粤港澳大湾区和广深港经济带的核心区，是深圳引领粤港澳大湾区发展的宝贵空间资源。海洋新城于 2017 年 9 月取得海域使用权，深圳市要求高水平规划、高标准建设海洋新城，充分实现海洋新城的战略价值。2018 年 3 月，市规土委联合深圳市特区建设发展集团启动了深圳市海洋新城城市设计国际咨询活动，向国内外征集最具创意的城市设计理念和方案，为海洋新兴产业基地的产业功能集聚与海洋生态保育提供国际化、多样化建设思路。

（4）按照广东省海洋与渔业厅关于《深圳市海洋功能区划（送审稿）》的意见，深圳市规土委积极推进《深圳市海洋功能区划》修编工作。

（5）深圳市在全国率先创新开展海岸带综合保护与利用规划编制研究，2018 年 8 月发布《深圳市海岸带保护与利用规划》，构建"一带、三区、多单元"功能匹配的海岸带地区空间布局，从绿色生态、功能提升、区域合作等方面创建世界级活力海岸带。

（6）强力推进《"乐·海"深圳市东部美丽海湾行动计划》编制工作，提升东部海洋滨海旅游质量。

（二）深圳市工业区块线划定研究及管理办法

2018 年 8 月市政府正式印发《深圳市工业区块线管理办法》，作为《深圳市工业区块线管理办法》的技术支持。提出按照"严守总量、提质增效、产城融合、刚性管控"的原则，严禁在工业用地中安排住宅及大规模的商业和办公等建筑功能，稳定工业用地总规模，提高工业用地利用效率。《深圳市工业区块线划定研究》主要内容如下。

1. 研究背景

2018 年市政府提出要出台工业区块线管理办法，稳定全市工业用地总规模，严控"工改居""工改商"，加大"工改工"支持力度，推广"工业上楼"。划定工业区块线制定《深圳市工业区块线管理办法》是深圳破解"发展紧约束"问题的主动作为，是落实国家要求把经济发展着力点放在实体经济的体现。

科技创新与实体经济特别是制造业是毛与皮的关系。当前，深圳正在建设国际科技产业创新中心，更需要发挥工业尤其是制造业等实体经济的支撑作用。研究表明，深圳制造业占GDP比重近几年下降明显，2011年深圳制造业占比为33.5%，2016年降至28.3%，已经降至与美国硅谷（28%）齐平，再降将危及深圳科技创新中心建设。有专家谏言，深圳工业占GDP比重在2020年应守住34%，否则会影响经济发展后劲。

2. 工业用地现状情况

根据2016年深圳市土地利用变更调查数据显示，2016年深圳全市有现状工业用地约273.42平方千米，占全市建设用地比重约29.65%。纳入统计的现状工业用地面积以宗地和净地块为主（含地块内的宿舍等相关配套设施、不含市政道路用地）。现状工业用地273.42平方千米中，原特区内面积约21.85平方千米，原特区外面积251.57平方千米（约占92%）。故原特区外工业用地的比重相对较高，分布也不均衡。现状工业用地面积最大的是宝安区达77.49平方千米，其次是龙岗区达70.68平方千米，大鹏新区仅9.81平方千米。原特区内，最小的是盐田区0.74平方千米，依次是罗湖1.74平方千米、福田2.74平方千米、南山区16.90平方千米。特区内工业用地规模尽管不能与特区外相比，但其用作高新技术创新性产业，其规模也基本可以满足其产业承载空间。

深圳现状工业用地约274平方千米，工业用地总规模偏小，远低于北京、上海、广州等大城市。深圳要加强工业区块线管理，严守工业区块线规模，严控"工改商""工改居"，严格管理"工改M0"。

3. 工业区块线的划定原则

工业区块线分为两级进行划定：一级线是为保障城市长远发展而确定的工业用地管理线，将现状工业基础较好、集中成片、符合城市规划要求的用地划入一级线内，部分现状工业基础较好、用地规模较小、符合城市规划要求确需予以控制的用地也可划入一级线内；二级线是为稳定城市一定时期工业用地总规模、未来逐步引导转型的工业用地过渡线，可将位于基本生态控制线外、现状工业基础较好，虽在城市规划中确定为其他用途，但近期仍需保留为工业用途的用地划入二级线内。

4. 全市及各区工业区块线规模

深圳市工业区块线总规模原则上不少于270平方千米。各区区块线规模分为基本规模和划定规模。基本规模是根据全市区块线总规模要求，分解到各区必须完成的指标；划定规模是各区结合辖区产业发展情况，拟定的辖区区块线具体指标，划定规模原则上应不低于基本规模。各区区块线规模以市政府批准并公布的区块线为准。

（三）其他

（1）2018年5月深圳市规土委和市规划国土发展研究中心完成了《深圳至深汕特别合作区新增高速公路及城际铁路规划研究（送审稿）》。

（2）2018年罗湖区政府和市规土委罗湖管理局完成了《罗湖区城市承载力规划研究（总报告）》。

（3）2018年4月《深圳市规划交通线网规划（2016—2035）》通过深圳市人民政府审定，相关成果已纳入城市总体规划。

（4）2018年3月《深圳市香蜜湖片区城市设计国际咨询的预公告》，向全球招标香蜜湖片区整体城市设计。

（5）为对接粤港澳大湾区发展战略，编制了《中国（广东）自由贸易试验区前海蛇口片区及大小南山周边地区综合规划》，2018年11月深圳市政府正式批复并印发。

（6）大运新城整体城市设计，2018年3月启动该项目，本次城市设计范围包括龙岗"大运新城地区"法定图则范围和"爱联地区""荷康地区""回龙埔及龙城公园地区"3个法定图则的部分地区以及"三所"片区、"大学园"片区。总城市设计范围面积14.3平方千米。本次规划研究范围则在城市设计范围的基础上，包括了周边的龙城公园、神仙岭、龙口水库。总规划研究范围面积20.9平方千米。至2019年6月进行该方案专家评审会讨论的项目成果明确"一个城市新客厅""三个客厅""五大策略""七个重点组团"整体方案。

（7）龙岗河活力发展带整体概念城市设计国际咨询 2018 年 11 月举行专家评审会。

（8）坪山区中心区开发建设办公室进行了坪山大道沿线重点片区街区设计，例如，坪山大道中段街区设计（坪慧路至东纵路），研究范围面积 114 万平方米，即沿坪山大道的坪慧路至东纵路段两侧地块，设计范围 95 万平方米，更新建设用地 36 万平方米。成果形成了街区设计导则。

（9）龙华区九龙山产学研片区是龙华未来着力构建的六大重点片区之一，九龙山产学研片区及其周边产业发展与空间统筹规划研究，规划范围 9.8 平方千米，核心区范围约 4 平方千米，由深规院和工信部赛迪研究院合作的此项规划于 2018 年 6 月进行专家评审。

（10）2018 年完成《前海湾保税港区详细规划》《前海地下道路及立体步道运营管理模式研究》；《前海深港现代服务业合作区地名规划》（支路命名）。

● 规划实施举例

（1）2018 年市级重点建设工程，深圳市创新深圳湾超级总部基地建设体制机制，实现规划设计、开发建设、运营管理"三统筹"。在全市重点区域建设中率先探索总设计师负责制，通过招标确定由孟建民院士团队提供全过程技术服务。[1] 2018 年 5 月深圳湾超级总部基地城市设计优化国际工作坊，提出该片区以全球城市"顶峰之作"为定位，规划设计将实行总设计师负责制。

（2）轨道交通规划建设，深圳自 1998 年开工建设城市轨道交通二十年来先后建设了四期轨道交通。至 2018 年，已经实现运营地铁共 8 条线路（1、2、3、4、5、7、9、11 号线），总里程 286 千米，日均客运量达 570 万人次。[2]

2018 年 9 月，广深港高铁香港段正式通车，标志着广深港高铁全线正式开通运营，从香港西九龙站出发至深圳福田站最短运行时

---

① 深圳年鉴编辑委员会编：《深圳年鉴 2019》，深圳市史志办公室，2019 年，第 316—325 页。

② 参见《深圳房地产年鉴 2019》，深圳报业集团出版社 2019 年版，第 28 页。

间为 14 分钟。

（3）落马洲河套地区规划建设进展，2018 年，按照国家部署，以落马洲河套地区为核心区，加快建设深港科技创新特别合作区，这将成为粤港澳大湾区紧密合作的新平台。2018 年成立深圳市建设深港科技创新特别合作区领导小组，由市委主要领导挂帅；推动成立合作区深方区域开发运营管理公司，具体负责有关开发建设工作。①

（4）城市更新"十三五"规划的中期评估。截至 2018 年 6 月，深圳城市更新单元计划、更新单元规划以及更新实施管理三大类共 19 项指标中，更新实施阶段目标推进速度较快，固定资产投资总额和减少违法建筑存量规模目标超额完成，拆除重建类用地供应目标接近完成，为保障城市建设用地供给做出了贡献。截至 2018 年底，经深圳市政府批准的城市更新单元计划共 746 项（涉及更新用地面积 58 平方千米），更新单元专项规划已完成审批 447 项（涉及更新用地面积 33 平方千米），已签订土地使用权出让合同项目 604 项（涉及更新用地面积 17 平方千米）。②

（5）《深圳市重点地区总设计师制试行办法》已经经市政府同意，2018 年 7 月由市规划和国土资源委员会印发执行，试行三年。该办法明确深圳重点地区规划、设计、建设和管理将由"总设计师"把关旨在加强城市重点地区规划、设计、建设和管理水平，保障城市规划实施的空间品质。在重点地区聘请总规划师/总建筑师进行片区统筹，长期跟踪规划建设，提供全过程、全方位的规划设计、咨询策划、实施管理等技术支持，有效保障城市规划的稳定实施。

二　2019 年光明科学城空间规划纲要

● 背景综述

正值国庆 70 周年和深圳建市 40 周年之际，2019 年 2 月，国家发布《粤港澳大湾区发展规划纲要》，该纲要将建设国际科技创新

---

① 深圳市委党史研究室、深圳市史志办公室编著：《深圳改革开放四十年》，中共党史出版社 2021 年版，第 322 页。

② 数据来源：深圳市规划和自然资源局"市情展厅"，2019 年。

中心作为粤港澳大湾区的重要战略定位，提出"支持深圳建设全球海洋中心城市"，并明确深圳为湾区四大中心城市之一。2019年深圳市制定《关于贯彻落实〈粤港澳大湾区发展规划纲要〉实施方案》《推进粤港澳大湾区建设三年行动方案（2018—2020）》等政策文件，明确全市推进大湾区建设的目标思路、举措路径和重点项目。①

2019年8月，国家正式发布《关于支持深圳建设中国特色社会主义先行示范区的意见》，赋予深圳五大战略定位，提出了以深圳为主阵地建设综合性国家科学中心，明确"支持深圳加快建设全球海洋中心城市"。2019年10月，中国海洋经济博览会在深圳举办，"中国海洋第一展"落户深圳。12月颁布《深圳市建设中国特色社会主义先行示范区的行动方案（2019—2025）》，指出加快深港科技创新合作区作为七大布局之一，以科技创新为突破口，全力支持深圳建设中国特色社会主义先行示范区。

2019年是深圳规划建设粤港澳大湾区和先行示范区"双区驱动"时代的"元年"，这年国家做出"建立国土空间规划体系并监督实施"的重大部署，推动实现"多规合一"，全国积极开展国土空间规划体系重构。2019年初，深圳市规划和国土资源委员会更名为深圳市规划和自然资源局，加挂（海洋渔业局、林业局）牌子（简称市规自局）。深圳市城市规划建设根据市政府部署，打造粤港澳大湾区核心引擎城市，深入实施"东进、西协、南联、北拓、中优"发展战略，保障重大项目落地，推进重点片区开发。为深圳市社会经济可持续发展提供用地保障。

2019年，深圳市先后推动并审议通过光明科学城、西丽湖科教城、深港科技创新合作区等国家科学中心重点片区空间规划，其中光明科学城启动区项目土建工程已动工，西丽湖科教城、深港科技创新合作区法定图则编制工作陆续开展。

2019年6月，为打造全球海洋中心城市，深圳提出将建设"十个一"工程（一所海洋大学，一个海洋科研院、一个全球海洋智

① 深圳市委党史研究室、深圳市史志办公室编著：《深圳改革开放四十年》，中共党史出版社2021年版，第310—311页。

库、一个深远海综合保障基地、一个国际金枪鱼交易中心、一个"中国海工"标杆企业、一家海洋开发银行、一支海洋产业发展基金、一个国际海事法院和一个中国国际海洋经济博览会、一座海洋博物馆）。

根据深圳市规划部门组织的全市建筑物普查数据显示：2019 年深圳市全市总建筑面积 116229 万平方米，其中居住建筑面积 62154 万平方米，工业建筑面积 16113 万平方米，商业建筑面积 25446 万平方米，商业办公建筑面积 8865 万平方米。建筑总占地面积约 212 平方千米。2019 年末深圳市常住人口约 1343 万人，全市 GDP 约 26927.0 亿元人民币。全市社会经济稳步发展。

● 重点规划设计

（一）光明科学城空间规划纲要

随着《粤港澳大湾区发展规划纲要》和《中共中央国务院关于支持深圳建设中国特色社会主义先行示范区的意见》相继出台，深圳迎来了大湾区国际科技创新中心和综合性国家科学中心"双中心"重大机遇。2018 年 4 月，深圳决定在光明区集中布局大科学装置群，建设光明科学城。2018 年 4 月，深圳决定在光明区集中布局大科学装置群，建设光明科学城。4 月光明区和市规划和自然资源局签署了《光明科学城规划建设合作框架协议》，深度合作高标准打造科学城重点区域。

光明科学城规划面积 99 平方千米。作为深圳综合性国家科学中心的核心承载区，光明科学城正引领着全面进入大发展的新时期，将带动光明创新能级、产业能级、城市能级实现大幅跃升。2019 年 4 月，深圳市政府常务会议审议并原则通过《光明科学城空间规划纲要》（以下简称《纲要》），主要内容如下。

（1）规划范围：光明科学城北起深莞边界，东部和南部以光明区辖区为界，西部以龙大高速和东长路为界，规划总面积 99 平方千米。其中，建设用地约 31 平方千米，非建设用地约 68 平方千米。

（2）目标定位：光明科学城作为加强基础科学研究、提升源头创新的核心引擎，推动深圳基础科研与应用创新协同发展。要把光明科学城建设成为粤港澳大湾区国际科技创新中心的核心功能承载区和综合性国家科学中心的重要组成部分。规划建设目标是"开放创新之城、人文宜居之城、绿色智慧之城"。

（3）空间布局：以大科学装置为核心，以光明中心区为依托，以共建综合性国家科学中心为目标，形成"一主两副"科学装置集聚区、科学城和综合性国家科学中心三个层次清晰的空间布局。

（4）坚持"绿色风、国际范、科技韵"，以山水环境为感知基调、公共空间为感知场所、建筑风貌为焦点，形成"北林、中城、南谷"的差异化城市风貌。

（5）蓝绿空间：统筹山水林田湖等各类自然资源，整合农田、郊野公园、湿地公园、城市公园等各类蓝绿空间，构建特色绿道网络联系，形成"湖光山色入城、蓝绿活力交织"的田园都市。

（6）公共服务：在"一主两副"科学装置集聚区配置24小时不间断的公共服务体系，提供绿色化、智能化的食堂餐饮、无人超市、智能展示馆、自助办事大厅、24小时图书馆、咖啡馆等服务设施。

（7）交通网络：加强基础设施建设，畅通对外联系通道，提升光明科学城的国际交往便利度，实现30分钟到深圳宝安机场、60分钟到广州白云机场。构建便捷口岸交通，实现30分钟到达香港西九龙口岸、深圳湾口岸、皇岗口岸、福田口岸等。

（8）智慧城市：重点推进信息基础设施、虚拟数字城市和城市治理平台建设。坚持数字城市与现实城市同步规划建设，利用CIM、BIM技术适度超前布局信息基础设施，推进数字化、智能化城市规划建设。建立智慧空间、智慧建筑、智慧交通、智慧管线、智慧能源等运行模拟系统，打造具有深度学习能力、全球领先的数字城市。

（9）保障措施：完善管理协调机制，在深圳市光明科学城规划建设领导小组下设科学城建设指挥部，负责科学城建设工作。强化规划引领作用，引入"总规划师和总建筑师"双师制，确保科学城高水平规划、高标准建设、高效能管理。加强国土空间保障，尽快启动6平方千米的重大科学设施集群的工程地质勘查、环境影响评估等工作，确保大科学装置落地。并充分预留发展空间，应对科学发展的不确定性。

（二）《深圳市国土空间生态修复规划（2020—2035）》

1. 强化规划引领统筹

为了科学编制面向2035年的国土空间生态修复规划，深入开展基础调查，科学评价国土空间保护与退化状况，找准问题根源。在国土空间总体规划中，专章表述生态修复。编制《深圳市国土空间生态修复规划（2020—2035）》，以"四带、八片、多廊"的全域生态网络结构为"基础底图"，坚持重要生态斑块的完整保护，布局重要生态系统修复工程，提出五年近期实施规划，形成全市生态修复工作纲领。

2. 探索编制生态修复单元规划

生态修复单元是实施生态修复的空间统筹区域，生态修复单元规划是详规深度的专项规划，对上承接落实国土空间生态修复规划的要求，对下指导工程实施方案的编制。位于城市开发边界外的生态修复单元规划经批准后，可直接指导工程项目实施；位于城市开发边界内、属于法定图则覆盖区域的生态修复单元规划，应针对性提出具体的控制要求，纳入法定详细规划中。

3. 建立健全体制机制

建立多元化生态修复参与机制。按照"政府主导，市场参与"的原则，创新体制机制，形成自然资源部门规划统筹、各级政府实施主导、市场主体积极参与的工作格局。按照"谁破坏，谁修复"的原则，完善生态修复权责体系，积极引导社会力量参与生态修复，形成"共建、共治、共享"的多元化参与机制。

（三）《深圳市城中村（旧村）综合整治总体规划（2019—2025）》

2019年3月，市政府正式发布《深圳市城中村（旧村）综合整治总体规划（2019—2025）》，该规划落实市政府保留城中村战略部署，是指导各区（含新区）开展更新单元计划制订、土地整备计划制订、棚户区改造计划制订及城中村有机更新工作的重要依据。同年6月，市政府同意并开始实施《关于深入推进城市更新工作促进城市高质量发展的若干措施》，以此，城市更新从"全面铺开"向"有促有控"、从"拆建为主"向"多措并举"转变。

（四）其他重点规划举例

（1）2019 年 6 月，深圳深港科技创新合作区发展有限公司完成《深港科技创新合作区（深方区域）统筹规划实施方案》编制，并举行专家评审会。

（2）龙岗河活力发展带城市设计实施方案，深规院 2018 年 12 月开始对该项目城市设计国际咨询成果举行整合，向实施目标调整完善方案。

（3）2019 年 9 月市政府常务会议审议并原则通过《深圳国家自主创新示范区产业规划（2019—2025）》，打造成为深圳创新驱动发展示范区、科技体制改革先行区、新兴产业聚集区、开放创新引领区及创新创业生态区，为深圳建设中国特色社会主义先行示范区提供强有力支撑。

● 规划实施举例

（1）前海规划建设进展，截至 2019 年底，前海已经建成的规定建筑面积 298 万平方米，正在施工建设的规定建筑面积 453 万平方米，规划未建的规定建筑面积 696 万平方米。

（2）2019 年，深圳深入实施"东进、西协、南联、北拓、中优"发展战略。往东重点建设大运新城、坪山中心区、大梧桐新兴产业带和国际生物谷等片区，担当起建设发展深汕特别合作区主体责任，推进东部过境高速建设，规划建设深汕高铁、深汕新高速。往西重点建设空港新城、"互联网＋"未来科技城、深圳湾超级总部基地、留仙洞战略性新兴产业总部基地等片区，建成启用国际会展中心，加快深中通道、深茂铁路建设和沿江高速（前海段）、滨海大道（总部基地段）改造，规划建设深珠复合通道、深肇铁路、深圳至南宁铁路。往南重点建设深港科技创新合作区等片区，加快港深西部快轨、西丽枢纽至香港东大屿高铁等项目研究。往北重点建设光明科学城、观澜、平湖等区域，开通穗莞深城际线和大外环高速，加快赣深高铁建设，深化广深高速铁路通道规划研究。中部重点建设福田中心区、香蜜湖、深圳北站、坂雪岗科技城等片区，高标准规划建设香蜜湖国际金融街和深圳国际交流中心，加快皇岗路快速化改造和坂银通道建设。至 2020 年，各区形成发展方向清晰、功能优势互补、各具鲜明特色、发展相得益彰的良好局面。2020 年，深圳继续推进粤港澳大湾区基础设施，尤其是交通设施互联互通，积极构建融合深莞穗、连通大湾区、服务全国、辐射亚太、面向世界的国际综合交通枢纽。

三　2020 年国土空间总体规划

● 背景综述

2020 年深圳经济特区建立 40 周年，国家提出深圳要建设好中国特色社会主义先行示范区，创建社会主义现代化强国的城市范例，提高贯彻落实新发展理念能力和水平，形成全面深化改革、全面扩大开放新格局，推进粤港澳大湾区建设，丰富"一国两制"事业发展新实践，率先实现社会主义现代化。国家支持深圳实施综合改革试点，在更高起点上推进改革开放。

2020 年初新冠肺炎疫情暴发，使 2020 年成为极不平凡的一年，也是"十三五"的收官之年。深圳经济保持较快增长，2020 年末深圳市常住人口达 1756 万人，全市 GDP 约 27670.2 亿元。2020 年，来源于深圳的一般公共预算收入为 9789 亿元，其中，中央级收入 5932 亿元，地方级收入 3857 亿元。在"十三五"期间，深圳地区生产总值从 2015 年的 1.84 万亿元提高到 2020 年的 2.77 万亿元，年均增长 7.1%，深圳经济总量已跃居内地城市第三。[①]

2020 年 3 月 3 日，科技部、发展改革委、中科院等国家五部委联合下发《加强从"0 到 1"基础研究工作方案》，明确指出："北京、上海、粤港澳科技创新中心和北京怀柔、上海张江、合肥、深圳综合性国家科学中心应加大基础研究投入力度，加强基础研究能力建设。"这是深圳国际科学中心首次写入国家公开发布的文件。3 月 28 日，深圳市政府发文支持光明科学城打造世界一流科学城，这是加快以深圳为主阵地建设综合性国家科学中心的重要举措。

---

① 《2020 深圳 GDP 总量 2.77 万亿元》，《深圳特区报》2021 年 2 月 3 日第 A01—02 版。

2020 年，深圳继续优化城市品质和现代化功能，编制国土空间规划，打造高质量可持续发展城市。深圳"新时代十大文化设施"、光明科学城和深圳北站枢纽等城市重点片区、河湖等千里碧道核心骨干项目等，全部引入国际竞赛机制展开规划设计和招标。

2020 年 8 月深圳市公布《关于勇当海洋强国尖兵加快建设全球海洋中心城市的实施方案（2020—2025）》。10 月国家印发《深圳建设中国特色社会主义先行示范区综合改革试点实施方案（2020—2025）》，11 月深圳市规划和自然资源局形成了《深圳市国土空间总体规划（2020—2035）》初步成果。鉴于深圳林业已纳入自然资源统一管理，进入了自然资源严格保护和高效利用的新时期。深圳将以先行示范的标准规划描绘"森林走入城市、城市拥抱森林""蓝绿交融""山海连城"等城市空间规划和生态文明建设的崭新蓝图。

• 重点规划设计

（一）《深圳市国土空间总体规划（2020—2035）》

这是深圳城市的第四版总体规划，2020 年大力推进《深圳市国土空间总体规划（2020—2035）》编制工作，基本形成包括文本、图件、说明书以及"双评价""双评估"等 20 个专题研究报告在内的一整套规划成果。

1. 编制背景

根据国家对国土空间规划主要目标：到 2020 年，基本建立国土空间规划体系，逐步建立"多规合一"的规划编制审批体系、实施监督体系、法规政策体系和技术标准体系；基本完成市县以上各级国土空间总体规划编制，初步形成全国国土空间开发保护"一张图"。到 2025 年，形成以国土空间规划为基础，以统一用途管制为手段的国土空间开发保护制度。到 2035 年，基本形成生产空间集约高效、生活空间宜居适度、生态空间山清水秀，安全和谐、富有竞争力和可持续发展的国土空间格局。深圳站在新的历史起点上，市规自局启动了《深圳市国土空间总体规划（2020—2035）》的编制工作。本次规划牢牢把握新形势、新使命、新理念，贯彻落实生态文明思想，在资源环境承载力和国土空间开发适宜性评价的基础上，强化生态保护底线约束，为可持续发展预留空间。努力探索一条符合深圳超大型城市特色、适应高质量发展要求的新路子，为深圳创建社会主义现代化强国的城市范例、迈向全球标杆城市描绘了一幅宏伟的空间发展蓝图。

2. 编制过程

2020年1月4日，深圳市召开《深圳市国土空间总体规划（2020—2035）》第二次专家咨询会，邀请国内各领域知名专家学者及企业家代表作为总规编制专家顾问委员会委员，共同为深圳2035年国土空间总体规划编制建言献策。专家们建议以生态文明理念下高质量发展作为规划主线，形成从现状评估、找出问题到规划策略、空间响应机制的串联逻辑，加强规划成果的内在逻辑关系。市规自局在深圳市统一领导及各部门、各区的配合下，2020年1月中旬已经形成《深圳市国土空间总体规划（2020—2035）》初步成果，开始征求各成员单位意见。

自2020年1月底以来，市规自局结合《深圳市国土空间总体规划（2020—2035）》编制并基于新冠肺炎疫情形势开展了城市安全相关研究工作，以科学评判深圳国土安全、气候安全、生态环境安全、粮食安全、水安全、能源安全等重大公共安全带来的风险和隐患，提出规划应对措施。吸取新冠肺炎疫情的教训，根据"宁可备而不用，不可用而无备"的原则，规划建设和预留应急疏散、避难和救援空间。提出深圳市应急避难场所、应急通道和应急物流、应急医疗卫生、应急后勤保障等设施和空间的规划布局。为深圳全面建设中国特色社会主义先行示范区创造安全和谐平安稳定的环境。2020年3月基本完成《深圳市国土空间总体规划（2020—2035）》城市风险评估和安全研究的专题报告并征求专家意见。

3. 发展目标

朝着建设中国特色社会主义先行示范区的方向前行，努力创建社会主义现代化强国的城市范例。到2025年，经济实力、产业创新能力跻身全球城市前列，生态环境质量、公共服务水平、文化软实力大幅提升，建成现代化国际化创新型城市。到2035年，成为全国高质量发展的典范，建成具有全球影响力的创新创业创意之都和宜居宜业幸福家园。

4. 城市性质

卓越的国家经济特区、中国特色社会主义先行示范区、粤港澳大湾区核心城市、国际科技创新中心、全球海洋中心城市。

5. 主要内容

是平衡好生态空间与城市空间的相互依存关系，提升城市空间品质，增加市民幸福指数。例如：（1）统筹划定城市开发不可逾越的三条红线，即生态保护红线、永久基本农田、城镇开发边界三条控制线；（2）坚持保护优先、生态修复为主的方针；（3）土地二、三产业混合利用、立体开发、存量更新；（4）新增建设用地优先保障居住、教育、医疗、养老等民生服务设施；（5）积极应对全球气候变化，全面提升城市防灾、救灾、减灾能力，保障超大城市系统安全。等等。此外，该总规还制订了分区规划指引与近期行动计划。

体系是在现状基础与风险识别的基础上，构建国土空间保护开发格局、自然资源保护利用与生态修复、城市空间资源配置、立体开发与存量更新、（交通、基础设施、安全韧性、智慧城市）城市支撑体系、风貌塑造与文化传承、规划实施保障机制，还制订了各区的分区规划指引与近期行动计划。该规划构建了一个完整和系统的规划体系。

（二）《光明科学城空间规划纲要》

（1）2020年4月

市政府正式发布《深圳市人民政府关于支持光明科学城打造世界一流科学城的若干意见》。深圳要以建设综合性国家科学中心为引领，以创建国家实验室为抓手，率先构建全球5G创新生态系统，把深圳建设成为具有全球影响力的创新创业之都。4月，光明科学城中心区城市设计国际咨询整合初步方案汇报。

（2）2020年5月

深圳市政府批复原则同意《光明科学城空间规划纲要》。

①要坚持世界眼光、国际标准、中国特色、高点定位，落实好《规划纲要》确定的目标定位、发展策略、空间布局、城市风貌、

保障措施等内容，将光明科学城打造成粤港澳大湾区国际科技创新中心的核心功能承载区和综合性国家科学中心的重要组成部分。

②要按照"一心两区、绿环萦绕"的科学城总体空间布局，突出"绿色风、国际范、科技韵"，塑造舒展起伏、疏密有度的城市空间形态，形成"北林、中城、南谷"差异化的城市风貌，建设"湖光山色入城，蓝绿活力交织"的田园都市，为科研人员和市民群众提供优质的宜居宜业宜游环境。

③要按照《规划纲要》统筹协调各层次空间规划及专项规划编制，保障光明科学城建设有序进行。光明区政府要加强组织实施，加快推进光明科学城高标准、高质量开发建设。

（3）光明科学城中心区城市设计国际咨询方案评审，2020年1月6日，市规自局和光明区政府主办的《光明科学城中心区城市设计国际咨询方案评审会》在福田香格里拉大酒店举行，国内外九位规划建筑专家组成的评审团对十家（或联合）设计机构提交的10个参赛方案进行了认真评审。

（4）现场实施进展：光明科学城启动区项目已经现场施工，年底主体结构封顶，脑解析与脑模拟、合成生物研究平台两大科学装置轮廓初显，开放、共享、国际化的科研平台正在搭建。

（三）《深港科创合作区城市设计》

2020年，在福田区政府的支持下，市投控公司指导合作区统筹执行主体深港科技创新合作区发展有限公司开展了本次城市设计国际竞赛，按照高资历、高能力、高契合的原则，通过"定向邀请+公开征集"的方式确定了国内外15个最具创意的城市设计方案入围竞赛环节。

首先，由行业大咖组成的专家评审委员会选出了包括多位普利兹克奖得主领衔事务所在内的5家顶级设计机构作为邀请单位。另向全球公开征集设计方案，吸引了来自美国、法国、荷兰、新加坡等10余个国家上百家知名机构组成的参赛单位报名参赛，经专家评审再次选出10家设计机构（联合体）。最终15家设计机构共同进入方案评审环节。7月，经中外9名专家组成的评审委员会审议，评选出前3名（不排序）方案推荐给主办方。8月经主办方最终评议，Zaha Hadid Limited（扎哈·哈迪德建筑事务所）获得优胜方案。

（四）深圳湾超级总部基地城市设计[①]

位于深圳市"核心地段"，自然景观得天独厚，与香港隔海相望，南接深圳湾滨海带，北倚华侨城内湖湿地，西邻沙河高尔夫球场，东至华侨城欢乐海岸。该片区规划用地面积 117 万平方米，规划总建筑面积约 520 万平方米，规划人口约 25 万人。该片区从1990 年完成填海工程，2011 年被列为深圳市十五个重点发展地区，到 2013 年确定规划，再到 2018 年优化城市设计，该片区规划定位走过了滨海城市区、滨海文化商务中心区、"超级总部基地"等规划过程，是深圳近十年定位高、影响力大、持续提升城市设计的重要地段。至 2020 年该片区已确定的城市设计空间结构为"一心双核，十字生境"。

（1）"一心双核"：规划轨道交通"六轨六站"将支撑"超级湾心"，是超级总部汇聚人流信息流的核心，此"湾心"由两组建筑群组成，一组是三栋 400 至 500 米的超高层组成站城一体的地标建筑群；另一组是由两个滨海文化设施和深圳湾公园形成的公共建筑群。高低两组建筑群共同塑造 24 小时活力"湾心"。

（2）"十字生境"：在原南北向中央公园"深湾绿谷"基础上，规划一条东西向的"未来城脊"，形成垂直"十字"空间骨架，旨在提升内涵性功能及公共资源的辐射效率，也承载着未来孕育本土成长性超级企业的历史使命。

（3）秉持"深圳湾云城市"核心理念，该片区将打造基于智慧城市和立体城市，虚拟空间与实体空间高度合一的未来城市典范，构建融全球总部聚集区、都会文化高地、国际交流中心为一体的世界级滨海城市天际线。

（4）在交通方面，深超总片区整体以轨道枢纽区为核心，建立圈层式跌落的强度模型；通过地面、地下与二层步行系统等多层面交通连接，串联各功能组团，优化人性化交往尺度空间。

---

① 《用地 117 公顷，规划人口 25 万，深圳湾超级总部基地到底有多"超级"》，深圳卫视深视新闻，2021 年 6 月 20 日。

（5）规划构建由城到海的超级滨海湾公园，实现该片区与深圳湾15公里休闲海岸线的无缝衔接，融合城市的公共活动空间。

（五）《深圳市深汕特别合作区总体规划（2020—2035）纲要》

本纲要结合《深圳市国土空间总体规划（2020—2035）》编制，按照国土空间治理体系的新要求、生态文明建设和高质量发展转型的新思路，充分发挥空间规划对城市发展的战略引领和刚性控制作用，坚持生态优先和绿色发展，以国际视野谋求发展新高度，以融入粤港澳大湾区和深圳主城区为主线，以创新、协调、绿色、开放、共享为引领，探索创新全域资源要素配置体系和空间发展建设模式，促进山水林田湖草与城乡协调共生。本纲要是指导深汕特别合作区建设的依据。规划范围为合作区全域，即原海丰县鹅埠、小漠、鲘门、赤石四镇，总面积468.3平方千米，并协调海域管理范围约1152平方千米。《深圳市深汕特别合作区总体规划（2020—2035）纲要》于2019年6月26日获市政府审议通过，2020年3月5日获市委常委会审议通过，2020年4月按程序报省政府审定。

（1）构建自然生态安全格局，确保合作区系统完整、层次分明、功能复合、贯通全域的生态安全格局，规划范围内蓝绿空间占比稳定在70%以上。

（2）全域资源要素空间布局，科学配置各类资源，构建山、水、林、田、湖、草与城、乡和谐共生的空间布局，生态空间：包含自然保育、自然公园、林业和湿地水域四类，总面积约300平方千米，占比64%。利用自然本底优势，保护和修复自然生态系统，锚固生态功能，强化城市韧性；丰富游憩功能，提高城市品质。

（3）城镇空间：包括城镇建设用地、区域交通设施用地以及弹性建设用地，总面积145平方千米（不含填海预留面积），占规划范围的31%。严控城镇开发边界。以规划建设用地总量锁定为前提，划定城镇开发边界约145平方千米。

（4）严守生态保护红线，划定生态保护红线约117.8平方千米，占规划范围的25.2%。强化生态保护红线刚性约束，勘界定标，按禁止建设区要求进行管理，确保生态功能不降低、面积不减少、性质不改变。

（5）严格实施海洋生态红线制度。划定海洋限制类生态红线，面积约14.5平方千米，包括鲟门重要滨海旅游区限制类红线区和百安半岛重要滨海旅游区限制类红线区。

（6）坚决落实最严格的耕地和基本农田保护制度。2020年，坚守基本农田规模底线约2.7万亩，落实耕地保有量约4.7万亩；至2035年，规划保留基本农田保护集中区总面积约22.3平方千米，其中保障永久基本农田面积不低于1.5万亩。

（六）碧道规划

2020年10月《深圳市碧道建设总体规划（2020—2035）》正式实施，当年开工建设240千米碧道，计划于2022年完成600千米碧道建设、2025年完成1000千米碧道建设、2030年完成1000千米碧道品质提升、2035年实现全市域水产城共治，全面形成生态美丽河湖新格局，交出一份"绿水青山就是金山银山"的深圳答卷，率先打造人与自然和谐共生的美丽中国典范。①

（七）其他

（1）2020年1月19日，深圳市城市规划委员会发展策略委员会2020年第1次会议审议通过了《深圳市东部过境通道规划设计条件研究》和《罗湖区地下管线综合详细规划》两个项目成果。

（2）龙岗河城设计实施方案，深规院汇总国际咨询概念城市设计进行方案整合、指导详规、面向实施，实施方案成果于2020年7月专家评审时的成果表明，该项目尺度较大，建设用地约等于4个大运新城，在整体、沿河、分段、重点的三层次规划中，形成了一个"行动计划"项目库，该项目库包括6大类型、198个项目，其中明年启动48个项目，近期项目52个，远期项目98个。

（3）完成编制《深圳市高中布局专项规划》《深圳市高等教育院校专项规划》《深圳市医疗卫生设施布局专项规划》。

● 规划实施举例

（1）前海开发开放成绩显著，截至2020年上半年，前海累计

① 深圳市委党史研究室、深圳市史志办公室编著：《深圳改革开放四十年》，中共党史出版社2021年版，第389页。

有世界 50 强投资企业 324 家，内地上市公司投资企业 934 家，持牌金融机构 243 家；截至 2020 年 8 月，累计推出 573 项制度创新，其中在全国首创和率先 226 项、在全国复制推广 58 项，新城建设实现"一年一个样"，构建起"金融＋科技＋实体经济"的高端现代服务业体系，"服务内地"和对外开放取得重大突破，前海生机勃勃态势更加凸显。

（2）深港科技创新合作区规划建设加快推进，2020 年 7 月，出台《深圳市人民政府关于支持深港科技创新合作区深圳园区建设国际开放创新中心的若干意见》。截至 2020 年 10 月，深港科技创新合作区深圳园区已筹集 37 万平方米科研空间，已落地和正对接项目 132 个，深港开放创新中心、深港科创综合服务中心开工建设，科研发展等方面制度创新不断深化。

（3）深圳湾超级总部基地，深圳市住房和建设局重点项目建设处、深圳湾超级总部基地开发建设指挥部聘请孟建民院士为总设计师，实行总设计师负责制，2020 年该片区规划实施进入高潮，各项建设工程进度加快，将为深圳乃至粤港澳大湾区打造绿色、生态、智慧、可持续发展示范区。

（4）2020 年 12 月 25 日深圳市可视化城市空间数字平台（一期）试运行启动。

（5）2020 年组织开展深圳歌剧院、深圳海洋博物馆建筑方案设计国际竞赛。

（6）《深圳市重点区域规划建设设计指引导则》经市重点区域开发建设总指挥部审议通过并印发执行。

（7）2020 年印发《深圳市拆除重建类城市更新单元规划审批规定》《深圳市拆除重建类城市更新单元规划审批操作规则》。2020 年 12 月深圳市人大常委会表决通过《深圳经济特区城市更新条例》，这是我国首部城市更新立法。

附录 深圳城市规划大事记[*]
（1980—2020 年）

1980 年

5 月中旬 由广东省建委组织了九十多名专业比较配套的省内外专家和技术人员到深圳现场，会同深圳市规划、城建、环保、公路、园林等有关单位代表，共同组成规划办公室及各专业规划设计组，分工协作，共同编制出《深圳城市建设总体规划》，这是深圳经济特区最早的建设蓝图。

6 月 11 日 深圳市经济特区规划工作组形成《深圳市经济特区城市发展纲要（讨论稿）》。

1981 年

4 月 14 日 国务院领导视察深圳特区时指示：建设一个新城市，首先要把总体规划搞好，总体规划批准了，就是法律，不准乱盖房子。基建要按程序办事，先地下，后地上，先把道路系统定下来，然后就定地下管线。深圳应当搞得更漂亮一些，要建设一个真正现代化的、科学性的新城市。

11 月 20 日 完成《深圳经济特区总体规划说明书（讨论稿）》，确定了组团式带形城市作为深圳城市总体规划的基本结构布局。

11 月 23 日 深圳市经济特区开发公司与香港合和中国发展（深圳）有限公司签订建设福田新市区协议。深圳提供 30 平方千米

---

* 本大事记系作者根据所收集到的资料编制，未能详尽，有待补充。仅供研究参考。

土地，港方投资 20 亿港元。合作期限 30 年。

11 月　市政府组织编制《深圳经济特区社会经济发展规划大纲》。

11 月　规划设计"上步电子工业区规划草案"。

12 月 24 日　广东省人大批准《深圳经济特区行政管理暂行规定》，确定"深圳经济特区范围为 327.5 平方千米，在此范围内按照本暂行规定进行管理"。

1982 年

4 月 1—8 日　《深圳经济特区社会经济发展规划大纲（讨论稿）》国内专家评审会。

6 月　市政府颁布《深圳市城市建设管理暂行办法》，决定将城市规划和城市建设的管理集中到一个部门。

9 月　《深圳经济特区社会经济发展规划大纲》香港专家评审会。

10 月　市规划局完成编印《深圳经济特区总体规划简图》，该简图与《深圳经济特区社会经济发展规划大纲》相配套。

11 月 30 日　《深圳经济特区社会经济发展规划大纲》定稿。

1983 年

3 月 14 日　特区发展公司与香港合和中国发展（深圳）有限公司合作兴建火车站和口岸联检大楼合同签订。

3 月 15—20 日　召开深圳特区城市道路系统规划研讨会。

3 月 25 日　市政府决定兴建深圳科学馆、博物馆、电视台、图书馆、大剧院、深圳大学、体育中心、新闻中心八大文化设施。

9 月　完成《深圳经济特区已开发土地（20 平方千米）详细规划说明书（暂定稿）》。

1984 年

6 月　《深圳经济特区社会经济发展规划大纲》初步确定了特区总体规划，根据特区狭长地形的特点，确定分东、中、西三片共 18 个功能区，总体布局采取组团式布置，组团与组团之间用园林绿化带连接起来，使之成为带状的新型现代化城市。

10 月　市政府首次委托中国城市规划设计院协助市规划局，共同对《深圳经济特区总体规划》进行全面系统的编制工作。

10 月　开始编制《南头半岛总体规划》。

是年　深圳市政府与国务院侨务办公室委托新加坡建筑师孟大强牵头，组成包括美国、英国、澳大利亚等国专家在内的规划组，编制华侨城概念规划。

1985 年

1 月　《南头半岛总体规划（草稿）》基本完成编制。

9 月　完成《深圳经济特区盐田港区总体规划》，市规划局主持召开评审会。

11 月　市规划局在深圳工业区开发公司会议室召开了车公庙工业区总体规划方案评议会。

是年　在深圳特区总体规划及其确定原则基础上编制了福田分区规划。

是年　完成《深圳特区道路交通规划》编制工作。

是年　华侨城工业区规划——与总规同步规划的范例。

1986 年

2 月　深圳经济特区总体规划，即《总规（1986）》编制完成，3 月印刷。

5 月 28 日　深圳市城市规划委员会正式成立。李灏任主任，周干峙为首席顾问，国内外 28 位专家受聘担任顾问。

10 月　委托编制《深圳市港口总体布局及海岸线利用规划》，同年 12 月完成成果编制。

10 月　在全国城市交通学会第一届年会上，《深圳特区城市道路交通规划》受到与会者的高度评价。

11 月　深圳经济特区总体规划荣获建设部优秀规划一等奖。

是年　深圳市政府收回了福田新市区协议与香港合和公司合作开发 30 平方千米的土地。

1987 年

4 月　英国伦敦陆爱林戴维斯规划公司（Lewelyn – Davies Planning Co. London England）与市规划局联合撰写了《深圳城市设计研究》（《Urban Design Study》），这是深圳历史上首次城市设计。

4 月　委托中规院深圳咨询中心承担盐田总体规划。

5 月 5—7 日　市政府召开了为期三天的《深圳市港口总体布局及海岸线利用规划》评审会。

10 月　委托北京市城市建设工程设计院编制《深圳经济特区轻轨交通系统预可行性研究报告》。

10 月　完成编制《深圳市国土规划大纲》。

11 月 9 日　深圳市城市规划委员会召开第二次全会。

是年　深圳市规划局委托中规院深圳咨询中心编制《深圳市城市发展策略》。

1988 年

2 月　市规划局批复原则同意《车公庙工业区规划》。

8 月 17 日　福田新市区建设拉开序幕。

12 月 22 日　深圳市城市规划委员会召开第三次会议。

是年　完成《深圳经济特区福田分区规划》。

1989 年

6 月　市规划局发出《关于试行我市规划工作改革的通知》，借鉴香港城市规划管理经验，提出制定"法定图则"，在城市规划方面探索依法治市道路。

11 月　市规划局和中规院完成《深圳经济特区总体规划修改论证综合报告》。

11 月　由宝安县建委总体规划办、广东省城乡规划设计研究院完成《宝安县县城总体规划纲要》编制。

是年　福田中心区规划方案首次国际征集，中规院、华艺设计顾问有限公司、同济大学设计院深圳分院、新加坡 PACT 规划建筑国际项目咨询公司四家单位对中心区规划设计各提出一个方案。

是年 完成《深圳市城市发展策略》编制。

1990 年

4月1日 《中华人民共和国城市规划法》1990 年 4 月 1 日起施行。

3月 深圳市城市规划委员会第四次会议召开。会议通过了《深圳城市发展策略》及《深圳特区城市规划标准与准则》。《发展策略》首次提出将深圳建设为国际性城市的目标。

3月 市城市规划委员会第四次会议审议《福田区机动车—自行车分道系统规划》《福田中心区规划——三家方案：中规院深圳咨询中心、同济大学建筑设计院深圳分院、华艺建筑设计公司》。该会议确定在新建的福田组团按机非分道系统进行设计和建设，减少非机动车对汽车交通的影响。

5月 市领导主持召开专题会议研究八卦岭工业区规划调整配套设施。

6月 广东省人民政府批复原则同意《深圳经济特区总体规划》。

8月 市规划局向国家建设部地铁办公室报告深圳市轻轨交通系统规划研究情况。

9月 完成了《宝安县县城总体规划》。

11月30日 召开《深圳市公路网规划》初审会。

11月 深圳市政府印发《深圳市规划标准与准则（SBG – 90）》开始在全市范围试行。

12月 完成《深圳市南山区分区规划》。

是年 福田保税工业区规划。

1991 年

6月 福田中心区规划方案经过 1989 年国际征集，已经取得四个规划方案。9 月深圳市城市规划委员会召开第五次会议审议了《深圳福田中心区规划方案》。市领导基本同意中心区规划的原则和方法。

8 月 14 日　《深圳市公路网规划》通过专家评审会。

9 月 20 日　深圳市城市规划委员会第五次会议审议通过《深圳城市规划体系改革方案》《福田中心区规划方案》《深圳特区快速干道网系统规划方案》《轻便铁轨交通规划方案》等规划成果。

是年　完成《深圳市城市规划与建设十年规划》。

是年　主要规划项目包括：福田中心区规划、南山中心区规划、南山填海区规划等。

1992 年

3 月 6 日　市政府召开《深圳市供水水源规划报告》评审会。

8 月 11 日　《国务院关于深圳市要求扩大特区范围改变宝安县体制问题的批复》下发，同意深圳市撤销宝安县建制，将其划为深圳市的两个区。

9 月　市规划国土局和中规院深圳分院编制完成《深圳市宝安区规划》。

9 月　完成对《深圳特区快速干道网系统总体规划》的修订。

11 月 10 日　深圳港总体规划成果汇报暨评议会闭幕。据悉，深圳港到 20 世纪末，将成为中国综合交通运输网的主枢纽和中国四大深水国际中转港之一。

12 月　由宝安县建设局、中规院深圳分院编制完成《宝安县县城总体规划》。

是年　编制完成《福田中心区详细规划》。

是年　编制完成《龙岗区总体规划》。

1993 年

1 月　市政府审定同意南油开发区总体规划。

2 月 23 日　深圳市建设会议召开，深圳城市总体规划基本确定。

2 月　深圳湾发展计划建议方案获原则同意。

2 月　深圳市长办公会议审定通过《宝安区、龙岗区总体规划》。

6月 《总规（1996）》启动编制，同年10月完成《深圳经济特区总体规划（修编）纲要》。

6月 市规划局审定同意《福田中心区规划》，即福田中心区详规定稿。

12月8日 宝安区委通过《宝安中心区规划方案》，宝安中心区面积为10.8平方千米。

是年 深圳地铁一期规划一条主干线和若干条支线，全长39.8千米。

是年 福田中心区市政道路工程开始施工。

1994年

3月29日 深圳市地铁1号线一期工程项目建议书评审会在华侨城举行。深圳地铁1号线由深圳火车站至飞机场，正线全长39.5千米。

3月 完成编制《罗湖上步组团高架列车线路详细规划》。

4月 深圳市委常委会议原则通过了《深圳经济特区总体规划（修编）纲要》。

7月1日—2日 深圳市城市规划委员会第六次会议原则通过《深圳市城市总体规划（修编）纲要》。

7月 市规划局委托深规院编制《罗湖上步分区调整规划》。

8月5日 《深圳市西部深港通道工程可行性研究报告》通过专家评审。深圳市拟辟深港新走廊，届时，一座长达6.41千米的铁路桥和一座5.358千米长的深圳湾公路大桥将横跨深圳湾海面，连通蛇口与元朗两地。

8月 市规划局委托深规院编制《深圳市福田中心区城市设计（南片区）》。

8月 深圳市政府批复原则同意黄田机场总体规划。

10月 开始起草《深圳市经济特区城市规划条例》。

1995年

1月19日 《深圳市城市交通规划》原则通过专家评审。根据该规划，深圳将成为海陆空全面发展的国际性客运中心、物流中心、信息中心。

1月28日　深圳市城市规划委员会提议对福田中心区核心段进行城市设计国际咨询，以保证中心区城市设计的高标准。其中咨询内容包括市政厅（后改称为市民中心）建筑设计概念方案。

2月23日　《宝安区市政工程详细规划》通过审议。

6月　《深圳市城市总体规划（修编）纲要》提交市人大常委会讨论通过，报省政府备案。

11月10—20日　"深圳市城市规划专家咨询会"在竹园宾馆举行，为期15天。应市委、市政府之邀，专家们就深圳市的"九五"、2010年城市发展规划提供咨询指导。会议还研究了深圳城市发展的几个重大课题——深圳市总体规划的修编工作、综合交通规划、福田中心区规划实践以及规划管理等。与会专家对福田中心区提出了具有远见卓识的建设性意见，随后市规划局开展了中轴线核心区城市设计国际招标。

是年　完成了宝安分区规划、龙岗分区规划、南山分区规划，正在进行罗湖上步分区、福田分区和沙头角分区的调整规划。

1996年

4月　完成《宝安区分区发展策略（初稿）》。

6月　招商局蛇口工业区建设规划室完成《招商局蛇口工业区总体规划》。

6月8日　《深圳市城市总体规划（1990—2010）》在市博物馆公开展示征询意见。

8月13日　举行"深圳市中心区城市设计国际咨询评议会"，评委们选定美国李名仪/廷丘勒建筑师事务所的方案为优选方案。评选结果9月20日得到市政府确认。

8月27日—9月6日　"深圳市中心区城市设计国际咨询成果展"在深圳市市政工程设计院公开展示10天，向广东市民征集意见。

8月　完成《深圳市绿地系统规划》。

　　12月　深圳市城市规划委员会第七次会议原则通过《深圳市城市总体规划（1996—2010）》和《深圳市城市规划标准准则》。

1997 年

　　2 月 26 日　市人大常委会审议通过《深圳市城市总体规划（1996—2010）（送审稿）》。

　　3 月 13 日　受广东省人民政府委托，省建委组织专家评审会在银湖对《深圳市城市总体规划（1996—2020）》进行认真评审，最后一致通过。

　　3 月 25 日　《深圳市城市规划标准与准则》（SZB01 - 97）已经市政府批准正式颁布施行。

　　7 月　市政府委托日本黑川纪章建筑事务所进行市中心区中轴线公共空间系统详细规划设计。

　　9 月 9 日　市政府常务会议原则通过《深圳经济特区城市规划条例（送审稿）》。

　　9 月 9 日　市政府选定深圳湾华侨城填海区这一黄金地块，作为深圳国际会展中心的建设用地。

　　是年　市规划国土局初步审核《龙岗次区域规划》，启动编制《宝安次区域规划》。

1998 年

　　1 月 2 日　市政府颁布《深圳经济特区城市规划条例（草案）》，决定设立市城市规划委员会，负责组织处理或调解城市规划工作中的重大问题。

　　1 月 13 日　盐田港保税区规划方案在银湖旅游中心通过专家评审。盐田保税区规划包括《保税区控制性详细规划方案》和《南片区市政详细规划》两个部分。

　　3 月　市中心区首次运用"城市仿真系统"研究市民中心建筑尺度及与周边建筑环境的城市设计关系，因此提高了市民中心屋顶高度，优化了市民中心与莲花山景观关系。"城市仿真系统"首次成功应用于深圳城市设计及建筑报建管理中。

4 月　深圳地铁一期工程获国家批准立项。

7 月 1 日　《深圳市城市规划条例》颁布执行。

7 月 20 日　经过来自全国各地从事城市规划、地下工程、地铁工程设计、施工管理等方面 110 多位专家连续 3 天的研讨，深圳地铁一期工程可行性研究报告通过预审。

8 月 24 日　《深圳地铁一期工程可行性研究报告》顺利通过了专家评估。

10 月 12 日　市政府审查通过《深圳市龙岗次区域规划（1996—2010）》。

1999 年

6 月　深圳城市总体规划荣获第 20 届国际建筑师协会（UIA）颁发的"阿伯克隆比爵士荣誉提名奖"（即 UIA 城市规划奖）。

7 月　深圳市城市规划委员会第八次会议讨论了今后深圳城市发展的思路和重大项目，审议通过了《深圳市城市规划委员会章程》《深圳跨世纪城市发展的目标定位与对策》以及 11 个片区的法定图则。

11 月　市政府批准深圳市高新技术产业园区中区西区控制性规划。

12 月　《深圳市公共交通总体规划》通过专家评审。

是年　《总规（1996）》定稿。

是年　完成了《深圳市法定图则编制的技术规定》和《深圳市规划标准分区划分》2 个法规性文件。

2000 年

1 月　《深圳市城市总体规划（1996—2010）》获得国务院正式批复。

1 月　《深圳市福田 01—01 号片区"深圳市中心区"法定图则》获得市城市规划委员会正式批准。

1 月　《市民中心大屋顶钢结构设计方案》获通过。

3 月　市中心区城市仿真系统首期工程完成投入使用。

5月11日　市五套班子领导在市规划国土局城市仿真室召开会议，听取了会展中心重新选址方案的演示汇报后，会议决定将原位于深圳湾的会展中心安排至市中心区，对于促进市中心区的开发建设和发展新兴的会展业具有积极意义。

12月29日　深圳市城市规划委员会第九次会议召开，会议审议通过了《深圳市城市规划委员会章程（修订稿）》《深圳市法定图则编制与审批程序暂行规定》和《2001年度法定图则工作计划》。

2001 年

4月11日　深圳市城市规划委员会发展策略委员会第十次会议，原则通过了《深圳市罗湖区分区规划（1998—2010）》《深圳市福田分区规划（1998—2010）》《深圳市宝安次区域规划（2000—2020）》《深圳市公共交通总体规划》《深圳市海岸海域地质矿产资源开发利用与地质环境保护规划（2000—2010）》等规划项目。

5月　完成《深圳市城市总体规划检讨与对策研究》初步成果，开始征询深圳市各有关单位的意见。

8月　市规划部门组织编制《深圳市轨道交通近中期发展综合规划》。

12月27日　深圳市城市规划委员会第十一次会议，审议了《深圳市城市总体规划检讨与对策研究》初步成果，审议通过《深圳2030年城市发展策略》工作纲要、《深圳市轨道网10年规划》等。

12月30日　深圳地铁一期工程的市民中心站土建工程全部完成。

是年　完成《深圳市现代物流业发展的空间战略与园区规划》初步方案、《深圳市高新技术产业带规划纲要（征求意见稿）》。

2002 年

3月　市规划部门委托中规院进行《深圳2030城市发展策略》研究。

4月11日　地铁一期工程1号线延长段完成初步设计审查。

4 月 30 日　深圳市城市规划委员会第十二次会议审议《深圳市城市空间发展与卫星新城规划（纲要）》等规划项目。

8 月　市政府批复同意《深圳市罗湖区分区规划（1998—2010）》。

9 月　市政府批复同意《深圳市福田区分区规划（1998—2010）》。

11 月 10 日　深圳市城市规划委员会第十三次会议审议《深圳市东部滨海地区发展概念规划》《深圳市高新技术产业带规划与发展纲要》等规划项目。

是年　完成《总规（1996）》规划实施检讨。

2003 年

1 月　深圳市城市规划委员会第十四次会议审议《大、小铲岛危险品库选址论证综合研究》、《深圳市干线道路网规划》、《深圳市铁路第二客运站交通规划》、《深圳市法定图则编制技术规定》（修订版）及 11 项已批法定图则的修改申请。

1 月　完成《深圳市宝安区新安旧城发展与改造策略》成果。

8 月 8 日　《深圳市近期建设规划（2003—2005）》公布。

9 月 19 日　市政府常务会议审议通过《深圳市干线道路网规划》。

11 月 10 日　《深圳市中心区中心广场及南中轴景观环境工程方案设计招标》发布会，7 家著名设计单位参加竞标。

11 月　完成《前海片区规划研究》，规划前海为港口、物流产业为核心的滨海城区。

11 月　深圳市城市规划委员会第十五次会议审议《深圳市城市规划标准与准则》（修订版）及 10 项已批法定图则的修改申请。

是年　市规划部门继续推进《深圳 2030 城市发展策略》研究。

2004 年

3 月 16 日　深圳湾 15 千米海滨休闲带的景观设计方案确定。

3 月　《深圳市城市轨道交通建设规划》通过了国家建设部组织的专家评审会的审查。

4 月 1 日　《深圳市城市规划标准与准则》（修订版）正式实施。

10 月 10 日　市政府常务会议审议通过了《中心区中心广场及

南中轴环境景观设计》修改稿。

2005 年

6 月 3 日　市政府常务会议审议并原则通过了《深圳市整体交通规划》和《深圳市公共交通规划》。

6 月 9 日　《深圳市南山区分区规划（2005—2010）》获市政府批准。

6 月 30 日　《深圳市中心区中心广场及南中轴景观环境工程设计方案》在市民中心进行展示。

10 月 17 日　市政府第 145 号政府令发布《深圳市基本生态控制线管理规定》及其《深圳市基本生态控制线范围图》。

11 月 3 日　市政府常务会议审议了《深圳 2030 城市发展策略》。

11 月 9 日　《城中村（旧村）改造总体规划纲要（2005—2010）》获市政府批准。

2006 年

3 月 16 日　广东省建设厅召开《深圳市近期建设规划（2006—2010）》专家评审会，予以原则通过。

4 月 28 日　市政府常务会议审议批准了《深圳市近期建设规划（2006—2010）》及《近期建设规划 2006 年度实施计划》。

9 月 15 日　市政府审批通过了《深圳市组团分区规划》。

9 月 18 日　《深圳市现代物流业布局规划》通过市政府常务会审议。

9 月 20 日　公布《深圳经济特区步行系统规划》《深圳经济特区公共空间系统规划》。

10 月 1 日　市民广场全面开放启用。

10 月 23 日　市政府启动新一轮《深圳市城市总体规划修编（2007—2020）》。

2007 年

1 月 18 日　《深圳市油气及其他危险品仓储区布局规划》正式

公布。

2 月　深圳市蓝线规划编制工作启动。

3 月 15 日　市政府常务会审议并通过了《深圳近期建设规划之新城规划》（包括光明新城、龙华新城、体育新城、东部新城）。

4 月　市政府出台《关于执行〈深圳市基本生态控制线管理规定〉的实施意见》，进一步加强生态控制线的管理。

7 月 5 日　深圳市城市规划委员会第 22 次会议审议并通过了《深圳水战略》、《深圳市给水系统布局规划修编（2005—2020）》、《深圳市污泥处置布局规划（2006—2020）》、《深圳市填海工程填料系统布局规划》4 个项目。

7 月 5 日　市政府常务会审议并通过了《深圳市城市总体规划（2007—2020）纲要》，10 月正式获得建设部批准通过。

7 月　深圳市规划局发布《深圳市绿色建筑设计导则》。

8 月 20 日　市政府常务会审议并通过了《深圳市金融产业布局规划》《深圳市金融产业服务基地规划》。

11 月 22 日　深圳市城市规划委员会发展策略委员会 2007 年第 2 次会议审议并通过了《深圳市轨道交通规划》《深圳市燃气系统布局规划（2006—2020）》《深圳市加油（气）站系统布局规划（2006—2020）》3 项规划。

2008 年

1 月 11 日　深圳市城市规划委员会第 23 次会议审议通过《深圳市城市总体规划（2007—2020）》《深圳市轨道交通规划》等规划项目。

1 月 15 日　《深圳市城市总体规划（2007—2020）》获市政府常务会议审议并原则通过。7 月 3 日获省政府常务会议审查原则通过。

1 月　深圳市规划局委托中规院深圳分院开展"前海计划"研究。

6 月 11 日—7 月 11 日　深港两地政府同步开展了落马洲河套地区未来土地用途的公众咨询。

6 月　完成《南山后海中心区城市设计》。

12 月　印发《深圳市工业区升级改造总体规划纲要（2007—

2020）》。

是年 基本完成《深圳市总部经济发展空间布局研究》成果。

2009 年

2月12日 开始组织深圳市"法定图则大会战"。

5月8日 深圳市城市规划委员会第25次会议审议通过了《深圳市紫线规划》《深圳市黄线规划》《深圳市橙线规划》《深圳市蓝线规划》。

6月16日 市中心区水晶岛规划设计方案国际竞赛揭晓，"深圳眼"方案获第一名。

7月2日 市政府常务会议审议并原则通过了《深圳市海洋产业发展空间布局规划》。

9月15日 城市总体规划部际联席会议审查通过了《深圳市城市总体规划（2009—2020）》。

2010 年

6月20日 前海地区概念规划国际咨询公布了评审结果，评出了优胜方案。

6月23日 市政府同意并发布《深圳市绿道网规划建设总体实施方案》。

6月 《深圳市绿道网专项规划》及《珠三角2.5号区域绿道深圳段详细规划》通过市政府和省建设厅的审查。

8月16日 《深圳市城市总体规划（2010—2020）》获国务院批准。

8月18日 广东省住房和城乡建设厅组织召开了《深圳市城市更新专项规划（2010—2015）》备案成果审查会，审查通过了该项规划。

8月9日 市政府召开《深圳2040城市发展策略》编制启动仪式。

12月 《深圳市土地利用总体规划（2006—2020）》完成修编，该规划成果上报省政府。

是年 法定图则大会战结束。

2011 年

3月 召开的全市城市发展工作会议将9个地区城市发展单元

规划和建设列入深圳市"十二五"重大领域工作。

4 月　《深圳市城市轨道交通近期建设规划（2011—2016）》获得国家发展和改革委员会批准。

6 月　深圳湾 15 千米滨海休闲带建成并全线向市民公众开放。

10 月　完成《前海深港现代服务业合作区综合规划》，成果上报市政府或原则通过。

12 月　市政府审议通过《深圳市近期建设与土地利用规划（2011—2015）》。

2012 年

1 月　《深圳市城市更新办法实施细则》正式印发。

4 月　市政府发布实施《深圳市近期建设与土地利用规划（2011—2015）》。

4 月　《前海深港现代服务业合作区综合规划》分别通过了市政府常务会议、市委常委会的审议。

8 月　《深圳市南头古城保护规划》提请市政府审议。

8 月　市规土委会议肯定了《深圳湾超级总部基地城市设计研究》的基本思路和定位。

是年　完成《趣城·城市设计地图》。

2013 年

4 月　《龙华新区综合发展总体规划（2013—2020）》正式通过市政府审议并印发实施。

9 月 8 日　《深圳湾超级总部基地控制性详细规划》通过市政府审议并正式公布。

7 月 25 日　深圳市规划国土委联合前海管理局召开《前海深港现代服务业合作区综合规划》新闻发布会，正式公布前海综合规划并做出详细解读。

7 月 30 日　深圳市规划国土委正式发布《深圳市养老设施专项规划（2011—2020）》，力推 70 处养老设施，并将针对民营养老设施实行优惠低价政策。

8月31日 《宝安区综合规划（2013—2020）》召开专家研讨会。

2014 年

3月 《深圳湾超级总部基地控制性详细规划》经市政府常务会审议通过，组织开展深圳湾"超级城市"国际竞赛，取得了丰硕成果，出版了《深圳湾云城市——国际竞赛作品集》。

7月7日 市规划和国土资源委员会印发《城市规划"一张图"管理规定（试行）的通知》。

是年 编制13个重点区域详细规划。

是年 开展《趣城·美丽都市计划2013—2014年实施方案——趣城·盐田》，力争将盐田区打造成为更加宜居宜业的城区。

是年 《深圳国际低碳城拓展区控制性详细规划》完成编制，并通过了市政府审议。

是年 实施新修订的《深圳市城市规划标准与准则》。

是年 坪山创新建立"整村统筹"规划。

2015 年

2月 完成了《深圳湾超级总部基地开发模式研究》，经深圳市政府审议通过。

5月 完成了《留仙洞总部基地控制性详细规划》。

6月 完成《福田保税区转型升级空间规划研究》。

9月 《深圳市城市轨道交通第三期建设规划（2011—2020）调整》获得国家发展和改革委员会批准。

是年 《深圳市新型城镇化规划（2015—2020）》。

是年 完成《加快推进河套及周边地区开发的规划》调研和成果编制工作。

2016 年

2月 深圳市启动新版总体《深圳市城市总体规划（2016—2030）》编制工作，陆续完成了《〈深圳市城市总体规划（2010—2020）〉实施评估报告》。

4 月　市规划国土委召开会议听取《深圳市 2050 城市远景发展策略研究》总体构思初步成果。

7 月　启动《深圳市 2050 城市远景发展策略》编制。

11 月　《深圳市城市更新"十三五"规划》编制完成并印发实施。

12 月　市规划国土委召开会听取《海洋强国战略下的陆海统筹研究》。

12 月　印发《深圳市海绵城市建设专项规划及实施方案》的通知。

2017 年

2 月 6 日　市政府常务会审议通过《深圳市城市建设与土地利用"十三五"规划》。

2 月 19 日　市政府印发实施《深圳市综合交通"十三五"规划》。

3 月 17 日　《深圳市海绵城市规划要点和审查细则》出台。

6 月　召开《深圳 2030 总体城市设计和特色风貌保护策略研究》初步成果专家咨询会，该课题为《新版总规》的子课题。

9 月　《深圳市 2050 城市远景发展策略》项目结题。

10 月 31 日　《深圳市城市总体规划（2016—2035）》编制试点工作新闻发布会。

是年　完成《2017 年度深圳市城市总体规划实施评估》。

2018 年

3 月 30 日　《深圳市香蜜湖片区城市设计国际咨询的预公告》。

3 月　完成《深圳市海洋事业发展"十三五"规划》。

4 月　《深圳市规划交通线网规划（2016—2035）》通过市政府审定，相关成果已纳入城市总体规划。

7 月 17 日　市规划国土委出台《深圳市重点地区总设计师制试行办法》。

8 月 16 日　市政府正式印发《深圳市工业区块线管理办法》。

9 月　深圳市出台《深圳市委市政府关于勇当海洋强国尖兵

加快建设全球海洋中心城市的决定》和配套实施方案。

2019 年

3 月 27 日　《深圳市城中村（旧村）综合整治总体规划（2019—2025）》正式发布。

4 月 12 日　光明区和市规划和自然资源局签署了《光明科学城规划建设合作框架协议》，深度合作高标准打造科学城重点区域。

6 月 26 日　《深圳市深汕特别合作区总体规划（2020—2035）纲要》获市政府审议通过。

6 月　完成《深港科技创新合作区（深方区域）统筹规划实施方案》编制初步成果。

8 月 31 日　《深圳市国土空间总体规划（2020—2035）》编制第一次专家咨询会。

是年　完成《深圳市国土空间生态修复规划（2020—2035）》。

2020 年

1 月　已经形成《深圳市国土空间总体规划（2020—2035）》初步成果，开始征求各成员单位意见。

3 月 5 日《深圳市深汕特别合作区总体规划（2020—2035）纲要》获市委常委会审议通过。

5 月　市政府批复原则同意《光明科学城空间规划纲要》。

8 月　《深港科创合作区城市设计》确定优胜方案。

12 月　深圳市人大常委会表决通过《深圳经济特区城市更新条例》。

是年　《深圳湾超级总部基地城市设计》优化方案定稿并实施。

参考文献

一　公开出版物

陈美玲:《珠三角湾区城市群空间优化研究》,中国社会科学出版社
　　2019年版。

陈一新:《福田中心区的规划起源及形成历程(二)》,转引自《注
　　册建筑师03期》,中国建筑工业出版社2014年版。

陈一新:《福田中心区的规划起源及形成历程(一)》,转引自《注
　　册建筑师02期》,中国建筑工业出版社2013年版。

陈一新:《规划探索:深圳市中心区城市规划实施历程(1980—
　　2010年)》,海天出版社2015年版。

陈一新:《深圳福田中心区(CBD)城市规划建设三十年历史研究
　　(1980—2010)》,东南大学出版社2015年版。

陈一新:《中央商务区(CBD)城市规划设计与实践》,中国建筑工
　　业出版社2006年版。

陈一新、刘颖、秦俊武:《深圳福田中心区(CBD)规划评估》,人
　　民出版社2017年版。

何帆:《大局观——真实世界中的经济学思维》,民主与建设出版社
　　2018年版。

何佩然:《城传立新,1841—2015香港城市规划发展史》,香港:
　　中华书局2016年版。

黄敏主编:《从渔村到滨海新城——宝安改革开放三十年》,载《深
　　圳改革创新丛书》第3辑,中国社会科学出版社2016年版。

李浩:《八大重点城市规划——新中国成立初期的城市规划历史研
　　究》,中国建筑工业出版社2016年版。

刘贵利等:《城市规划决策学》,东南大学出版社2010年版。

南岭：《深圳产业政策 40 年》，中国社会科学出版社 2020 年版。

强世功：《中国香港政治与文化的视野》，生活・读书・新知三联书店 2014 年版。

全国干部培训教材编审指导委员会组织编写：《科学发展主题案例——城乡规划与管理》，人民出版社、党建读物出版社 2011 年版。

《深圳百科全书——献给特区 30 周年》，海天出版社 2010 年版。

《深圳房地产年鉴 1991》，海天出版社 1991 年版。

《深圳房地产年鉴 1992》，海天出版社 1992 年版。

《深圳房地产年鉴 1993》，海天出版社 1993 年版。

《深圳房地产年鉴 1994》，海天出版社 1994 年版。

《深圳房地产年鉴 1995》，人民中国出版社 1995 年版。

《深圳房地产年鉴 1997》，中国大地出版社 1997 年版。

《深圳房地产年鉴 1998》，中国大地出版社 1998 年版。

《深圳房地产年鉴 1999》，海天出版社 1999 年版。

《深圳房地产年鉴 2000》，海天出版社 2000 年版。

《深圳房地产年鉴 2001》，海天出版社 2001 年版。

《深圳房地产年鉴 2002》，海天出版社 2002 年版。

《深圳房地产年鉴 2003》，海天出版社 2003 年版。

《深圳房地产年鉴 2004》，海天出版社 2004 年版。

《深圳房地产年鉴 2005》，海天出版社 2005 年版。

《深圳房地产年鉴 2006》，海天出版社 2006 年版。

《深圳房地产年鉴 2007》，海天出版社 2007 年版。

《深圳房地产年鉴 2008》，海天出版社 2008 年版。

《深圳房地产年鉴 2009》，海天出版社 2009 年版。

《深圳房地产年鉴 2010》，海天出版社 2010 年版。

《深圳房地产年鉴 2011》，海天出版社 2011 年版。

《深圳房地产年鉴 2012》，海天出版社 2012 年版。

《深圳房地产年鉴 2013》，深圳报业集团出版社 2013 年版。

《深圳房地产年鉴 2014》，深圳报业集团出版社 2014 年版。

《深圳房地产年鉴 2015》，深圳报业集团出版社 2015 年版。

《深圳房地产年鉴 2016》，深圳报业集团出版社 2016 年版。

《深圳房地产年鉴 2017》，深圳报业集团出版社 2017 年版。

《深圳房地产年鉴 2018》，深圳报业集团出版社 2019 年版。

《深圳房地产年鉴 2019》，深圳报业集团出版社 2019 年版。

深圳经济特区年鉴编辑委员会主编：《深圳经济特区年鉴 1985（创刊号）》，香港经济导报社 1985 年版。

深圳经济特区年鉴编辑委员会主编：《深圳经济特区年鉴 1986》，香港经济导报社 1986 年版。

深圳经济特区年鉴编辑委员会主编：《深圳经济特区年鉴 1987》，红旗出版社 1987 年版。

深圳经济特区年鉴编辑委员会主编：《深圳经济特区年鉴 1988》，广东人民出版社 1988 年版。

深圳经济特区年鉴编辑委员会主编：《深圳经济特区年鉴 1989》，广东人民出版社 1989 年版。

深圳经济特区年鉴编辑委员会主编：《深圳经济特区年鉴 1990》，广东人民出版社 1990 年版。

深圳经济特区年鉴编辑委员会主编：《深圳经济特区年鉴 1991》，广东人民出版社 1991 年版。

深圳经济特区年鉴编辑委员会主编：《深圳经济特区年鉴 1992》，广东人民出版社 1992 年版。

深圳经济特区年鉴编辑委员会主编：《深圳经济特区年鉴 1993》，深圳特区年鉴社 1993 年版。

深圳经济特区年鉴编辑委员会主编：《深圳经济特区年鉴 1994》，深圳特区年鉴社 1994 年版。

深圳经济特区年鉴编辑委员会主编：《深圳经济特区年鉴 1995》，深圳特区年鉴社，1995 年版。

深圳经济特区年鉴编辑委员会主编：《深圳经济特区年鉴 1996》，深圳特区年鉴社 1996 年版。

深圳年鉴编辑委员会主编：《深圳年鉴 1997》，深圳年鉴社 1997 年版。

深圳年鉴编辑委员会主编：《深圳年鉴 1998》，深圳年鉴社 1998 年版。

深圳年鉴编辑委员会主编：《深圳年鉴 1999》，深圳年鉴社 1999 年版。

深圳年鉴编辑委员会主编：《深圳年鉴 2000》，深圳年鉴社 2000 年版。

深圳年鉴编辑委员会主编：《深圳年鉴 2001》，深圳年鉴社 2001 年版。

深圳年鉴编辑委员会主编：《深圳年鉴 2002》，深圳年鉴社 2002 年版。

深圳年鉴编辑委员会主编：《深圳年鉴 2003》，深圳年鉴社 2003 年版。

深圳年鉴编辑委员会主编：《深圳年鉴 2004》，深圳年鉴社 2004 年版。

深圳年鉴编辑委员会主编：《深圳年鉴 2005》，深圳年鉴社 2005 年版。

深圳年鉴编辑委员会主编：《深圳年鉴 2006》，深圳年鉴社 2006 年版。

深圳年鉴编辑委员会主编：《深圳年鉴 2007》，深圳年鉴社 2007 年版。

深圳年鉴编辑委员会编：《深圳年鉴 2008》，深圳市史志办公室，2008 年。

深圳年鉴编辑委员会编：《深圳年鉴 2009》，深圳市史志办公室，2009 年。

深圳年鉴编辑委员会编：《深圳年鉴 2010》，深圳市史志办公室，2010 年。

深圳年鉴编辑委员会编：《深圳年鉴 2011》，深圳市史志办公室，2011 年。

深圳年鉴编辑委员会编：《深圳年鉴 2012》，深圳市史志办公室，2012 年。

深圳年鉴编辑委员会编：《深圳年鉴 2013》，深圳市史志办公室，2013 年。

深圳年鉴编辑委员会编：《深圳年鉴 2014》，深圳市史志办公室，

2014 年。

深圳年鉴编辑委员会编：《深圳年鉴 2015》，深圳市史志办公室，
　　2015 年。

深圳年鉴编辑委员会编：《深圳年鉴 2016》，深圳市史志办公室，
　　2016 年。

深圳年鉴编辑委员会编：《深圳年鉴 2017》，深圳市史志办公室，
　　2017 年。

深圳年鉴编辑委员会编：《深圳年鉴 2018》，深圳市史志办公室，
　　2018 年。

深圳年鉴编辑委员会编：《深圳年鉴 2019》，深圳市史志办公室，
　　2019 年。

深圳市城市规划委员会、深圳市建设局主编：《深圳城市规划——
　　纪念深圳经济特区成立十周年特辑》，海天出版社 1990 年版。

深圳市地方志编纂委员会编：《深圳市志·第一二产业卷》，方志出
　　版社 2008 年版。

深圳市地方志编纂委员会编：《深圳市志·基础建设卷》，方志出版
　　社 2014 年版。

深圳市福田区地方志编纂委员会：《深圳市福田区志（1979—2003
　　年）》上册、下册，方志出版社 2012 年版。

深圳市规划国土发展研究中心编著：《深圳市土地资源》，科学出版
　　社 2019 年版。

深圳市规划国土局主编：《深圳市土地资源》，中国大地出版社
　　1998 年版。

深圳市规划和国土资源委员会编：《深圳改革开放十五年的城市规
　　划实践（1980—1995 年）》，海天出版社 2010 年版。

深圳市规划和国土资源委员会编：《转型规划引领城市转型——深
　　圳市城市总体规划（2010—2020）》，中国建筑工业出版社 2011
　　年版。

深圳市建设设计研究总院有限公司主编：《深圳四十年：产业与城
　　市》，中国建筑工业出版社 2019 年版。

深圳市建筑科学研究院有限公司编：《共享——一座建筑和她的故

事》，中国建筑工业出版社 2010 年版。

深圳市委政策研究室与红旗杂志社联合编辑：《深圳特区新貌》，红
　　旗出版社、中国香港经济导报社 1986 年版。

《深圳四大支柱产业的崛起——高新技术、物流、金融、文化》，中
　　国文史出版社 2010 年版。

宋彦、陈燕萍：《城市规划评估指引》，中国建筑工业出版社 2012
　　年版。

孙施文编：《现代城市规划理论》，中国建筑工业出版社 2007 年版。

唐杰、叶青等：《中国城市可持续发展模式研究——深圳绿色低碳
　　实践》，东北财经大学出版社 2019 年版。

陶一桃主编：《深圳经济特区年谱（1978—2018）》上、下册，社
　　会科学文献出版社 2018 年版。

王缉宪：《世界级枢纽——香港的对外交通》，商务印书馆（香港）
　　有限公司 2019 年版。

吴忠主编：《深圳经济发展报告（2011）》深圳蓝皮书，社会科学
　　文献出版社 2011 年版。

许鲁光：《城市转型发展抉择的时代思考——深圳转型发展的框架、
　　路径与机制》，广东人民出版社 2017 年版。

薛求理：《城境——香港建筑 1946—2011》，商务印书馆 2014 年版。

薛求理：《世界建筑在中国》，古丽茜特译，东方出版中心 2010
　　年版。

张军主：《深圳奇迹》，东方出版社 2019 年版。

张思平：《深圳奇迹——深圳与中国改革开放四十年》，中信出版集
　　团 2019 年版。

张骁儒主编：《深圳经济发展报告（2013）》深圳蓝皮书，社会科
　　学文献出版社 2013 年版。

张一莉主编：《改革开放 40 年——深圳建设成就巡礼（城市规划局
　　篇）》，中国建筑工业出版社 2018 年版。

中共深圳市委党史研究室、深圳市史志办公室编：《深圳大事记
　　（1978—2020）》，深圳报业集团出版社 2021 年版。

中共深圳市委党史研究室、深圳市史志办公室编著：《深圳改革开

放四十年》，中共党史出版社 2021 年版。

中国城市规划学会学术工作委员会编：《理性规划》，中国建筑工业
出版社 2017 年版。

中国城市科学研究会主编：《中国低碳生态城市发展报告 2011—
2020 年》，中国城市出版社 2011—2020 年版。

［苏］A. B. 布宁、T. Φ. 萨瓦连斯卡娅：《城市建设艺术史——20
世纪资本主义国家的城市建设》，黄海华译，王仲谷校，中国建
筑工业出版社 1992 年版。

［美］Witold Rybczynski：《嬗变的大都市——关于城市的一些观
念》，叶齐茂、倪晓晖译，商务印书馆 2016 年版。

［德］沃尔夫冈·桑尼：《百年城市规划史：让都市回归都市》，付
云伍译，广西师范大学出版社 2018 年版。

［美］乔尔·科特金：《全球城市史》，王旭译，社会科学文献出版
社 2018 年版。

二 非公开出版物

《深圳市国土规划大纲》，中国城市规划设计研究院深圳咨询中心，
1987 年。

《深圳市国土规划》，深圳市城市规划局、深圳市国土局、中规院深
圳咨询中心，1989 年。

《深圳国土房产管理改革开放 30 年（1978—2008）》，深圳市国土
资源和房产管理局，2008 年。

陈密：《深圳市华强北片区规划实施机制研究》，硕士学位论文，深
圳大学，2018 年。

李怀建：《从经济特区到特大城市——深圳城市发展历程研究》，硕
士学位论文，暨南大学，2004 年。

《在路上——西丽水库一级水源保护区内建筑清理处置工作故事全
记录》，西丽街道办事处，2018 年。

《深圳市规划局·年报》，2005—2008 年。

《深圳市规划和国土资源委员会·年报》，2009—2010 年。

《深圳市规划和国土资源委员会（市海洋局）·年报》，2012—

2018 年。

《深圳市 2050 城市远景发展策略》，深圳市规划和国土资源委员会、
中规院深圳分院、深圳市规划国土发展研究中心，2017 年。

《深圳 2005：拓展与整合》，"深圳市城市总体规划检讨与对策"主
题报告，深圳市规划与国土资源局、深圳市城市规划设计研究
院，2005 年。

后　记

　　人生就是选择和体验的总和。生命的意义在于讲述和写作，语言和文字的传递是人类文化传承的重要组成。我写这本《深圳城市规划简史》犹如经历一次"心灵的长征"。当我经过数年的准备和选择后，毅然决定出发去"长征"了，就不能半途而废。每当我收集资料艰难时，就常用"咬定青山不放松"来激励自己；每当我写作疲惫时，就常用"画到生时是熟时"来安慰自己：离目标不远了，坚持到底就是胜利。本书仅是深圳城市规划历史的开篇，虽难成鸿篇巨制，但期待它像"长征的播种机"，让更多人了解深圳规划历史，更多同行研究深圳规划历史，未来在中国乃至世界城市规划史上形成"深圳学派"。

　　历史研究就是史料研究。即使是以客观资料书写编年体史书，仍存在两个"难度"：一是收集史料要全面很难；二是对史料甄别选用很难。因此，写城市规划历史，难的是史料，更难的是立场。毕竟深圳早期从"摸着石头过河"开始成长，城市规划可参照的范本或蓝图"空前"的少，更谈不上规划标准。深圳 20 世纪 80 年代城市规划图文全部手工写字画图，20 世纪 90 年代开始学习使用电脑，2000 年后电脑才普及应用。因此，深圳城市规划前 20 年的老资料弥足珍贵，很难收集。鉴于本人的档案意识较强，自 1989 年到深圳安居乐业后，保存规划资料已成为我的工作习惯。这些收藏多年的资料终于成为我写此书的"宝贝"素材之一。我作为深圳城市规划建设的亲历者写规划史，属于当代人写当代史，因此十分注重客观公正性。自古以来，读史、研史、写史，都不是简单机械地记录、读取、编辑，而应深层次把握社会经济发展的背景。深圳城市规划 40 年历史虽然不算很长，但要全面记载、揭示发展规律并非易事。"存凭、留史、资政、育人",历史自有后人评说,这是历史发展的必然规律。

《深圳城市规划简史》本应记载更多内容,但限于资料和篇幅,无论作者是亲历的一手资料,还是二手资料的研究,都不可避免地产生某些信息不对称或"偏差",甚至难免"挂一漏万"。深圳城市规划历史是个巨大的课题,作者斗胆执笔著一拙作,期待读者批评指正。

根据张庭伟教授提出的三代城市规划理论:第一代是理性规划,即工具理性,科学地规划物质空间;第二代是公平规划,即程序理性,社会资源公平分配,关心弱势群体;第三代是协商规划,即集体理性,利益多元包容共存。深圳城市规划40年已成功经过了第一代"理性的物质空间规划"阶段,正由第二代"公平的分配资源规划"向第三代"协商的多元共存规划"方向发展。相信深圳将在粤港澳大湾区和社会主义先行示范区的历史机遇中,在国土空间规划新时代继续改革创新,紧抓绿色环保,把深圳规划建设成为一个紧凑集约、环境友好的幸福宜居的智慧城市样本。

陈一新
2021 年 9 月

致　　谢

衷心感谢我的母校——江苏省常州中学（高中）、同济大学（本科、硕士）、东南大学（博士）。在快速城市化和人心思变的年代，终能让我静下心来专注写作的名言——"治学不为媚时语，独寻真知启后人"（出自清代大儒戴震，老校长史昭熙先生题），一直激励着我寻求真知启迪后人；能让我对事业锲而不舍的是同济大学校徽图案"同舟共济、奋力前行"；能让我敢于做最好自己的是东南大学校训——"止于至善"。

感谢周干峙、吴良镛、齐康、陈占祥、任震英等院士和大师们，是他们对特区的热爱和对深圳城市规划的鼎力把关，数次扭转乾坤，让深圳这座城市从婴儿时代就避免走弯路，并在青少年、壮年时代始终茁壮成长。晚辈将永远铭记前辈规划大师们的英名功德。

衷心感谢我的硕士导师吴景祥先生，他那儒雅的学者风范和对专业的远见卓识让我终身铭记。还特别感谢我的博士导师齐康院士，他是我的伯乐，曾亲自动员我读博士，他对社会的敏锐观察、对事业的睿智勤奋引领着我不断攀登心中的高峰。齐老师一贯主张"两件事情一起做"——把个人梦想与城市梦想结合起来同步实现。

感谢深圳大学陈燕萍教授、范晓燕教授和深圳市建筑科学研究院叶青院长长期坚定不移的鼓励和支持。感谢我单位历届局领导和同事们一直以来的支持和关照，感谢耿继进教授、陈美玲博士、袁媛博士、陈美云主任、杜万平研究员等许多同事大力支持帮助。感谢我的家人长期坚守健康勤奋和自强不息的信念，激励我不断奋进。在此一并表示我最诚挚的感谢。